污泥处理与处置

WUNI CHULI YU CHUZHI

主　编　胡玉瑛

副主编　戴红玲　丰桂珍　彭小明

内容简介

本书分概论、污泥减量化处理技术、污泥稳定化处理技术、污泥热处理技术、污泥处置技术等5篇。系统介绍了污泥的分类与性质指标、污泥浓缩、污泥脱水、污泥深度脱水、污泥厌氧消化、污泥好氧消化、污泥好氧堆肥、干化处理、污泥焚烧、污泥热解气化、污泥湿式氧化、土地利用、建材利用、污泥填埋、产物利用等内容。

本书可作为市政工程、环境科学与工程学科专业教材，也可供市政工程、环境科学与工程学科相关工程技术人员参考。

图书在版编目(CIP)数据

污泥处理与处置/ 胡玉瑛主编 .--西安:西安交通大学出版社，2024.8

ISBN 978-7-5693-1515-8

Ⅰ.①污… Ⅱ.①胡… Ⅲ.①污泥处理 Ⅳ.①X703

中国版本图书馆CIP数据核字(2019)第291817号

书　　名　污泥处理与处置
主　　编　胡玉瑛
责任编辑　郭鹏飞
责任校对　王　娜
封面设计　任加盟

出版发行　西安交通大学出版社
(西安市兴庆南路1号　邮政编码710048)
网　　址　http://www.xjtupress.com
电　　话　(029)82668357 82667874(市场营销中心)
(029)82668315(总编办)
传　　真　(029)82668280
印　　刷　西安五星印刷有限公司

开　　本　787 mm×1092 mm　1/16　**印张** 15.75　**字数** 375千字
版次印次　2024年8月第1版　2024年8月第1次印刷
书　　号　ISBN 978-7-5693-1515-8
定　　价　45.00元

如发现印装质量问题，请与本社市场营销中心联系。
订购热线:(029)82665248　(029)82667874
投稿热线:(029)82668818
读者信箱:21645470@qq.com

前　言

《“十四五”城镇污水处理及资源化利用发展规划》(发改环资〔2021〕827号)要求加快补齐城镇污水收集处理、资源化利用和污泥处置设施短板，推广厂网一体、泥水并重，并强调推进城镇污水管网全覆盖，开展污水处理差别化精准提标，推广污泥集中焚烧无害化处理，城市污泥无害化处置率要达到90%。《中华人民共和国水污染防治法》(2017年6月27日第二次修正)明确了污泥必须经过处理处置，达到国家标准。我国仅2020年产生含水率80%的污泥约7200万吨。这给污泥处理技术和产业发展带来了前所未有的挑战和发展机遇。随着污泥产量的增多，如何选择先进适用的创新技术工艺，落实政策规定，达到无害化、减量化、稳定化、资源化的处理、处置的技术要求，避免环境的二次污染，备受业界关注。

《污泥处理与处置》是一本阐述污泥处理处置与资源利用的图书，内容主要包括概论、污泥减量化处理技术、污泥稳定化处理技术、污泥热处理技术、污泥处置技术等5篇。

本书的出版得到了江西省高等学校教学改革重点研究课题“新时代新工科背景下给排水专业校内创新实践平台升级改造与实践”(JXJG-22-5-3)、江西省学位与研究生教育教学改革研究项目“一流学科建设背景下以创新能力培养为导向的‘污泥处理与处置理论与技术’课程教学改革与实践”(JXYJG-2022-106)的资助。

全书由华东交通大学胡玉瑛副教授主编，第1、第5、第6、第7、第8、第15、第16章由胡玉瑛副教授编写，第2、第3、第4章由戴红玲副教授编写，第9、第10、第11、第12章由丰桂珍副教授编写，第13、第14章由彭小明教授编写。

在本书编写中，华东交通大学胡锋平教授提出了许多宝贵的意见和建议，博士研究生张世豪、王鑫，硕士研究生吴琦、魏群、符宁辛、刘苏苏、王逍帆、胡腾方、姜康琪、何孜成、刘林、邓浩等在文字梳理、图表绘制等方面做了大量的工作，在此一并感谢！

本书参考和引用了一些单位和个人的著作、论文、手册、教材等，在此对所有作者表示衷心感谢。由于编著者学识有限，书中疏漏和不妥之处，殷切希望读者批评指正！

编　者

2023年4月

目　录

第4篇 污泥热处理技术

第 1 篇 概论

第1章　污泥的性质指标与污泥量计算

1.1　污泥的来源与分类

1.1.1　污泥的来源

在城镇污水与工业废水处理过程中，产生的浮渣与沉淀物，统称为污泥。污泥中的固体有些是处理构筑物从污水中截留下来的悬浮物质，例如初沉池排出的污泥；有些是由生物处理系统排出的生物代谢产物，例如活性污泥法系统排出的剩余污泥；有些则是处理过程中投加药剂后产生的化学沉淀物，例如用混凝沉淀法除磷时产生的化学污泥。

城市污水处理厂在污水处理过程中排出的污染物主要有格栅栅渣、沉砂池沉砂、初沉池污泥和二沉池生物污泥等。格栅所排除的栅渣是尺寸较大的杂质，沉砂池沉砂则以密度较大的无机颗粒为主，这两者一般作为垃圾处置，不视作污泥。初沉池污泥和二沉池生物污泥因富含有机物，容易在环境中腐化发臭，必须妥善处置。初沉池污泥还常含有病原体和重金属化合物等有毒有害物质，而二沉池污泥基本上以微生物为主，其数量多且含水率较高。

工业废水处理后产生的污泥与城市污水处理厂污泥的性质有较大不同。

1.1.2　污泥的分类

污泥组分复杂、种类多样，可按其来源、污泥成分及性质、处理方法和分离过程，以及污泥的不同产生阶段等进行分类。

(1)按污泥来源分类：一般可分为城镇生活污水污泥、工业废水污泥和给水污泥三大类。若对工业废水污泥进一步进行划分，则可分为食品加工废水污泥、印染工业废水污泥、金属加工废水污泥、无机化工废水污泥、钢铁工业废水污泥、造纸工业废水污泥、石油化工废水污泥等。

(2)按污泥成分及性质分类：可分为有机污泥和无机污泥。有机污泥有机物含量高、容易腐化发臭、颗粒较细、密度较小、含水率高且不易脱水，可用管道输送，城镇污水处理厂产生的污泥多为有机污泥，是一种呈胶状结构的亲水性物质；无机污泥颗粒粗大、密度较大、疏水性强、含水率较低且易于脱水，不宜用管道输送，某些工业废水在物理、化学处理过程中产生的沉淀物属于无机污泥，一般呈疏水性。

(3)按处理方法和分离过程分类：可分为初沉污泥、剩余活性污泥、腐殖污泥和化学污泥。初沉污泥多指污水一级处理过程中产生的沉淀物，剩余活性污泥是活性污泥法中二沉池产生的泥水混合物，腐殖污泥指的是生物膜法污水处理工艺中二次沉淀池产生的沉淀物，化学污泥指的是化学强化一级处理或三级处理后产生的污泥。

(4)按污泥的不同产生阶段分类：可分为生污泥、消化污泥、浓缩污泥、脱水干化污泥和干燥污泥等。

1.2　污泥的性质指标

1.2.1　污泥的物理指标

污泥的物理指标主要包括含水率和含固率、湿污泥与干污泥相对密度、污泥比阻以及毛细吸水时间等。

1. 污泥含水率和含固率

含水率是污泥中所含水分的重量与污泥总重量之比的百分数。通常污泥含水率在85%以上时，呈流态；65%～85%时，呈塑态；低于60%时，则呈固态。污泥中水的存在形式大致有三种，如图1-2-1所示。

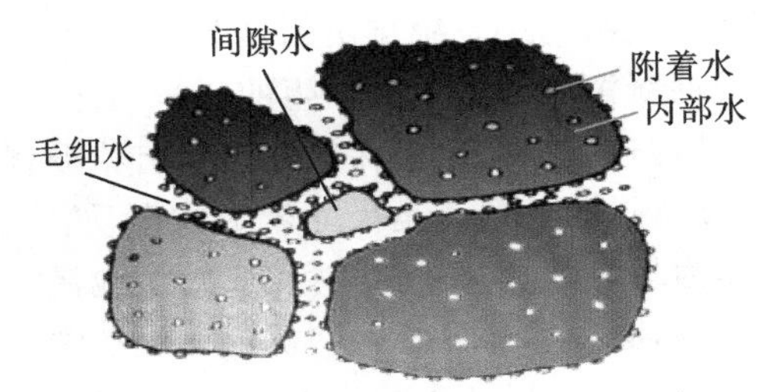

图1-2-1　污泥水分示意图

存在于污泥颗粒间隙中的水，称为间隙水或游离水，占污泥水分的70%左右。这部分水一般借助外力可与泥粒分离。通常，污泥浓缩处理只能去除间隙水中的一部分。

存在于污泥颗粒间毛细管中的水，称为毛细水，占污泥水分的20%左右。这部分水也可用物理方法分离出来。

黏附于污泥颗粒表面的附着水和污泥内部水(包括生物细胞内的水)，占污泥中水分的10%左右，这部分水只有通过干化等处理才能从污泥中分离出来。

城市污水处理厂各种类型污泥的数量、含水率和密度见表1-2-1。

表1-2-1　城市污水处理厂的污泥量含水率和密度

污泥种类	污泥量/(L/m^3 污水)	含水率/%	密度/(kg/L)
沉砂池的沉砂	0.03	60	2.65
初次沉淀池的污泥	14～25	95～97	1.015～1.02
生物膜法污泥	7～19	96～98	1.02
活性污泥法污泥	10～21	99.2～99.6	1.005～1.008

从表中可以看出，处理构筑物排出污泥的含水率一般都比较高，在95%以上，密度接近于1 kg/L。当含水率变化时，可近似地用下式计算湿污泥的体积：

$$\frac{V_1}{V_2}=\frac{P_{s2}}{P_{s1}}=\frac{100-P_{w2}}{100-P_{w1}} \tag{1-2-1}$$

式中，V_1，V_2 分别是含水率为 P_{w1}（含固率为 P_{s1}）、P_{w2}（含固率为 P_{s2}）时的湿污泥的体积。

【例题】污泥含水率从 97.5%降低至 95%时，求污泥体积。

【解】由式（1-2-1）计算

$$V_2 = V_1 \times \frac{100 - P_{w1}}{100 - P_{w2}} = V_1 \times \frac{100 - 97.5}{100 - 95} = \frac{1}{2} V_1$$

可见污泥含水率从 97.5%降低至 95%时，污泥体积减小一半。

2. 湿污泥与干污泥相对密度

湿污泥质量等于污泥所含水分质量与干固体质量之和。湿污泥相对密度等于单位体积湿污泥的质量。由于水的密度为 1 kg/L，所以湿污泥的相对密度 ρ 可用下式计算：

$$\rho = \frac{p + (100 - p)}{p + \frac{100 - p}{\rho_s}} = \frac{100\rho_s}{p\rho_s + (100 - p)} \tag{1-2-2}$$

式中，ρ 为湿污泥相对密度；p 为湿污泥含水率，%；ρ_s 为污泥中干固体物质平均相对密度，即干污泥相对密度。

干固体物质中，有机物（即挥发性固体）所占百分比及其相对密度分别用 ρ_v、ρ_s 表示，无机物（即灰分）的相对密度用 ρ_f 表示，则干污泥平均相对密度 ρ_s 可用式（1-2-3）计算：

$$\frac{100}{\rho_s} = \frac{p_v}{\rho_v} + \frac{100 - p_v}{\rho_f} \tag{1-2-3}$$

污泥中的有机物相对密度 ρ_v 一般等于 1，无机物相对密度 ρ_f 为 2.5～2.65，以 2.5 计，则式（1-2-3）可简化为

$$\rho_s = \frac{250}{100 + 1.5p_v} \tag{1-2-4}$$

确定湿污泥相对密度和干污泥相对密度，对于浓缩池的设计、污泥运输及后续处理，都有实用价值。

【例题】已知初次沉淀池污泥的含水率为 95%，有机物含量为 65%。求干污泥相对密度和湿污泥相对密度。

【解】干污泥相对密度用式（1-2-4）计算

$$\rho_s = \frac{250}{100 + 1.5p_v} = \frac{250}{100 + 1.5 \times 65} = 1.26$$

湿污泥相对密度用式（1-2-2）计算

$$\rho = \frac{100\rho_s}{p\rho_s + (100 - p)} = \frac{100 \times 1.26}{96 \times 1.26 + (100 - 95)} = 1.008$$

3. 污泥比阻

污泥比阻（Specific Resistance to Filtration，SRF）是表示污泥过滤特性的综合性指标，它的物理意义是单位质量的污泥在一定压力下过滤时，单位过滤面积上的阻力。此值的作用是比较不同污泥（或同一污泥加入不同量的调理剂后）的过滤性能。污泥比阻越大，越难过滤，脱水性能越差。各种污泥的比阻范围见表 1-2-2。

表 1-2-2　各种污泥的比阻范围

污泥种类	比阻值/($\times 10^9$ s^2/g)
初次沉淀污泥	4.7～6.2
活性污泥	16.8～28.8
腐殖污泥	6.1～8.3
消化污泥	12.6～14.2

过滤时滤液体积 V(m^3)与推动力 p(过滤时的压强降,N/m^2)、过滤面积 F(m^2)、过滤时间 t(s)成正比,而与过滤阻力 R(m/m^2)、滤液黏度 μ($N \cdot s/m^2$)成反比。

$$V=\frac{pFt}{\mu R} \tag{1-2-5}$$

过滤阻力包括滤渣阻力 R_z 和过滤隔层阻力 R_g。过滤阻力随滤渣层厚度的增加而增大,过滤速度则随滤渣层厚度的增加而减小。因此将式(1-2-5)改写成微分形式。

$$\frac{\partial V}{\partial t}=\frac{pF}{\mu(R_z+R_g)} \tag{1-2-6}$$

由于 R_g 相对 R_z 而言较小,为简化计算,将 R_g 忽略不计。

$$\frac{\partial V}{\partial t}=\frac{pF}{\mu\alpha'\delta}=\frac{pF}{\mu\alpha'\dfrac{C'V}{F}} \tag{1-2-7}$$

式中,α'为单位体积污泥的比阻,$s^2/g \cdot mL$;δ 为滤渣厚度,cm;C'为获得单位体积滤液所得的滤渣体积,mL。

如以滤渣干重代替滤渣体积,以单位质量污泥的比阻代替单位体积污泥的比阻,则式(1-2-7)可改写为

$$\frac{\partial V}{\partial t}=\frac{pF^2}{\mu\alpha CV} \tag{1-2-8}$$

式中,α 为污泥比阻,在 CGS 制中,其量纲为 s^2/g,在工程单位制中其量纲为 cm/g。在定压下,在积分限由 0 到 t 及由 0 到 V 内对式(1-2-8)积分,可得

$$\frac{t}{V}=\frac{\mu\alpha CV}{2pF^2} \tag{1-2-9}$$

式(1-2-9)说明在定压下过滤,t/V 与 V 成直线关系,其斜率为

$$b=\frac{t/V}{V}=\frac{\mu\alpha C}{2pF^2} \tag{1-2-10}$$

$$\alpha=\frac{2pF^2}{\mu}\cdot\frac{b}{C}=K\,\frac{b}{C} \tag{1-2-11}$$

(1)p 值的确定。p 值可以通过调节污泥比阻测定装置上的真空调节阀来控制,如图 1-2-2 所示,并在真空表中读出(一般在 0.05～0.08 MPa)。

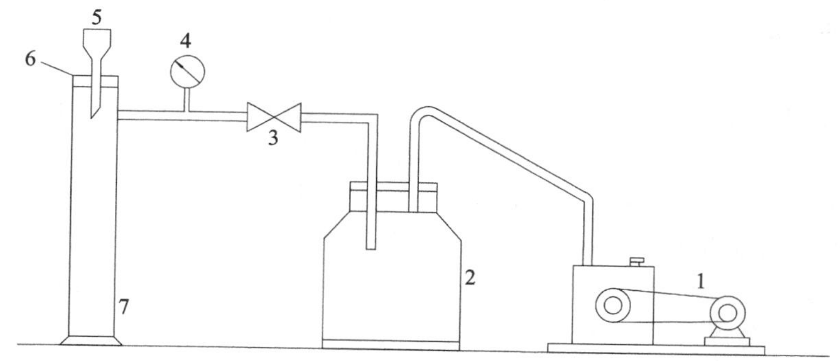

1—真空泵；2—吸滤瓶；3—真空调节阀；4—真空表；5—布式漏斗；6—吸滤垫；7—量筒。

图1-2-2　污泥比阻测定装置示意图

(2)μ 值的确定。μ 值可取实验室温度下的滤液动力黏滞度。

(3) b 值的确定。b 值可在定压下(真空度保持不变)通过测定一系列的 t/V 数据，用图解法求斜率，见图1-2-3。

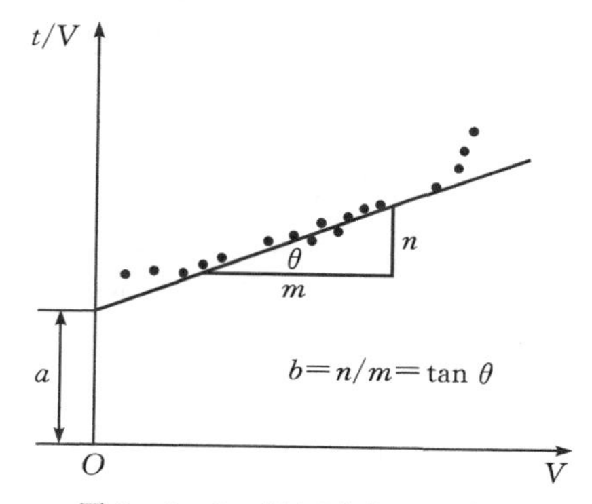

图1-2-3　图解法求 b 示意图

(4) C 值的确定。C 值用测量污泥滤饼含固率的方法求：

$$C=\frac{1}{\dfrac{100-C_i}{C_i}-\dfrac{100-C_f}{C_f}} \tag{1-2-12}$$

式中，C_i 为污泥含固率，%；C_f 为滤饼含固率，%。

【例题】污泥含水率97.7%，滤饼含水率80%，求得 C 值为

$$C=\frac{1}{\dfrac{100-2.3}{2.3}-\dfrac{100-20}{20}}=\frac{1}{38.4}=0.026\ \text{g/mL}$$

一般认为比阻为 $10^9\sim10^{10}\ \text{s}^2/\text{g}$ 的污泥难以过滤，比阻为 $(0.5\sim1.0)\times10^9\ \text{s}^2/\text{g}$ 的污泥过滤难易程度中等，比阻小于 $0.4\times10^9\ \text{s}^2/\text{g}$ 的污泥容易过滤。

4. 毛细吸水时间

毛细吸水时间CST(Capillary Suction Time)由巴斯克维尔(Baskerville)和加尔(Gale)于1968年提出，其值等于污泥与滤纸接触时，在毛细管作用下，水分在滤纸上渗透1 cm长度的时间(s)。研究发现在一定范围内，污泥比阻 α 与毛细吸水时间CST的对数具有线性关系，且

毛细吸水时间的测定适用于调理剂的选择和投加量的确定。

CST 的测定装置如图 1-2-4 所示。图中一无底圆筒(泥筒)放在滤纸上,滤纸放在一绝缘底板上,板面刻有间距为 1 cm 的两个同心圆,并有 a、b 两个电触点,a 在内圆上,b 在外圆上,泥筒与两圆同心。当污泥倒入泥筒,其水分渗入滤纸,并向外渗出,当水分触及 a 点时,计算器电路上的放大器得到一个电信号,向继电器发出一个电脉冲(约历时 0.2 s),继电器与一计算器的"秒表"功能相联通,开始计时。滤纸上湿润圈继续扩大,触及 b 点时,电路上的放大器得到信号,通过另一继电器向计算器发出一个信号,秒表停止工作,计算器上所显示的数值即是 CST 值。CST 越大,污泥的脱水性能越差。

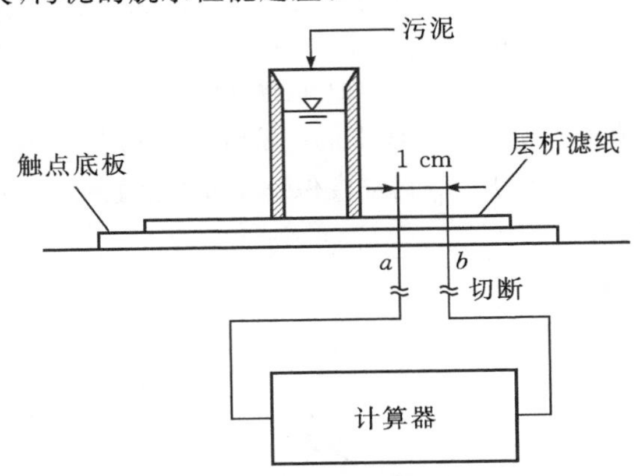

图 1-2-4　CST 值测定装置示意图

1.2.2　污泥的化学指标

污泥的化学指标主要包括肥分指标、重金属离子(有害物质)指标、有机物与无机物含量、可消化程度、热值等。

1. 污泥肥分

污泥中含有大量植物生长所必需的肥分(N、P、K)、微量元素及土壤改良剂(有机腐殖质),可用于农业施肥,其中氮、磷和钾,是植物所需的营养成分。氮能促进植物茎叶的生长,其中硝酸盐氮可被植物直接利用,氨氮要在土壤中分解和氧化后才能被利用;磷能促进植物根系生长,提高植物对病虫害的抵抗能力;钾能促进植物的生长活力,是构成叶绿素的重要成分,并能促进茎叶生长和增加抵抗病虫害的能力。污泥中的腐殖质等有机物可改善土壤结构,提高保水能力和抗蚀性能,是良好的土壤改良剂。我国典型城市污水处理厂各种污泥所含肥分见表 1-2-3。

表 1-2-3　我国典型城市污水处理厂污泥肥分表

污泥类别	总氮/%	磷(以 P_2O_5 计)/%	钾(以 K_2O 计)/%	有机物/%
初沉污泥	2～3	1～3	0.1～0.5	55～70
活性污泥	3.3～7.7	0.78～4.3	0.22～0.44	60～70
消化污泥	1.6～3.4	0.6～0.8	—	25～30

2. 重金属离子

污泥中的重金属离子是主要的有害物质，我国典型城市污水处理厂污泥中重金属成分及含量见表1-2-4。

表1-2-4　我国典型城市污水处理厂污泥中重金属离子成分及含量(mg/kg 干污泥)

重金属离子名称	Hg	Cd	Cr	Pb	As	Zn	Cu	Ni
含量范围	0.09～17.5	0.04～2999	2.0～6365	3.6～1022	0.78～269	217～30098	51～9592	16.4～6206

污泥中重金属离子含量，取决于污水中工业废水所占比例及工业性质，而工业废水处理厂(站)的污泥性质随废水性质变化很大。污水经二级生物处理后，污水中重金属离子有50%以上转移到污泥中，因此污泥中的重金属离子一般都较高。在污泥作为肥料使用之前，要注意重金属离子含量是否超过我国农业农村部规定的《农用污泥污染物控制标准》(GB4284—2018)，重金属离子含量超过农用污泥污染物控制标准的污泥不能用作农肥。污泥农用时污染物控制标准限值见表1-2-5。

表1-2-5　污泥农用时污染物控制标准限值(mg/kg 干污泥)

重金属离子名称	Hg	Cd	Cr	Pb	As	Zn	Cu	Ni
酸性土壤(pH<6.5)	5	5	600	300	75	2000	800	100
非酸性土壤(pH≥6.5)	15	20	1000	1000	75	3000	1500	200

3. 有机物与无机物含量

挥发性固体(VSS)表示的是污泥中有机物的含量，又叫灼烧减重，是将污泥中的固体物质在550～600 ℃高温下燃烧时以气体逸出的那部分固体量，常用“mg/L”表示，有时也用质量百分数表示。VSS反映污泥稳定化程度。

灰分(NVSS)代表污泥中无机物的含量，又叫灼烧残渣。通过烘干、高温(550～600 ℃)焚烧和称重测得。

4. 可消化程度

可消化程度表示污泥中可被消化降解的有机物数量。消化对象为污泥中的有机物，一部分是可被消化降解的(或称可被气化，无机化)；另一部分是不易或不能被消化降解的，如脂肪、合成有机物等。消化程度的计算公式：

$$R_d=\left(1-\frac{P_{v2}P_{s1}}{P_{v1}P_{s2}}\right)\times 100\% \tag{1-2-13}$$

式中，R_d 为可消化程度，%；P_{s1}、P_{s2} 为分别表示生污泥及消化污泥的无机物含量，%；P_{v1}、P_{v2} 为分别表示生污泥及消化污泥的有机物含量，%。

5. 热值

污泥所含有机物质可燃，其燃烧热值的计算常用的公式有两个，一个是张自杰主编的《排

水工程》下册(第 5 版)中表述的:

$$Q=2.3a\left(\frac{100P_v}{100-G}-b\right)\left(\frac{100-G}{100}\right) \quad (1-2-14)$$

式中,Q 为污泥的燃烧热值,kJ/kg 干污泥,可参考表 1-2-6;P_v 为有机物质(即挥发性固体)的含量,%;G 为机械脱水时添加的混凝剂量(以占污泥干固体重量%计),g/100g 干污泥;a、b 为经验系数,与污泥性质有关。初沉污泥:$a=131$,$b=10$;新鲜活性污泥:$a=107$,$b=5$。

另一个是根据杜隆(Dulong)公式并经过分析计算得出的:

$$Q=0.339C+1.443(H-0.125O)-0.0224(9H)+0.0093S+0.001464N \quad (1-2-15)$$

式中,Q 为干污泥的热值,MJ/kg;C、H、O、S、N 为干污泥中碳、氢、氧、硫、氮元素的含量,g/100g 干污泥。

式(1-2-14)建立了干污泥中的有机物质和热值之间的关系,式(1-2-15)建立了干污泥中各个重要元素的量和热值之间的关系。

表 1-2-6 各种污泥燃烧热值表

污泥种类		燃烧热值/(kJ/kg 干污泥)
初次沉淀污泥	新鲜污泥	15826~18192
	消化污泥	7201
初次污泥与腐殖污泥混合污泥	新鲜污泥	14905
	消化污泥	6741~8122
初次污泥与活性污泥混合污泥	新鲜污泥	16957
	消化污泥	7453
活性污泥	新鲜污泥	14905~15625

【例题】污泥的挥发性固体含量 $P_v=68\%$,机械脱水时投加无机混凝剂 $G=8.3\%$(占干固体质量%)。试求其燃烧热值。

【解】若为初沉污泥,用式(1-2-14)计算:

$$Q=2.3\times131\times\left(\frac{100\times68}{100-8.3}-10\right)\times\left(\frac{100-8.3}{100}\right)=17738\ \text{kJ/kg}$$

若为新鲜活性污泥,用式(1-2-14)计算:

$$Q=2.3\times107\times\left(\frac{100\times68}{100-8.3}-5\right)\times\left(\frac{100-8.3}{100}\right)=15616\ \text{kJ/kg}$$

1.2.3 污泥的生物指标

城镇污泥的生物指标主要包括卫生学指标和种子发芽指数。

1. 卫生学指标

污泥中常规检测生物指标有粪大肠菌菌群值、细菌总数、蛔虫卵死亡率和蠕虫卵死亡率,这些生物指标对污水处理厂检测和污泥排放有一定的指导意义。城镇污泥卫生学指标的分析方法及采用标准见表 1-2-7。

表1-2-7　城镇污泥卫生学指标、检测分析方法及采用标准

序号	指标	检测分析方法	采用标准
1	粪大肠菌菌群值	发酵法	GB 7959—2012
		多管发酵法	HJ347.2—2018
2	细菌总数	平皿计数法	HJ1000—2018
3	蛔虫卵死亡率	显微镜法	GB 7959—2012
		集卵法	HJ 775—2015
4	蠕虫卵死亡率	显微镜法	GB 7959—2012

2. 种子发芽指数

种子发芽指数是一项综合性的生物学指标。当未稳定化的污泥施用到土壤中，通过微生物降解产生的一些低分子有机酸会对植物产生毒害作用，通过测定污泥的种子发芽指数，可反映污泥的腐熟度和稳定化程度。

种子发芽指数的测定具体步骤如下。

(1)污泥样品滤液的配制。以污泥样品按水：物料＝3：1浸提，160 r/min振荡1h后过滤，滤液即为污泥样品滤液。

(2)测试与计算。吸取5 mL滤液于铺有滤纸的培养皿中，滤纸上放置20颗小白菜或水芹种子，25 ℃下避光培养48 h后，测定种子的根长，上述试验设置5组重复进行，同时用去离子水做空白对照。

种子发芽指数计算公式见式(1-2-16)：

$$F=\frac{A_1\times B_1}{A_2\times B_2}\times 100\% \tag{1-2-16}$$

式中，F为种子发芽指数，%；A_1为污泥滤液培养种子的发芽率，%；A_2为去离子水培养种子的发芽率，%；B_1为污泥滤液培养种子的根长，mm；B_2为去离子水培养种子的根长，mm。

1.3　污泥量计算

城镇污水处理过程中，污泥量通常占污水量的0.3%～0.5%(体积)，其质量比为1～3吨干污泥/万吨污水。如果污水处理工艺属于深度处理，污泥量会增加0.5～1倍。因此随着污水处理效率的提高，必然导致污泥数量的增加。

计算城市污水处理厂的污泥量时，一般以表1-2-1所列的经验数据为参考。

城镇污泥主要来自初沉池和二沉池，可用以下公式估算。

1. 初沉污泥量

可根据污水中悬浮物浓度、污水流量及污泥含水率，采用下式计算：

$$V=\frac{Q_{\max}(C_1-C_2)T}{K_z\rho(1-p)} \tag{1-3-1}$$

式中，V 为初沉污泥量，m^3/d；Q_{max} 为最大时设计污水流量，m^3/d；C_1 为进水悬浮物浓度，mg/L；C_2 为出水悬浮物浓度，mg/L；K_z 为生活污水量总变化系数；p 为污泥含水率，%；ρ 为污泥密度，以 1000 kg/m^3 计；T 为两次排泥时间间隔，d。

初沉池污泥量也可按照式(1-3-2)计算：

$$V=\frac{1000Q(C_1-C_2)\eta_{ss}}{X_0} \tag{1-3-2}$$

式中，V 为初沉污泥量，m^3/d；Q 为平均日污水量，m^3/d；η_{ss} 为初沉池 SS 去除率，%，一般为40%～60%；X_0 为初沉污泥浓度，g/L，一般为 20～50 g/L。

2. 剩余污泥量

剩余污泥量采用下式计算：

$$\Delta X_v=aQL_r-bX_vV_b \tag{1-3-3}$$

式中，ΔX_v 为剩余活性污泥，kgVSS/d；a 为污泥增殖系数，一般取 0.4～0.8；b 为污泥自身氧化系数，即衰减系数，d^{-1}，一般取 0.04～0.10 d^{-1}；L_r 为去除的 BOD 浓度，kg/m^3；X_v 为 MLVSS 浓度，kg/m^3；V_b 为曝气池容积，m^3。

剩余污泥量也可按照式(1-3-4)计算：

$$\Delta X_v=\frac{QL_r}{1+K_d\theta_c} \tag{1-3-4}$$

式中，K_d 为污泥衰减系数，d^{-1}，一般取 0.05～0.1 d^{-1}；θ_c 为污泥龄，d。

剩余污泥量以体积计也可按照式(1-3-5)计算：

$$V=\frac{\Delta X_v}{\rho}=\frac{100P_{vss}}{(100-p)\rho} \tag{1-3-5}$$

式中，ΔV 为剩余活性污泥量，m^3VSS/d；P_{VSS} 为产生的悬浮固体，kgVSS/d；p 为污泥含水率，%；ρ 为污泥密度，以 1000 kg/m^3 计。

3. 消化污泥量

采用下列公式进行计算：

$$V_d=\frac{V_1(100-p_1)}{100-p_d}\left[(1-\frac{P_{v1}}{100})+(1-\frac{R_d}{100})\frac{P_{v1}}{100}\right] \tag{1-3-6}$$

式中，V_d 为消化污泥量，m^3/d；p_1 为生污泥含水率，%，取周平均值；p_d 为消化污泥含水率，%，取周平均值；P_{v1} 为生污泥有机物含量，%；V_1 为生污泥量，m^3/d；R_d 为可消化程度，%，取周平均值。

第2章 污泥处理处置技术

2.1 概　　述

2.1.1 污泥处理处置原则

按照《城镇污水处理厂污泥处理处置及污染防治技术政策》的要求，参考发达国家近几十年的经验和教训，污泥处理处置应满足“安全环保、循环利用、节能降耗、因地制宜、稳妥可靠、经济可行”标准。实现污泥全消纳，能量全平衡，过程全绿色，经济可持续。与此同时污泥的处理处置同样也应该符合“减量化、稳定化、无害化和资源化”原则。

1. 减量化

城市污水处理厂的污泥减量化就是通过浓缩、脱水、稳定、焚烧等方法减少污泥量，以降低污泥处理及最终处置的费用。污水处理厂污泥体积非常大，给污泥的后续处理造成困难，为了使污泥更加稳定、方便利用，必须先对其进行减量处理。

图2-1-1为1000 m^3 含水率为95%的生活污水污泥含水率降低与容积减少的关系。污泥的含水率高，体积大，不利于贮存、运输和消纳，经减量化处理后，体积可减至原来的几分之一，且由液态转化成固态。污泥的体积随含水率的降低而大幅度减少，且污泥呈现的状态和性质也有很大变化，如含水率在85%以上的污泥可用泵输送；含水率为70%～75%的污泥呈柔软状；含水率为60%～65%的污泥几乎成为固体状态；含水率为34%～40%的污泥已呈现为可离散状态；含水率为10%～15%的污泥则呈现为粉末状态。因此，可以根据不同的污泥处理工艺和装置要求，确定合适的减量化程度。

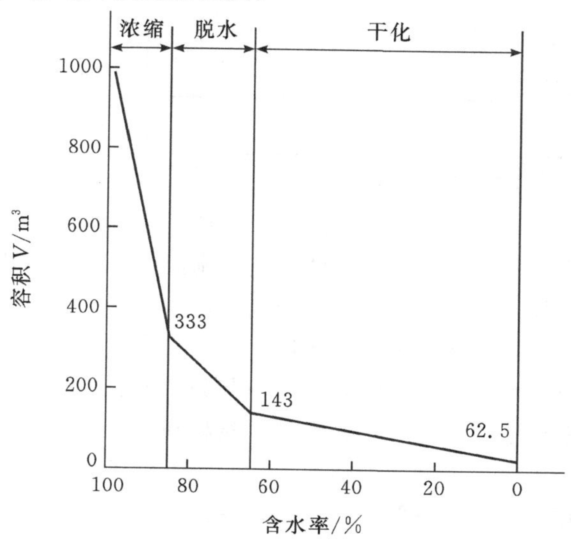

图2-1-1　1000 m^3 含水率为95%的生活污水污泥含水率降低与容积减少的关系

2. 稳定化

污泥稳定化是降解污泥中的有机物质，减少污泥含水量，使污泥中的各种成分处于相对稳定状态的过程。

随着堆积时间及外部环境的变化，污泥中有机物会发生厌氧降解，极易腐败并产生恶臭，需要采用生物好氧、厌氧消化工艺或堆肥等方法消解污泥中的有机成分，使污泥中的有机组分转化成稳定的最终产物，避免在污泥最终处置过程中造成二次污染。

3. 无害化

污泥中含有有毒有害物质、病原菌、寄生虫卵和病毒。实验研究表明，活性污泥中的病毒多达 10^6 个/g。污泥无害化处理的目的是采用适当的工程技术去除、分解或者“固定”污泥中的有毒有害物质及消毒灭菌，防止对环境造成危害。

4. 资源化

污泥是一种资源，含有丰富的氮、磷、钾、有机物。污泥资源化是指在处理污泥的同时，回收其中的氮、磷、钾等有用物质，达到变害为利、综合利用的目的。

2.1.2 污泥处理处置基本流程

污泥处理处置方法很多，其基本工艺流程如图 2-1-2 所示。

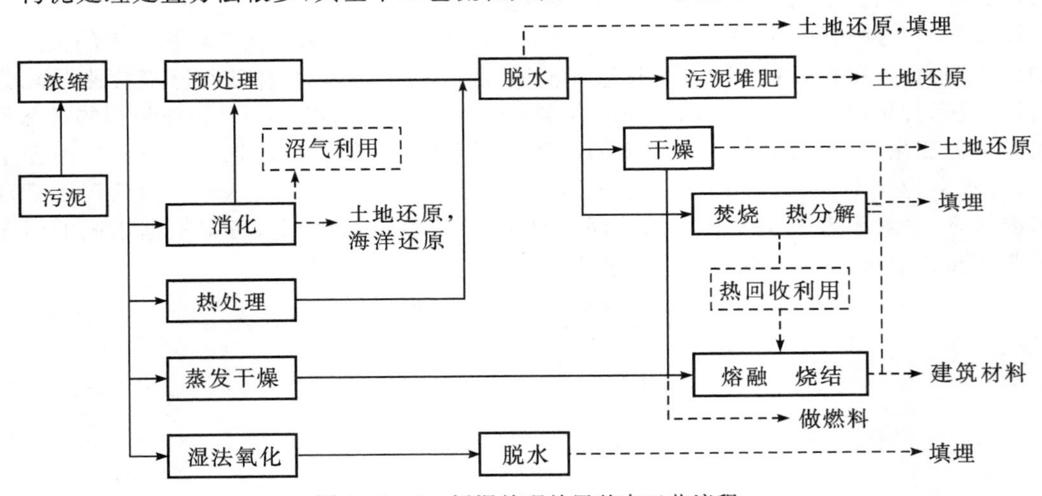

图 2-1-2 污泥处理处置基本工艺流程

由工艺流程图 2-1-2 可知，污泥处理处置基本流程可分为以下几类：

(1)浓缩→预处理→脱水→污泥堆肥→土地还原。

(2)浓缩→预处理→脱水→干化→土地还原。

(3)浓缩→预处理→脱水→焚烧(或热分解)→灰分填埋。

(4)浓缩→预处理→脱水→干化→熔融烧结→建材利用。

(5)浓缩→预处理→脱水→干化→做燃料。

(6)浓缩→厌氧消化→预处理→脱水→土地还原。

(7)浓缩→蒸发干化→做燃料。

(8)浓缩→湿法氧化→脱水→填埋。

在污泥处理处置过程中,以应对不同的情况各处理方法又有多种不同的单元操作可供选择,如表2-1-1所示。

表2-1-1　各种污泥处理方法及其单元操作

处理方法	单元操作
浓缩	重力式、气浮式、离心式、膜浓缩式
预处理	物理法、化学法、生物法
脱水	真空式、压滤式、离心式、电渗透式
消化	厌氧、好氧
热处理	干化处理、焚烧、热解气化、湿式氧化

2.2　污泥处理技术

污泥处理技术是指污泥经单元工艺组合处理达到"减量化、稳定化、无害化"的全过程技术。

2.2.1　污泥减量化处理

污水处理系统产生的污泥,含水率高、体积大,输送、处理或处置都不方便。

1. 污泥浓缩

污泥浓缩是污泥处理的重要环节之一,其目的是缩小污泥体积,减小污泥后续处理构筑物的规模和处理设备的容量,污泥浓缩可将绝大部分间隙水从污泥中分离出来,但不能将毛细水分离。浓缩之后采用消化工艺时,可降低消化工艺的加热量;浓缩之后直接脱水,可减少脱水机台数,并降低污泥调质所需的絮凝剂投加量。污泥浓缩包含重力浓缩法、气浮浓缩法、离心浓缩法和膜浓缩法等。

污泥浓缩工艺或设备的选择主要取决于产生污泥的污水处理工艺、污泥性质、污泥量和需达到的含水率要求。

2. 污泥脱水

污泥在脱水前一般需进行预处理,以改善其脱水性能、提高脱水效果和脱水设备的生产能力,此过程也称为污泥调理,污泥经过调理后进行脱水。污泥脱水主要是去除污泥颗粒间的毛细水和颗粒表面的吸附水,脱水的目的是进一步减少污泥体积,便于后续处理、处置和利用。

常用脱水的方法主要有自然脱水法和机械脱水法,城镇污水处理厂一般采用机械脱水。常用的污泥机械脱水方式包括真空过滤脱水、压滤脱水及离心脱水等。

真空过滤机根据结构类型的不同,主要分为真空转鼓过滤机、带式真空过滤机、圆盘式真空过滤机等;污泥压滤脱水机根据过滤方式可分为板框压滤机、带式压滤机、厢式压滤机等;污泥离心脱水主要采用沉降式离心脱水机,可以同时达到污泥浓缩和脱水的目的。

2.2.2 污泥稳定化处理

污泥稳定化处理技术是以降解污泥中的有机物质、减少污泥含水量、杀灭污泥中的细菌、病原体等，以及消除臭味为目的的污泥处理技术。污泥稳定化处理方法主要有污泥厌氧消化、污泥好氧消化和污泥堆肥等。

1. 污泥厌氧消化

污泥厌氧消化是指污泥在无氧条件下，由兼性菌和厌氧细菌将污泥中的可生物降解的有机物分解为 CH_4、CO_2 等的过程。

污泥厌氧消化目的是将污泥经过消化后，有机污染物得到进一步的降解、稳定和利用，同时污泥量减少，污泥的生物稳定性和脱水性也大为改善。污泥厌氧消化可以处理有机物含量较高的污泥，随着有机物被厌氧分解，污泥逐渐稳定化，产生大量的高热值的沼气可作为能源利用，使污泥资源化。

污泥厌氧消化工艺主要包括传统厌氧消化工艺、两级厌氧消化工艺、两相厌氧消化工艺、高固厌氧消化工艺等。影响污泥厌氧消化的主要因素有温度、pH 值、营养元素、抑制物质、污泥投配率和厌氧消化系统搅拌等。

2. 污泥好氧消化

污泥好氧消化是对污泥进行较长时间的曝气，使污泥中微生物在好氧条件下处于内源呼吸阶段并进行自身氧化的过程。

污泥好氧消化目的是降低污泥中的有机质含量、除臭、减少或杀灭病原菌与抑制蚊蝇滋生，稳定污泥同时减少污泥量。当污泥量不大时，宜采用好氧消化。污泥好氧消化操作简单，建设费用相对较低，具有良好灭除病原菌的效果，消化后的污泥便于后续处理。

污泥好氧消化工艺包括传统污泥好氧消化工艺、缺氧/好氧消化工艺、自动升温高温好氧消化工艺、两段高温好氧/中温厌氧消化工艺和深井曝气污泥好氧消化工艺。污泥好氧消化工艺的选择主要取决于反应运行中的温度、pH 值、供氧设备、污泥特性和反应停留时间等。

3. 污泥堆肥

污泥堆肥是利用污泥中的细菌、放线菌、真菌等微生物，在一定条件下，使可被微生物降解的有机质向稳定的腐殖质转化的过程。根据堆肥过程中的需氧程度可将污泥堆肥分为好氧堆肥、厌氧堆肥和兼性堆肥，好氧堆肥是污泥堆肥的主要方式。

污泥堆肥的目的主要是实现污泥减量化，资源化。污泥堆肥工艺流程主要分为前处理、主发酵、后发酵和后处理等四个阶段。污泥好氧堆肥工艺类型有条垛式、强制通风静态垛式和反应器系统。污泥堆肥处理所需设备与堆肥工艺密切相关，各种工艺所需设备有时相差甚大，污泥堆肥处理设备系统包括预处理设备、发酵设备、后处理设备和产品加工设备等。

影响好氧堆肥的主要因素有含水率、含氧量、温度、碳氮比（C/N）、pH 值和有机物含量等。

2.2.3　污泥热处理

1. 污泥干化

污泥干化主要是指通过蒸发等作用，去除污泥中大部分水分的过程。蒸发过程中污泥表面的水分汽化，由于物料表面的水蒸气压力低于干化介质（气体）中的水蒸气分压，水分从污泥表面移入干化介质。

干化后的污泥含水率可降至 10%左右，呈颗粒状或粉状，性质稳定且无臭味、无病原体。污泥干化技术可分为直接干化、间接干化和辐射干化，或者这些技术的组合。

影响干化速度的因素主要有污泥性质、干化介质性质、干化介质与污泥的接触方式和干化设备的类型等，污泥干化设备包括圆盘干化机、桨叶干化机、流化床干化机、带式干化机和立式间接干化机等。

2. 污泥焚烧

污泥焚烧是在一定温度、有氧条件下，使污泥中的有机质发生燃烧反应，转化为 CO_2、H_2O、N_2、NO_x、SO_2 等相应的气相物质及性质稳定的固体残渣。污泥的焚烧分为三个阶段：干燥加热阶段、焚烧阶段和燃尽阶段。

污泥焚烧可迅速、有效地使污泥达到无菌化和减量化的目的，同时污泥焚烧有大量的烟气产生，其组成为颗粒物质、酸性气体、重金属、氮氧化合物和二噁英（PCDD/PCDF）等，对焚烧产生的烟气必须进行控制。

污泥焚烧设备有多膛式焚烧炉、流化床焚烧炉、回转窑式焚烧炉、炉排式焚烧炉、电加热红外焚烧炉、熔融焚烧炉及旋风焚烧炉等。

影响污泥焚烧过程的因素有污泥的性质、污泥的预处理、污泥焚烧的工艺操作条件及过剩空气系数等。

3. 污泥热解气化

污泥热解气化是指在无氧或缺氧的条件下，污泥中有机组分的大分子发生断裂，产生小分子气体、焦油和残渣的过程。根据温度、炉内气氛条件和产物的不同，分为热解和气化。热解在温度为 150～700 ℃、缺氧的条件下，污泥中的有机物通过热解转化为气体，经冷凝后得到热解油；气化是在 1000 ℃左右，氧气不充分的条件下，污泥与气化剂发生氧化还原反应转化为燃气和合成气。

常用的污泥热解气化技术包括回转窑热解气化技术和固定床热解气化技术。

4. 污泥湿式氧化

湿式氧化法是在一定温度和一定压力下利用热化学氧化反应对污泥进行处理，将有机物转化为无机物的污泥处理工艺。

湿式氧化法包括水解、裂解和氧化等过程，湿式氧化法有传统湿式氧化法、超临界水氧化法、亚临界湿式氧化法、催化湿式氧化法及部分湿式氧化法等。

污泥通过湿式氧化处理，COD_{Cr} 去除率可达 70%～80%，有机物氧化程度可达 80%～90%。湿式氧化工艺主要设备包括高压泵、空气压缩机、热交换器、反应器及气液分离器。

影响湿式氧化法因素包括反应条件、进气量及污泥性质等。

2.3 污泥处置技术

污泥处置是指处理后的污泥弃置于自然环境中或再利用，能够达到长期稳定并对生态环境无不良影响的最终消纳方式。常见的污泥的处置方式有土地利用、建材利用和污泥填埋等，具体的适用范围见表2-3-1。

表2-3-1 污泥处置方式及其适用范围

序号	处置方式	范围	备注
1	污泥土地利用	农用利用	农用肥料或农田土壤改良材料
		林地利用	林地的肥料原料
		园林绿化	城镇绿地系统建造和养护的基质材料或肥料原料
		退化土地修复	作为退化土地修复的原料
2	污泥建材利用	制砖	制砖的部分原料
		制水泥	制水泥的部分原料或添加剂
		制轻质陶粒	制轻质陶粒的部分原料
		制生化纤维板	制备纤维板的原料
3	污泥填埋	单独填埋	在专门填埋污泥的填埋场进行填埋处置
		与矿化垃圾混合填埋	在城市生活垃圾填埋场进行混合填埋
4	产物利用	营养物质回收	对污泥中磷回收及蛋白质的提取
		清洁能源制备	利用污泥制氢气及沼气
		电镀污泥重金属提取	提取电镀污泥中的有价金属
		材料化利用	利用污泥制活性炭吸附材料

2.3.1 污泥土地利用

污泥经过处理具有一定的腐殖质等有机物，这些有机物具备土地利用价值，施入土壤表面或土壤中可改善土壤的性质，提高土壤综合肥力。污泥土地利用是指通过污泥灌溉、地表施用和地面下施用等方式，将污泥施用在土壤表面或土壤中的污泥处置方式。污泥土地利用方式包括农田利用、林地利用、园林绿化利用以及退化土地的修复。

2.3.2 建材利用

污泥建材利用是指将无害化后的污泥加工成可用的建筑材料，典型的有污泥制砖、污泥制水泥、污泥制轻质陶粒和污泥制生化纤维板等。

污泥制砖是指经过预处理的污泥与研磨后的配料混合，通过一定压力制成泥坯，将泥坯送入砖窑内烧结，泥坯烧结完成后冷却成砖块。污泥制砖的方法主要有污泥焚烧灰制砖、干化污泥直接制砖、湿污泥与其他原料混合制砖。

污泥制水泥主要经过三个阶段，即生料制备、熟料煅烧与水泥粉磨。生料制备包括污泥干化、污泥造粒；熟料煅烧过程为预热，预煅烧（包括预分解），最后烧制成熟料的全过程；水泥熟料在粉磨之前先要进行冷却，水泥粉磨通常在钢球磨机中进行，同时要加入少量石膏作为缓凝剂。

污泥制轻质陶粒，脱水污泥制陶粒主要流程有干化、部分燃烧、粉碎混炼、造粒、烧结、冷却等。

污泥制生化纤维板是利用污泥中所含的粗蛋白与球蛋白，在碱性条件下，通过一定条件，使蛋白质变性及发生凝胶作用，转变成蛋白胶，再与经漂白、脱脂处理的废纤维胶合起来，压制成生化纤维板。生化纤维板的制造工艺可分为污泥预处理（浓缩脱水）、树脂调制（碱处理）、填料处理（纤维预处理）、搅拌、预压成形、热压和后续处理等工序。

2.3.3　污泥填埋

污泥填埋指采取一定的工程措施将污泥填埋于天然或人工开挖坑地内的安全处置方式。

污泥填埋前需进行水泥固化法、石灰固化法、热塑性固化法和聚合型固化法等固化预处理，满足准入条件的污泥可采用单独填埋及与矿化垃圾混合填埋的方式填埋。

污泥填埋场由主填埋系统和辅助系统组成，污泥填埋辅助系统包括填埋场防渗系统、渗滤液收排系统、渗滤液处理系统、填埋气体收集利用系统和终场覆盖系统。

2.3.4　产物利用

污泥产物利用主要有营养物质回收、清洁能源的制备、电镀污泥重金属提取及材料转化等四个方面。

污泥营养物质回收主要是对磷及蛋白质的回收。磷回收时，先需进行磷的释放，磷释放方法主要有微生物消化法、臭氧氧化法、热处理法和酸、碱溶胞法，再通过结晶法或沉淀法来回收磷；污泥中蛋白质的回收主要采用酸碱与热水解结合的方式进行回收。

污泥制备清洁能源主要有污泥制氢和污泥制沼气，污泥中含有大量的有机质，可以作为获取氢能的来源，污泥制氢包括高温气化制氢、微生物发酵制氢和超临界水制氢等技术；污泥制沼气主要是通过厌氧消化作用，由厌氧菌和兼性菌的联合作用降解有机物，产生以甲烷为主的混合气的过程。

对电镀污泥中重金属进行提取，回收利用，可实现污泥资源化利用。电镀污泥重金属提取方法主要有火法、湿法以及火法湿法组合。

污泥材料转化，如污泥经碳化、活化后制成活性炭吸附材料，实现了污泥资源化利用。

第 2 篇 污泥减量化处理技术

第 3 章　污泥浓缩

污水处理过程中产生的污泥含水率很高，一般情况下，初沉污泥含水率为 95.0%～97.0%，剩余污泥含水率为 99.2%～99.6%，初沉污泥与剩余污泥混合后的污泥含水率为 99.0%～99.4%。污泥浓缩去除对象是间隙水，污泥浓缩的主要目的是缩小污泥体积，减小污泥后续处理构筑物的规模和处理设备的容量。污泥浓缩主要有重力浓缩、气浮浓缩、离心浓缩等。

3.1　污泥重力浓缩

重力浓缩是一种常用的污泥浓缩方法，是利用重力作用的自然沉降分离方式，不需要外加能量，属于压缩沉淀。用于重力浓缩的构筑物称为重力浓缩池，重力浓缩可以分为间歇式和连续式两种。

3.1.1　重力浓缩的基本原理

污泥浓缩前由于污泥浓度较高，颗粒之间彼此接触支撑。浓缩开始后，在上层颗粒的重力作用下，下层颗粒间隙中的水被挤出，颗粒之间相互拥挤得更加紧密。通过这种拥挤压缩过程，污泥浓度进一步提高，从而实现污泥浓缩。

在重力浓缩池运行工况中有三个区域，如图 3－1－1 所示：①上清液区，为固体浓度极低的上层清液；②阻滞区，该区悬浮颗粒以恒速向下运动，在区域底部形成一层沉降固体层；③压缩区，该区域中污泥颗粒集结，下层的污泥支承着上层的污泥，上层的污泥压缩下层的污泥，污泥中的间隙水被挤出，固体浓度不断提高，直至达到所要求的底流浓度后从底部排出。

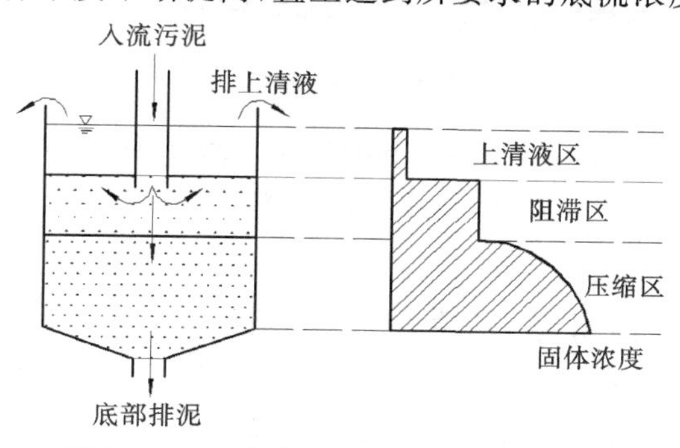

图 3－1－1　连续式重力浓缩池运行工况

3.1.2　重力浓缩池运行和管理

1. 重力浓缩池的运行

间歇式重力浓缩池通常建成圆筒形或矩形，主要用于小型污水处理厂，如图 3－1－2 所示。运行时，应先排除上清液和浓缩污泥，排空池容再进入下一个循环。污泥从一边进入，待充满池子后，静止沉降浓缩。经过 5～10 h，在不同高度处放掉上清液，浓缩污泥从池底排出。

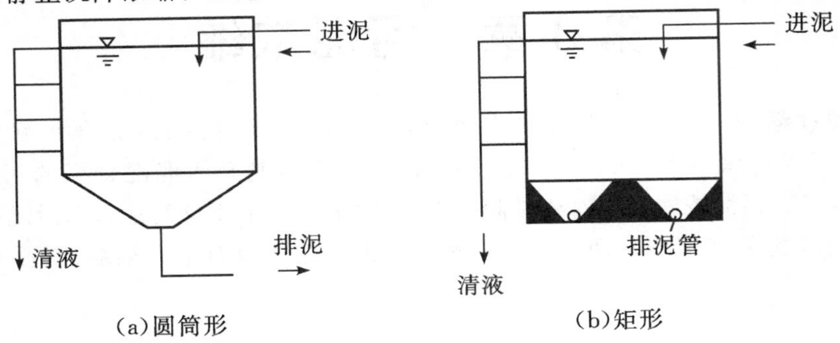

图 3－1－2　间歇式重力浓缩池

连续式重力浓缩池通常建成竖流式或辐流式池型，主要用于大、中型污水处理厂，如图 3－1－3 所示。污泥从中心筒连续配入，竖向或径向流往周边集水槽，污泥浓缩于池底，并连续排出，清水从集水槽连续排出。竖流式池采用重力排泥法，适用于污泥量不大的场所。辐流式池采用机械排泥法，并安装转动栅条强化泥水分离过程，适用于污泥量大的场所。浓缩池的水力停留时间为 10～16 h。

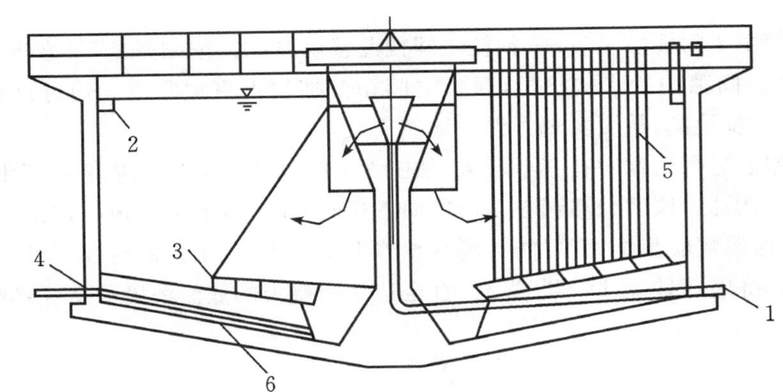

1—中心进泥管；2—上清液溢流堰；3—刮泥机；4—底泥排除管；5—搅动栅；6—池底。

图 3－1－3　连续式重力浓缩池

2. 重力浓缩池的管理

(1)浓缩池中污泥膨胀问题及其解决方法。污泥膨胀现象出现在活性污泥处理系统，因此解决的办法也首先应在活性污泥池内进行。污泥膨胀时，无法进行重力浓缩，甚至需要把浓缩池内的污泥完全排空、冲洗后再投入浓缩运行。如果在重力浓缩池内发生污泥膨胀，解决的办法除了排空清洗外，还有以下三种。

① 生物法。调节细菌的营养。如果是 C/N 比偏低，可在入流污泥中投加尿素、碳酸铵、氯化铵或者消化池的上清液。C/N 比提高后，活菌数减少，可有效地克服膨胀问题，不同 C/N 比与活菌数关系见表 3－1－1。

表 3-1-1　C/N 比与活菌数关系

C/N	MLSS/(mg/L)	活菌数/个
3	1251	5.2×10^7
10	1324	4.7×10^7
20	1124	3.5×10^7
40	900	2.5×10^7

② 化学法。用化学药剂抑制丝状菌的生长。以化学药剂氯为例，氯对于丝状菌的杀伤力大，但对菌胶团的杀伤力小，加氯量以 0.3%～0.6%为宜(以干固体重量%计)。H_2O_2 对丝状菌有持续的抑制作用，投加量在 20～400 mL/L 范围内，低于 20 mL/L 不起作用，高于 400 mL/L 会使污泥氧化解体。

化学法是一种解决膨胀的临时措施，不能根本解决膨胀问题。

③ 物理法。物理法即投加惰性固体，如黏土、活性炭、石灰、消化污泥、初沉污泥、污泥焚烧灰，或投加无机、有机混凝剂等。

为预防浓缩池中污泥膨胀，可定期测定污泥沉降性能(SVI)值。一般而言 SVI< 300 mL/g 都可以进行重力浓缩，大于 300 mL/g 的污泥难以在重力浓缩池中进行浓缩。

(2)浓缩池中污泥上浮问题及其解决方法。污泥上浮与污泥膨胀是两个不同性质的问题，前者不是污泥性质的变化，后者是污泥性质的变化。

引起污泥上浮的原因。

① 污泥在浓缩池内停留时间过长，硝酸盐发生反硝化，分解出的氮气附于污泥颗粒上，使污泥上浮：

$$2NO_3^- + 10e^- + 12H^+ \longrightarrow 6H_2O + N_2\uparrow \qquad (3-1-1)$$

② 有机物厌氧消化，产生 CO_2 与 CH_4 释放出来，使污泥上浮。

预防浓缩池中污泥上浮，可以加大排泥量，缩短停留时间。

3. 重力浓缩池的适用性

(1)重力浓缩，特别是间歇式重力浓缩不宜用于脱氮除磷工艺产生的剩余活性污泥。因为在厌氧条件下，活性污泥释放磷，使上清液含磷浓度大大提高，上清液带着释放出的磷回流到污水处理系统中，造成磷在处理系统内恶性循环与积累。

(2)腐殖污泥与高负荷腐殖污泥，经长时间浓缩后，比阻将增加，上清液的 BOD_5 浓度升高，不利于机械脱水，因此也不宜采用重力浓缩。

(3)活性污泥、活性污泥与初沉污泥的混合以及消化污泥，经重力浓缩后，比阻变化不大，上清液的 BOD_5 浓度也较稳定，适于采用重力浓缩。

3.2　污泥气浮浓缩

气浮浓缩是依靠大量微小气泡附着在污泥颗粒的表面，从而使污泥颗粒相对密度降低而强制上浮以实现泥水分离。根据气泡形成的方式，气浮浓缩工艺可以分为压力溶气气浮、涡凹气浮、电解气浮、生物溶气气浮、化学气浮等。气浮浓缩固液分离效果好，应用越来越广泛。

气浮浓缩水力停留时间较短，一般为 30～120 min，因为是好氧环境，避免了厌氧腐败和磷释放问题，因此分离液含固率和磷含量都比重力浓缩法中的含量低。虽然气浮浓缩法操作简便，但是运行中有一定的臭味，动力费用高，对污泥沉降性能（SVI）敏感，因此适用于剩余污泥产量不大的活性污泥法处理系统，尤其是生物除磷系统的剩余污泥。

3.2.1 压力溶气气浮浓缩

压力溶气气浮浓缩（Dissolved Air Flotation system，DAF）指采用加压的方法将空气溶解于水，再在减压的条件下释放出微小气泡黏附于悬浮物上，使其整体比重比水小而上浮。气浮的关键是形成微小气泡并使其稳定地附着在污泥颗粒上。

1. 微气泡的形成

微气泡的产生主要是在特定压力下将一定气体（如空气）溶入水中，形成气水混合溶液，再通过释放压力，使水中气体形成微气泡，形成微气泡的直径为 10～120 μm。

空气在水中的饱和溶解度，亨利定律：

$$C = KP \tag{3-2-1}$$

式中，C 为空气在水中的饱和溶解度，mg/L；P 为溶解达到平衡时，空气所受的压力，mmHg；K 为溶解系数，与水温有关，见表 3－2－1。

表 3－2－1 不同温度的 *K* 值

温度/（℃）	0	10	20	30	40	50
K 值	0.038	0.029	0.024	0.021	0.018	0.016

空气在水中的溶解度与所受压力、水温有关，从图 3－2－1 可知，压力相同时，水温越高，溶解度越小。溶解度与加压持续时间的关系见图 3－2－2，可见不同的压力下，在加压的最初 5～6 min，即可达到额定值，继续延长加压时间，溶解度几乎不变。

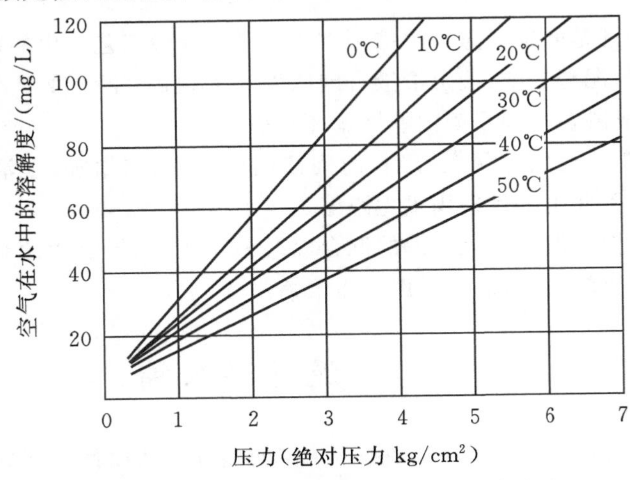

图 3－2－1 不同温度时溶解度与压力的关系

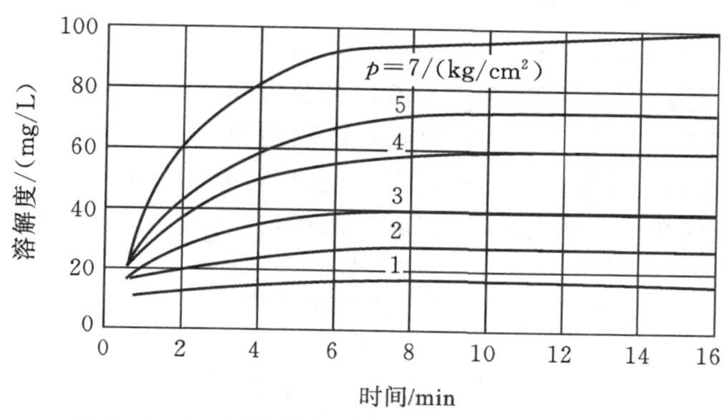

图 3-2-2　不同压力时溶解度与加压时间的关系

因此温度超过 30 ℃的污泥，不适宜气浮；加压持续时间不必过长，尽量控制在 5～6 min。溶气压力在 1.5～3.4 atm，经减压后释放出的气泡直径为 30～120 μm，对应的上升速度为 0.02～0.04 m/min，适合气浮。

2. 附着的条件及气浮浓缩的适用对象

微气泡附着在污泥颗粒上的条件，取决于两者的接触角（见图 3-2-3）的大小和污泥的亲、疏水性，接触角是气泡与颗粒接触界线上任一点，分别作颗粒的切线及气泡的切线，两条切线的夹角即接触角 θ。

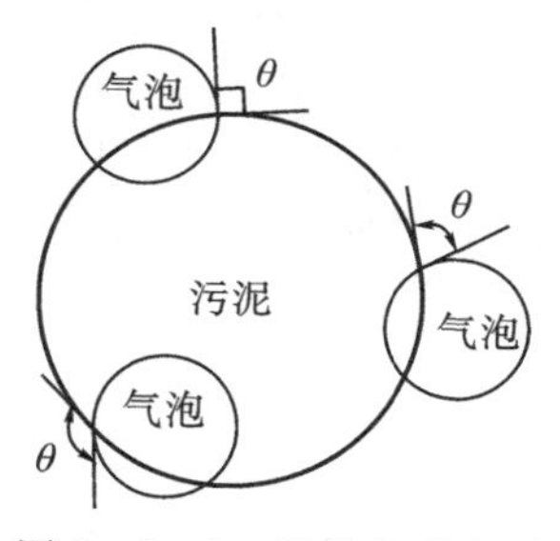

图 3-2-3　接触角示意图

若 $\theta=0°$，这种颗粒完全被液体包围（湿润）不能与空气附着，该性质的颗粒称亲水性物质，不能单纯气浮，如要气浮，必须投加混凝剂。

若 $\theta=90°$，这种颗粒属于临界状态（两性状态）。故 $0°<\theta<90°$，属亲水性物质，不能被单纯气浮，需投加混凝剂改性以后才能气浮；$\theta>90°$属疏水性物质，可直接气浮，不必投加混凝剂。

若 $\theta=180°$，这种颗粒与气泡的附着力最大，颗粒完全不被液体所润湿，也即气泡透入颗粒内部，该颗粒属疏水性物质，最适于气浮。

此外，气浮对象的性质也是能否进行气浮处理的重要条件。比如活性污泥，虽属亲水性物质，但由于活性污泥是絮体，比重为 1.002～1.008，在絮凝的过程中，捕捉微气泡以及对气泡的吸附作用，从而使活性污泥絮体裹挟着气泡，使比重减轻，达到气浮的条件。好氧消化污泥、接触稳定污泥、延时曝气活性污泥都有类似性质，适于气浮浓缩。但初沉污泥、腐殖污泥、厌氧消化污泥等，由于比重较大、沉降性能较好、絮凝性能差，不适于气浮浓缩。

3. 压力溶气气浮浓缩工艺流程与设备

(1)工艺流程。压力溶气气浮浓缩工艺流程可分为有回流气浮浓缩与无回流气浮浓缩，分别如图 3-2-4 和图 3-2-5 所示。有回流系统利用回流水加压与压缩空气在溶气罐内溶气，经减压阀减压后进入气浮池与入流污泥混合，在气浮池内完成气浮浓缩；无回流系统对污泥直接加压与压缩空气在溶气罐内溶气，经减压阀后，在气浮池内完成浓缩。

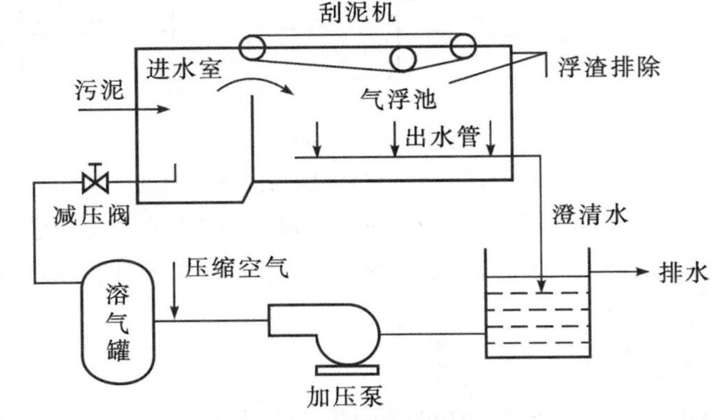

图 3-2-4　出水部分回流加压溶气的气浮浓缩流程示意图

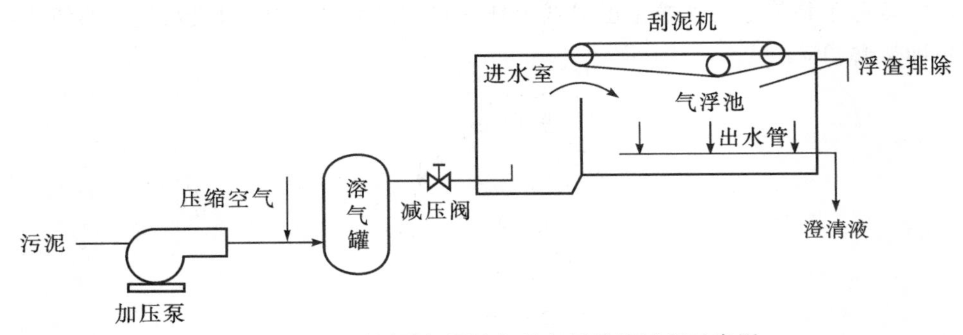

图 3-2-5　无回流加压溶气的气浮浓缩流程示意图

(2)压力溶气气浮浓缩设备。气浮浓缩的主要设备有溶气罐、溶气水减压释放设备、加压泵及刮泥机械。

①溶气罐。溶气罐的作用是使水和空气充分接触，加速空气的溶解。常用溶气罐为填充式溶气罐，如图 3-2-6 所示。填料层厚度为 0.8 m 以上，填料有阶梯环、拉西环、波纹片卷等，其中以阶梯环的溶气效率最高，可达 90%以上，溶气罐内的溶气压力为 0.2～0.4 MPa(绝对压力)，溶气罐的表面负荷为 300～2500 $m^3/(m^2 \cdot d)$，容积为 1～3 min 加压水出水体积。

②溶气水减压释放设备。溶气水减压释放设备的作用是将压力溶气水减压，迅速将溶于水中的空气以极微小的气泡(平均直径 20～40 μm)释放出来。减压释放设备由减压阀和释放器组成，减压阀应尽量安装在靠近气浮池的位置，如果减压后的管道较长，释放出的微气泡会合并增大，严重影响气浮效果。溶气水在释放器内经过收缩、扩散、撞击、返流、挤压、旋涡等流态，能在 0.1 s 内使压力损失 95%左右，从而将溶解的空气迅速释放出。

③加压泵及空压机。加压泵的压力不宜过高，过高会使溶气过多，经减压后释放出的气泡过多，气泡互相合并，对气浮不利；压力过低，为保证所需溶气量，需增加溶气水量，相应需加大气浮池容积。

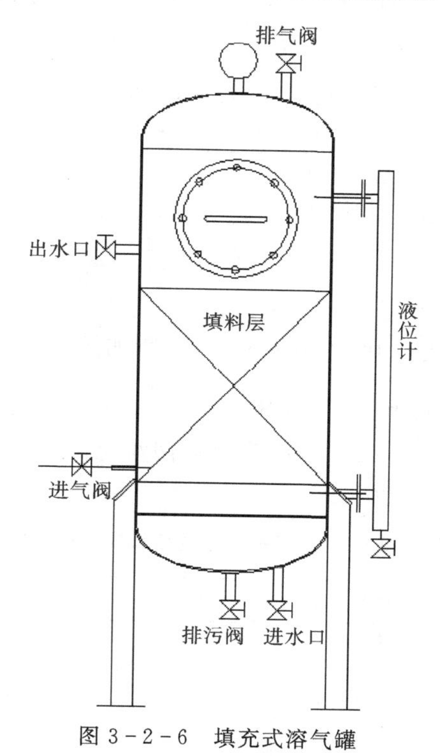

图3-2-6　填充式溶气罐

④刮泥机械。浮于气浮池表面的浮泥含10%～20%的空气，用刮泥机缓慢刮除，同时需要有脱气措施。

4. 压力溶气气浮浓缩的影响因素

(1)流量。当入流污泥流量过大时，气浮池水平流速加快，停留时间缩短，对絮凝体上浮分离不利。流速过大会引起分离区水流紊动而造成泡絮结合体破碎。当流量过大时应及时调整出水堰高度，以防止污水进入浮渣系统。

(2)溶气水量、回流比及溶气罐压力。溶气水量及回流比(溶气水量/原水量)根据污泥性质来定。若污泥浓度较高，可适当增加回流比，但要兼顾溶气水的压力，同时要保证回流泵的正常工作状态。可通过气浮溶气水出水阀来调整溶气罐的压力，关紧时压力上升，松开时压力下降。

(3)絮凝剂及pH值。污泥浓度越高，所需投加的絮凝剂越多。现采用的絮凝剂PAM多为酸性絮凝剂，有其最适合的使用pH值。当污泥pH值不在絮凝剂最适使用pH值时，会引起絮凝体的溶解或破碎，对溶气气浮机气浮分离产生相当不利的影响。因此，在运行过程中，应对进泥pH值加以监测和控制。

(4)刮泥频率。浮渣厚度越厚，含水率越低，可能导致污泥流动性变差，堵塞排泥管道，还会使后续的污泥池污泥浓度过高，黏度加大，不易提升。过厚的浮渣会导致密度加大，使泥水分离困难，影响出水水质，所以应该根据产生的浮渣量来调整刮泥频率。

(5)固体负荷。固体负荷是设计气浮池表面积的重要参数，一般固体负荷越高，浓缩污泥的浓度越低。

5. 压力溶气气浮浓缩系统的设计计算

(1)溶气比。无回流时,用全部污泥加压溶气,溶气比为

$$\frac{A_\alpha}{S}=\frac{S_\alpha(fP-1)}{C_0} \tag{3-2-2}$$

有回流时,用回流水加压,溶气比为

$$\frac{A_\alpha}{S}=\frac{S_\alpha R(fP-1)}{C_0} \tag{3-2-3}$$

式中,$\frac{A_\alpha}{S}$ 为溶气比,一般采用 0.005～0.040;P 为所加压力,一般为 0.3～0.5 MPa; S_α 为 1 大气压下,水中空气饱和溶解度,mg/L, S_α 等于 1 大气压下,空气在水中的溶解度(L/L)与空气容重(mg/L)的乘积,见表 3-2-2;R 为污泥回流比;C_0 为入流污泥固体浓度,mg/L;f 为空气饱和系数,一般为 50%～80%。

表 3-2-2　空气在水中的溶解度及空气容重

气温(℃)	溶解度/(L/L)	空气容重/(mg/L)
0	0.0292	1252
10	0.0228	1206
20	0.0187	1164
30	0.0157	1127
40	0.0142	1092

(2)气浮浓缩池表面水力负荷与表面固体负荷。气浮浓缩池的表面水力负荷与表面固体负荷参见表 3-2-3。

表 3-2-3　气浮浓缩池表面水力负荷、固体负荷表

污泥种类	入流污泥含固率/(%)	表面水力负荷/(m³/(m²·h))		表面固体负荷/(kg/(m²·h))	气浮污泥含固率/(%)
		有回流	无回流		
活性污泥混合液	<0.5	1.0～3.6	0.5～1.8	1.04～3.12	3～6
剩余活性污泥	<0.5			2.08～4.17	
纯氧曝气剩余活性污泥	<0.5			2.50～6.25	
初沉污泥与剩余活性污泥的混合	1～3			4.17～8.34	
初沉污泥	2～4			<10.8	

(3)回流比 R 的确定。溶气 $\frac{A_\alpha}{S}$ 比值确定后,根据式(3-2-3)计算 R 值,无回流不必计算 R。

(4)气浮浓缩池的表面积的求定。无回流时:

$$A=\frac{Q_0}{q} \tag{3-2-4}$$

有回流时:

$$A = \frac{Q_0(R+1)}{q} \tag{3-2-5}$$

式中，A 为气浮浓缩池表面积，m^2；q 为表面水力负荷，参见表3-2-3；Q_0 为入流污泥量，m^3/d 或 m^3/h。

表面积 A 求出后，需用固体负荷校核，能否满足。如不能满足，则应采用固体负荷求表面积。

6. 压力溶气气浮浓缩的运行管理

(1)气浮系统的调试。

① 调试前的工作。拆下所有释放器，反复清洗管路及溶气罐，直至出水无杂质；检查连接空压机和溶气罐间管路的单向阀的水流方向是否指向溶气罐。

② 调试时的工作。先用清水调试压力溶气罐和溶气释放系统，待该系统运行正常后，再向气浮池内注入污泥。

③ 控制压力溶气罐内的水位距罐顶60～100 mm(既不淹没填料，也不能过低)，将进出水阀门完全打开，防止气泡提前释放。

④ 控制气浮池出水调节阀或可动堰板，将气浮池水位稳定在集渣槽口以下5～10 cm。待水位稳定后，用进出水阀门调节并测量出水水量，直至达到设计流量为止。

⑤ 待浮渣累积至5～8 cm之后，开动刮渣机进行刮渣，检查刮渣和排渣能否正常运行，出水水质是否受到影响。

(2)日常维护与管理。

① 根据反应池的絮凝、气浮池分离区浮渣及出水水质，调整混凝剂投加量等，检查并防止加药管堵塞。

② 掌握浮渣积累规律和刮渣时间，科学刮渣。

③ 经常观察溶气罐的水位指示管，控制管内水位在60～100 mm，防止大量空气窜入气浮池。

④ 做好日常运行记录，包括进泥流量、泥质、投药量、溶气水量、溶气罐压力(0.2～0.4 MPa)、刮渣周期、泥渣含水率等。

(3)异常现象及解决办法。接触区浮渣不平，局部冒出大气泡或水流不稳定，应取下释放器排除堵塞；分离区浮渣面不平，池面常见大气泡破裂，表明气泡与絮粒黏附不好，应检查并对絮凝系统进行调整。

3.2.2　涡凹气浮浓缩

1. 涡凹气浮浓缩的基本原理

涡凹气浮浓缩(CAF，Cavitation Air Flotation)是通过独特的涡凹曝气机将“微气泡”直接注入水中，不需要事先进行溶气，散气叶轮把“微气泡”均匀分布于水中，在产生微气泡的同时，涡凹曝气机会在有回流管的池底形成负压区，这种负压作用会使水从池子的底部回流至曝气区，然后又返回气浮段实现污水回流。

2. 涡凹气浮浓缩的工艺流程和设备

CAF涡凹气浮污泥浓缩工艺由反应池、加药系统和CAF设备组成，如图3-2-7所示。

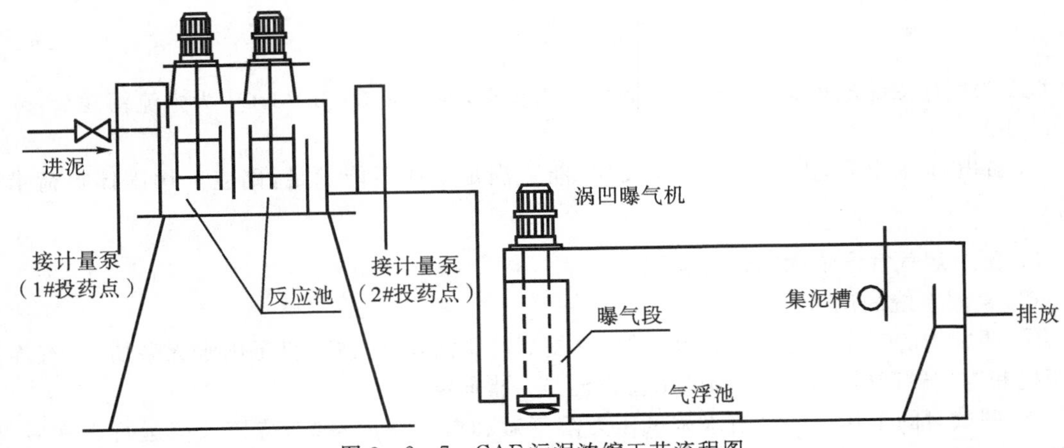

图 3－2－7　CAF 污泥浓缩工艺流程图

3. 涡凹气浮浓缩的影响因素

(1)絮凝剂投加量对 CAF 污泥浓缩工艺的影响。CAF 进泥（氧化沟混合液）流量约 5 m^3/h，污泥浓度为 3.6～4 g/L，固体负荷约 230 kgMLSS/m^2 · d，表面活性剂投加量约 0.2 kg1227/tDS，分别研究表面活性剂投加在反应池前和反应池后，絮凝剂 FO4440SH 投加量对 CAF 污泥浓缩工艺的影响。

表面活性剂 1227 投加在反应池进口处和出口处，絮凝剂 FO4440SH 投加量对 CAF 污泥浓缩工艺的影响如图 3－2－8 所示。

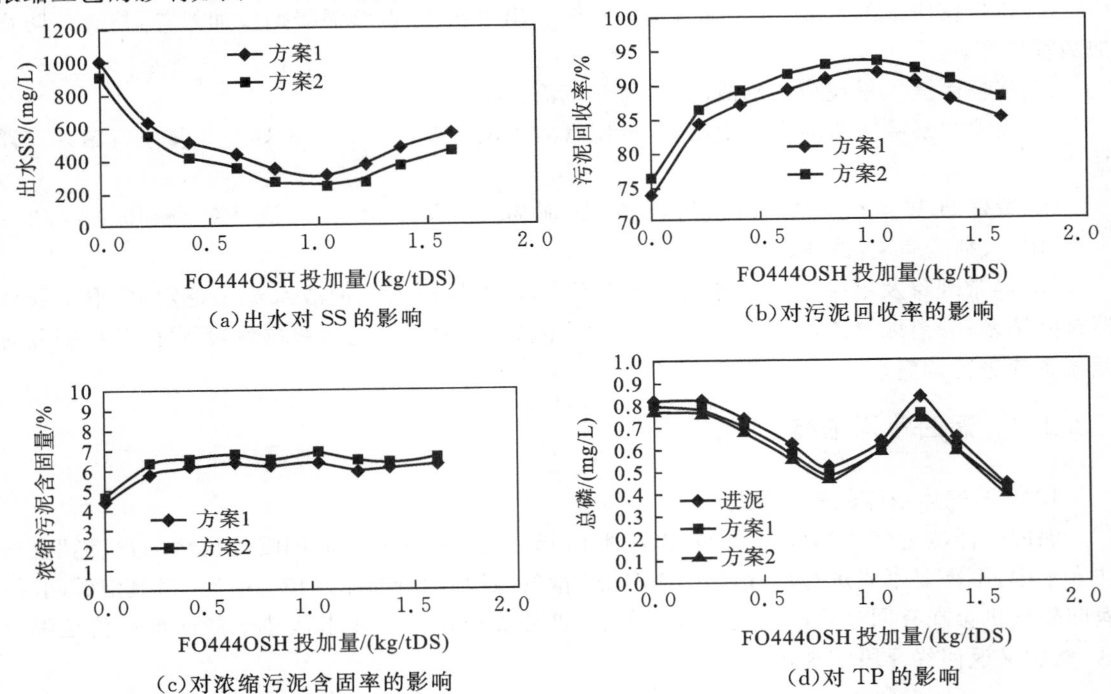

方案 1—表面活性剂投加在反应池进口处；方案 2—表面活性剂投加在反应池出口处。

图 3－2－8　絮凝剂 FO4440SH 投加量对 CAF 污泥浓缩工艺的影响

图 3-2-8(a)、(b)、(c)、(d)表明，在相同的运行条件下，表面活性剂投加在反应池出口处比投加在反应池进口处，CAF 浓缩低浓度剩余活性污泥时污泥回收率高，出水 SS 低，且 CAF 浓缩污泥含固率高，可见表面活性剂宜投加在反应池出口处。图 3-2-8 还表明，絮凝剂最佳投药量为 1.0 kgFO4440SH/tDS。

(2)表面活性剂投加量对 CAF 污泥浓缩工艺的影响。CAF 进泥流量约 5 m^3/h，污泥浓度 3.6～4 g/L，絮凝剂投加在反应池前，投加量为 1.0 kgFO4440SH/tDS，表面活性剂投加在反应池后，研究表面活性剂投加量对 CAF 污泥浓缩工艺的影响，试验结果如图 3-2-9 所示。

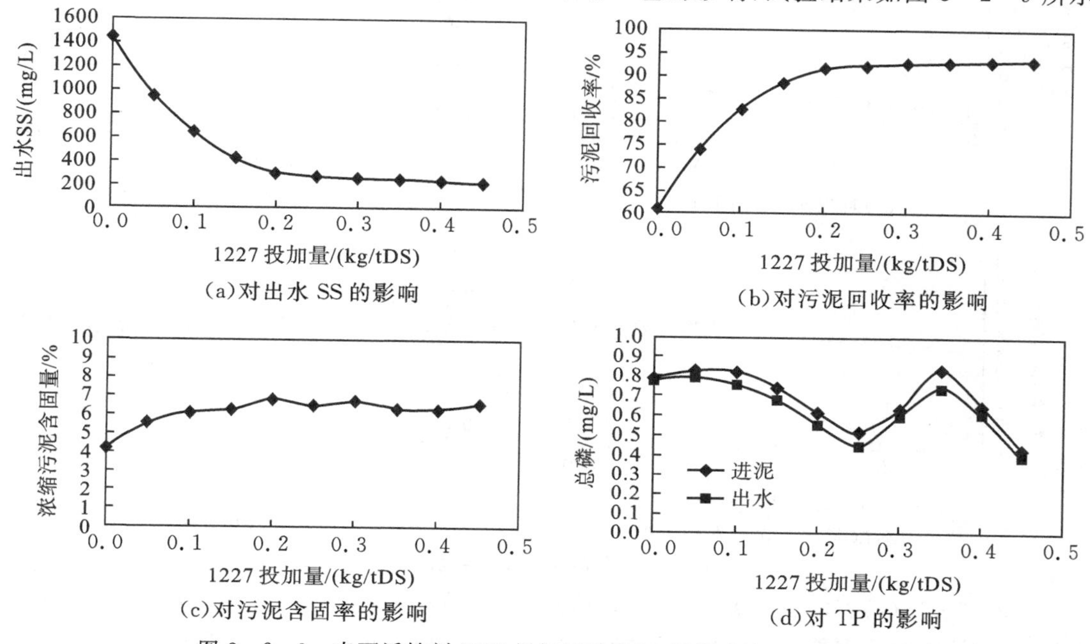

图 3-2-9　表面活性剂 1227 投加量对 CAF 污泥浓缩工艺的影响

从图 3-2-8、图 3-2-9 可以看出，CAF 浓缩低浓度活性污泥时，仅使用絮凝剂或表面活性剂浓缩效果都很差，联合投加絮凝剂和表面活性剂，污泥浓缩效果可得到很大提高，并且当絮凝剂投加在反应池进口，表面活性剂投加在反应池出口处时得到更好的污泥浓缩效果；絮凝剂最佳投药量为 1.0 kgFO4440SH/tDS，表面活性剂最佳投药量为 0.2 kg1227/tDS。

试验过程中发现，当表面活性剂投加量超过 0.4 kg1227/tDS 时，CAF 产生的气泡多，带气污泥涌出气浮池，在 CAF 浓缩低浓度剩余活性污泥时，不宜加入过多的表面活性剂，与表面活性剂 1227 具有起泡剂功能有关。

图 3-2-8(c)、图 3-2-9(c)表明，CAF 浓缩污泥含固率均在 4%～7%，比重力浓缩工艺浓缩污泥含固率(2%～3%)和压力溶气气浮浓缩工艺浓缩污泥含固率(3%～5%)高，一方面可以减少后续处理污泥的体积，另一方面含固率为 4%～7%的污泥，流动性好，可以用泵输送。

图 3-2-8(d)、图 3-2-9(d)表明，低浓度剩余活性污泥经 CAF 浓缩后，出水溶解性 TP 含量比进入 CAF 的氧化沟混合液中溶解性 TP 含量低，说明经 CAF 浓缩后，氧化沟混合液中 TP 不但没有释放，而且还有所降低，采用 CAF 污泥浓缩工艺可以克服传统重力浓缩工艺污泥中磷释放的缺点。

(3)固体负荷对CAF污泥浓缩工艺的影响。固体负荷是指单位时间内进入CAF浓缩池的单位表面积上的悬浮固体的质量，单位是kgMLSS/m^2·d或kgMLSS/m^2·h。

CAF进泥流量约5 m^3/h，污泥浓度为2～5 g/L，絮凝剂投加量为1.0 kgFO4440SH/tDS，表面活性剂投加量为0.2 kg1227/tDS，研究固体负荷对CAF污泥浓缩工艺的影响，试验结果如图3-2-10所示。

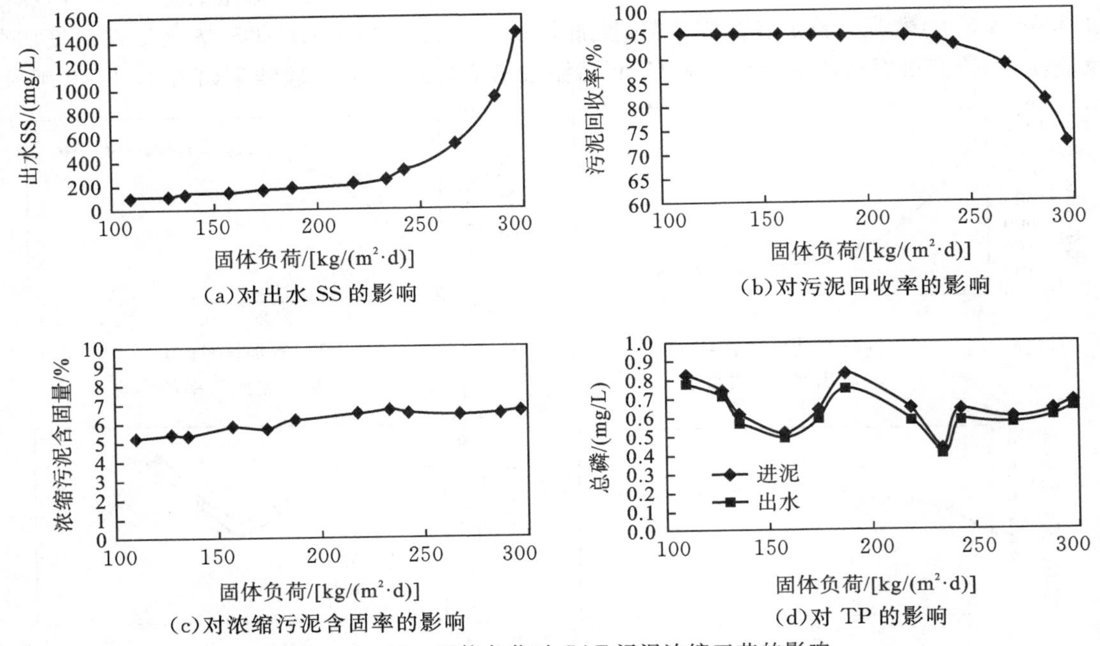

图3-2-10　固体负荷对CAF污泥浓缩工艺的影响

图3-2-10(a)、(b)、(c)表明，固体负荷是影响CAF浓缩剩余活性污泥效果的重要因素，是衡量CAF浓缩污泥能力大小的重要指标之一，当采用CAF-5型涡凹气浮设备浓缩低浓度剩余活性污泥时，絮凝剂投加量为1.0 kgFO4440SH/tDS，表面活性剂投加量为0.2 kg1227/tDS，最佳固体负荷为230 kgMLSS/m^2·d左右。

(4)水力负荷对CAF污泥浓缩工艺的影响。水力负荷是指单位时间内进入CAF浓缩池单位表面积上的污泥体积，单位是m^3/m^2·d或m^3/m^2·h。

试验期间污泥浓度为2～9 g/L，调节CAF进泥流量，固体负荷基本维持在230 kgMLSS/m^2·d，絮凝剂投加量为1.0 kgFO4440SH/tDS，表面活性剂投加量为0.2 kg1227/tDS，研究水力负荷对污泥浓缩工艺的影响，试验结果如图3-2-11所示。

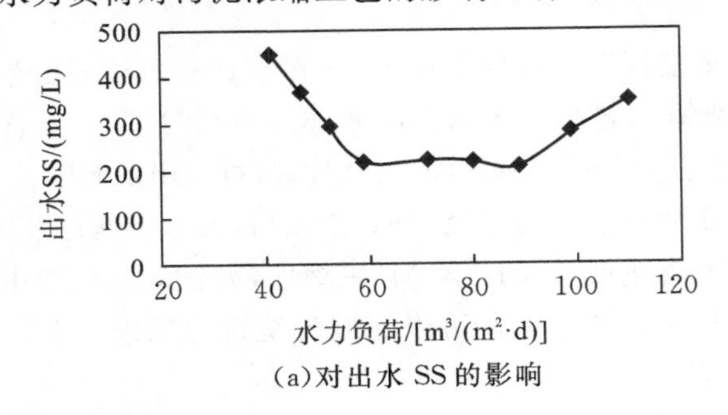

(a)对出水SS的影响

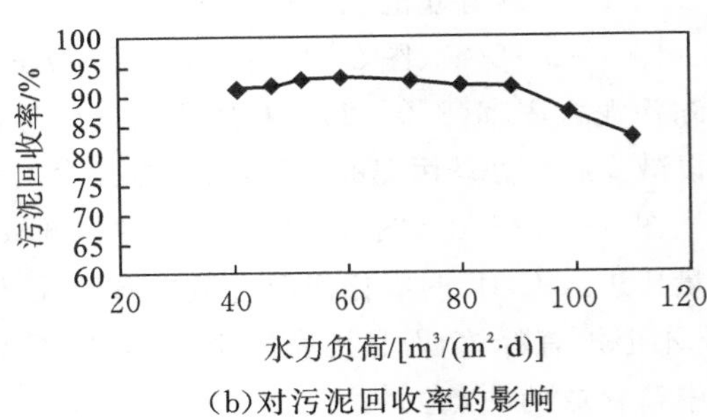

(b)对污泥回收率的影响

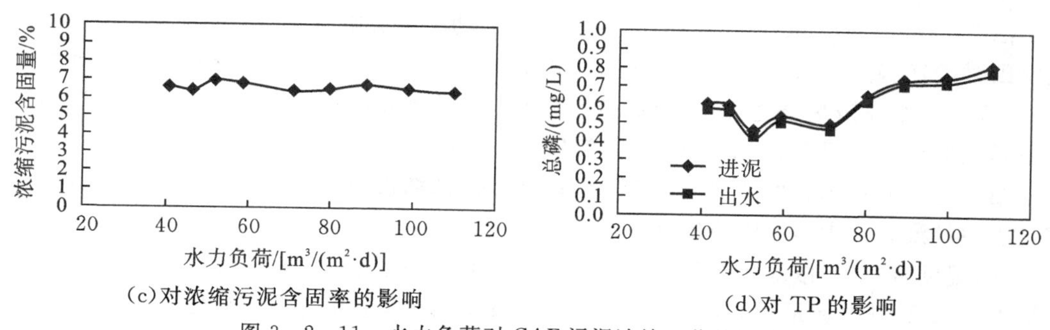

(c)对浓缩污泥含固率的影响　　(d)对 TP 的影响

图 3-2-11　水力负荷对 CAF 污泥浓缩工艺的影响

图 3-2-11(a)、(b)、(c)表明，水力负荷同固体负荷一样是影响 CAF 浓缩剩余活性污泥工艺的重要因素，是衡量 CAF 浓缩污泥能力大小的重要指标，当采用 CAF-5 型涡凹气浮设备浓缩低浓度剩余活性污泥时，絮凝剂投加量为 1.0 kgFO4440SH/tDS，表面活性剂投加量为 0.2 kg1227/tDS，固体负荷为 230 kgMLSS/m^2 · d 时，最佳水力负荷为 90 m^3/m^2 · d。

图 3-2-10(d)、3-2-11(d)表明，剩余活性污泥经 CAF 浓缩后，出水溶解性 TP 含量比进入 CAF 的氧化沟混合液中溶解性 TP 含量低，说明经 CAF 浓缩后，氧化沟混合液 TP 不但没有释放，而且还有所降低。

(5)涡凹曝气功率对 CAF 污泥浓缩工艺的影响。涡凹曝气机是 CAF 的核心部件，产生气泡的大小、多少、均匀分布程度与其密切相关，涡凹曝气机的功率是曝气机性能的重要指标之一，本试验涡凹曝气机的功率为 1.5 kW，采用变频调速调节涡凹曝气机的功率，研究涡凹曝气机的功率对两种方案(方案一：进泥流量 5.0 m^3/h，污泥浓度 3820 mg/L；方案二：进泥流量 5.2 m^3/h，污泥浓度 2050 mg/L)低浓度剩余活性污泥 CAF 浓缩工艺的影响，试验结果如图 3-2-12 所示。

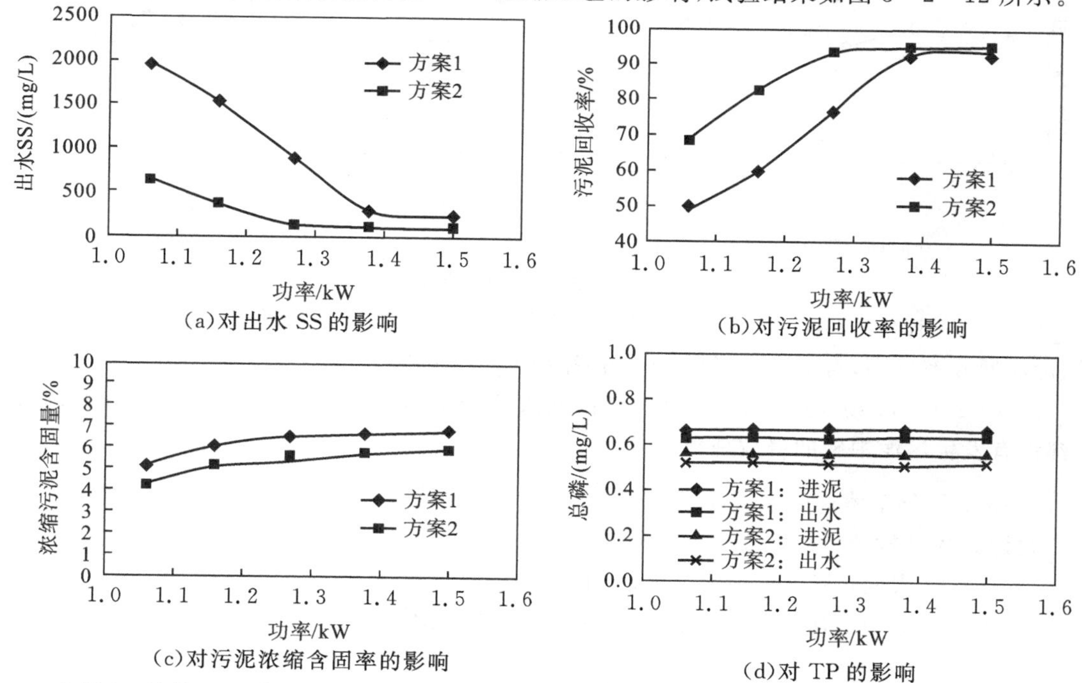

(a)对出水 SS 的影响　　(b)对污泥回收率的影响

(c)对污泥浓缩含固率的影响　　(d)对 TP 的影响

方案 1—流量 5.0 m^3/h，污泥浓度 3820 mg/L；方案 2—流量 5.2 m^3/h，污泥浓度 2050 mg/L。

图 3-2-12　涡凹曝气机功率对 CAF 污泥浓缩工艺的影响

图 3－2－12(a)、(b)、(c)表明，涡凹曝气机的功率是影响 CAF 浓缩剩余活性污泥效果的重要因素，当流量 5.0 m^3/h，污泥浓度 3820 mg/L，CAF－5 型涡凹气浮设备曝气机功率低于 1.38 kW 时，浓缩效果显著降低；当流量 5.2 m^3/h，污泥浓度 2250 mg/L，CAF－5 型涡凹气浮设备曝气机功率低于 1.27 kW 时，浓缩效果显著降低。

图 3－2－12(d)表明，涡凹曝气机功率不同时，低浓度剩余活性污泥 CAF 浓缩工艺在浓缩过程中都没有发生污泥中磷的释放现象。

(6)温度对 CAF 浓缩工艺的影响。在试验过程中，注意了水温变化对 CAF 污泥浓缩工艺的影响。CAF 进泥流量约 5 m^3/h，污泥浓度 4 g/L 左右，絮凝剂投加量为 1.0 kgFO4440SH/tDS，表面活性剂投加量 0.2 kg1227/tDS，考察了水温对污泥浓缩工艺的影响，试验结果如图 3－2－13 所示。

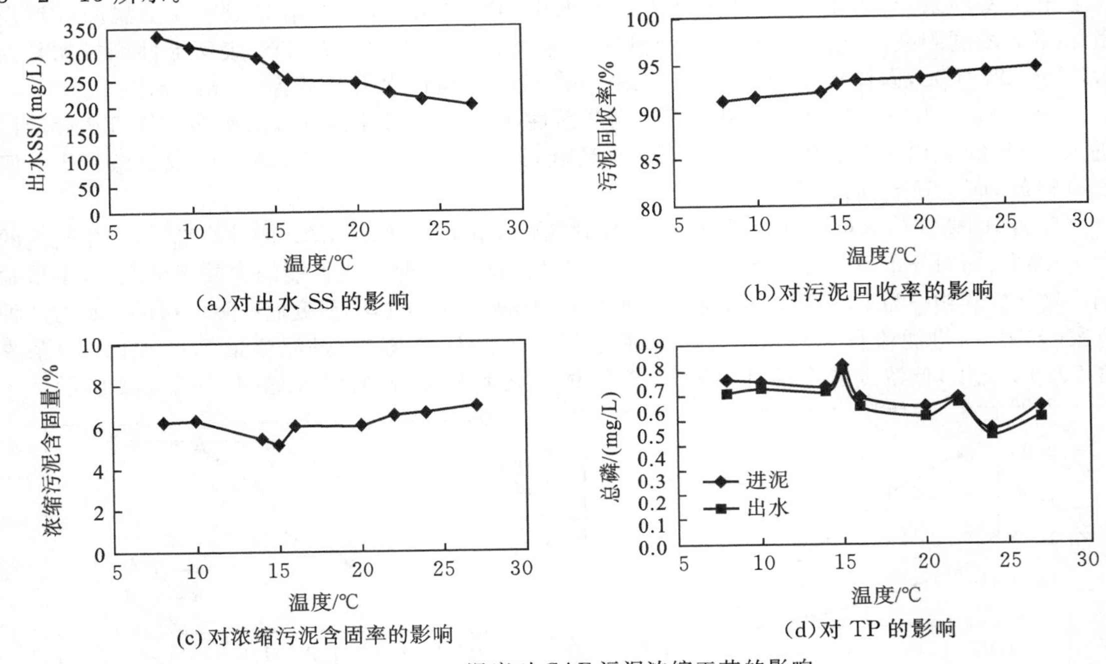

图 3－2－13 温度对 CAF 污泥浓缩工艺的影响

图 3－2－13(a)、(b)、(c)表明，温度对 CAF 浓缩低浓度剩余污泥有一定的影响，水温高时，污泥回收率略高，对 CAF 浓缩污泥含固率没有明显影响。

图 3－2－13(d)表明，在不同的水温时，低浓度剩余活性污泥 CAF 浓缩工艺在浓缩过程中都没有发生污泥中磷的释放现象。

4. 涡凹气浮浓缩池的设计参数

设计参数：停留时间为 15～20 min；

表面负荷 5～10 $m^3/(m^2 \cdot h)$；

池中工作水深不大于 2.0 m，池子长宽比不小于 4。

3.2.3 电解气浮浓缩

1. 电解气浮浓缩的基本原理

电解气浮法是用不溶性阳极和阴极，通以直流电，直接将水电解。阳极和阴极产生微细气泡，微细气泡黏附到污泥颗粒表面，使得污泥颗粒的相对密度降低，从而污泥上浮，达到泥水分离的效果。电解气浮设备结构见图 3-2-14。

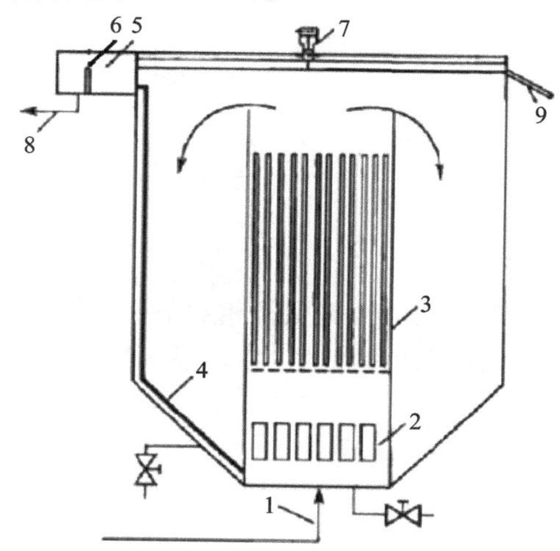

1—进水口；2—整流区；3—极板反应区；4—出水集水管；
5—出水槽；6—水位调节器；7—刮泥器；8—出水；9—出泥口。

图 3-2-14　电解气浮设备结构示意图

2. 电解气浮浓缩的特点

(1)用电化学方法产生非常微小的气泡，气浮效率高；

(2)操作方便，可自动控制；

(3)无动力设备，可节约动力消耗，维修方便，给实际工程应用提供了较好的可操作性；

(4)电解过程中产生的氢气、氧气等产生量非常少，远远达不到最小爆炸极限浓度，因此非常安全。

3. 电解气浮浓缩系统的设计计算

(1)电流板块数 n

$$n=\frac{B-2l+e}{\varphi+e} \tag{3-2-6}$$

式中，B 为电解池的宽度，mm；l 为极板面与池壁的净距，取 100 mm；e 为极板净距，mm，$e=15\sim20$ mm；φ 为极板厚度，mm，$\varphi=6\sim10$ mm。

(2)电解池作用的表面积 S

$$S=\frac{EQ}{i} \tag{3-2-7}$$

式中，Q 为废水设计流量，m^3/h；E 为比流量，$A\cdot h/m^3$；i 为电极电流密度，A/m^2。

(3)极板面积 A

$$A=\frac{S}{n-1} \tag{3-2-8}$$

(4)极板高度 b

$$b=h_1 \tag{3-2-9}$$

式中,h_1 为澄清层高度,m。

(5)长度 L_1

$$L_1=\frac{A}{b} \tag{3-2-10}$$

(6)电极室长度 L_2

$$L_2=L_1+2l \tag{3-2-11}$$

气浮法对于浓缩活性污泥和生物滤池等颗粒相对密度较低(比重接近于 1 g/cm^3)的污泥尤其适用。通过气浮浓缩,可以使活性污泥的含水率从 99.4%浓缩到 94%~97%,低于采用重力浓缩的浓缩污泥含水率。

3.2.4 其他气浮浓缩

1. 生物气浮浓缩

生物溶气气浮工艺是利用污泥自身的反硝化能力,加入硝酸盐,污泥进行反硝化作用产生气体使污泥上浮而进行浓缩。生物气浮浓缩的影响因素有硝酸盐浓度、温度、碳源、初始污泥浓度、泥龄和设备运行时间。

2. 化学气浮浓缩

化学气浮浓缩是在水中投加化学药剂絮凝后放出气体,产生微小气泡黏附于污泥上,使其整体比重比水小而上浮于水面。化学气浮浓缩的影响因素有混凝剂的种类与用量、pH 值、温度和溶气水量和溶气缸的压力。

3.3 污泥离心浓缩

离心浓缩是利用污泥中的固体与液体的比重差,因其在离心力场中所受的离心力不同而被分离浓缩,质量大的悬浮固体被抛向外侧,液体被推向内侧,悬浮固体和液体从各自出口排出。离心浓缩的动力是离心力,离心力是重力的 500~3000 倍,占地面积小、不存在臭气问题、造价低等,但是电耗大,运行与维修费较高。

3.3.1 离心浓缩机基本构造

分离因数是指颗粒在离心机内受到的离心力与其本身重力的比值,离心机按分离因数 α 的大小,可分为高速离心机($\alpha>3000$)、中速离心机($\alpha=1500\sim3000$)、低速离心机($\alpha=1000\sim1500$)。低、中速离心机转速较低,动力消耗、机械磨损、噪声等都较低,构造简单,浓缩脱水效果好。低速离心机是在筒端进泥、锥端出泥饼，随着泥饼向前推进，其不断被离心机压密而不会受到进泥的扰动。此外，深水池、大容积，长时间停留，也有利于提高水力负荷与固体负荷，节省混凝剂量。

卧螺离心机又称锥筒形离心机，卧螺离心机基本构造如图 3－3－1 所示，主要由转鼓（筒段加锥段）、驱动电机、机架、螺旋推料器和齿轮箱（差速器）构成。通过主驱电机带动转鼓旋转，达到 2000～4000 r/m 时产生几千倍重力的离心力，使污泥颗粒沉降；齿轮箱产生额外的差速，使同轴旋转的螺旋体与转鼓有 0～30 r/m 的速度差，螺旋体与转鼓之间产生相对位移，污泥被螺旋叶片输送至固相出口，上清液则沿着柱段通过另一侧的出水堰板溢流排出。

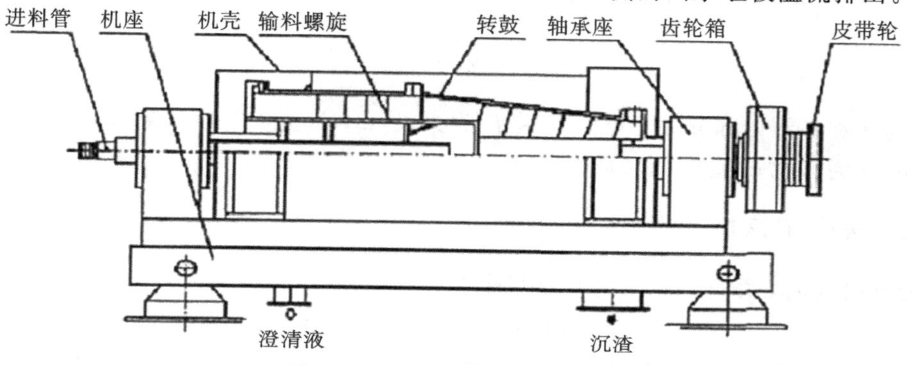

图 3－3－1　卧螺离心机结构图

离心浓缩宜采用中、低速锥筒式离心机。锥筒式离心机计算图如图 3－3－2 所示。

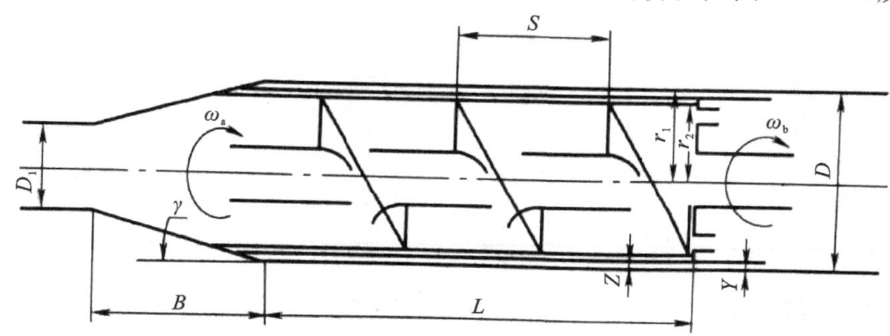

L— 转筒长度；B— 锥长（也称岸区长）；Z— 水池深度；S— 螺距；γ— 锥角；
w_b— 转筒旋转速度；w_a— 螺旋输送器旋转角速度；Y— 泥饼厚度；D— 转筒直径；
r_2— 水池表面半径；r_1— 转筒半径；D_1— 锥口直径。

图 3－3－2　锥筒式离心机计算图

螺旋输送器固定在空心转轴上，空心转轴与锥筒由驱动装置分别同向转动，空心转轴与锥筒之间有速差，空心转轴稍慢，锥筒稍快。速差越大，离心机的产率越大，泥饼在离心机中停留时间越短。泥饼含水率越高，固体回收率越低。

污泥颗粒在离心机内受到的离心力为

$$C=\frac{\omega_b^2}{g}r_2G \tag{3-3-1}$$

式中，C 为离心力，N；ω_b 为转筒旋转速度，r/s；G 为重力，N；r_2 为水池表面半径，m。

水池深度与容积的影响。离心机内水池深度为 Z，可用转筒端的堰板调节，Z 增加，离心时间延长，固体回收率高。水池区的停留时间计算公式：

$$t_{池}=\frac{V}{P} \tag{3-3-2}$$

式中，$t_{池}$ 为污泥在水池区的停留时间，s；V 为水池容积，m^3；P 为污泥投配率，m^3/s。

锥体部分的停留时间：

$$t_{锥}=\frac{B}{C_s} \tag{3-3-3}$$

$$C_s=4.27\times10^{-3}\frac{ns}{\beta} \tag{3-3-4}$$

式中，$t_{锥}$ 为污泥在锥体部分的停留时间，s；B 为锥长，m；C_s 为输料螺旋转速，m/s；s 为输料螺旋螺距，m；β 为齿比；n 为转筒转数，r/min。

3.3.2 离心浓缩机选择

国内锥筒式离心浓缩机的参考规格见表 3-3-1。

表 3-3-1 国内锥筒式离心浓缩机参考规格性能表

转筒直径 /mm	长径比 /(L/D)	锥筒转速 /(r/min)	分离因数 /α	速差 /(r/min)	进泥量 /(m^3/h)	主、辅电机功率/kw	整机重量 /kg
520	4.1	2500	1820	1～25	10～48	45/11	5000
600	3.6	2400	2000	1～50	15～35	55/15	7500
620	2.7	2200	2000	1～50	10～35	55/15	7500
720	3.7	2200	1950	1～65	30～50	110	7500
750	3.7	2200	2033	1～25	50～80	132	10000

纯氧曝气法的剩余活性污泥，离心浓缩所需有机聚合混凝剂剂量较大，固体回收率偏低，污泥浓缩宜采用低、中速离心机。

3.3.3 离心机浓缩效果

浓缩效果通常使用浓缩比(排泥浓度/进泥浓度)、固体回收率和分离率(上清液流量/进泥量)等三个指标进行综合评价，几种离心机的浓缩效果见表 3-3-2。如果某一项指标低，说明浓缩效果下降，需要检查浓缩池的进泥量并予以适当调整。

表 3-3-2 离心机浓缩效果

污泥种类	离心机类型	Q_0/(L/S)	C_0/%	C_u/%
剩余活性污泥	转盘式	9.5	0.75～1.0	5.0～5.5
剩余活性污泥	转盘式	25.3	/	4.0

续表

污泥种类	离心机类型	Q_0/(L/S)	C_0/%	C_u/%
剩余活性污泥(经粗滤以后)	转盘式	3.2～5.1	0.7	5.0～7.0
剩余活性污泥(经粗滤以后)	转盘式	3.8～17.1	0.7	6.1
剩余活性污泥	板式	2.1～4.1	0.7	9.0～10
		0.63～0.76	1.5	9～13
		4.75～6.30	0.44～0.78	5～7
剩余活性污泥	转筒式	6.9～10.1	0.5～0.7	5～8

注：表中 Q_0 为进泥量，C_0 为进泥含固率，C_u 为出泥含固率。

3.4　污泥膜浓缩

污泥膜浓缩(Membrane Sludge Thickening，MST)是指在一定的压力下，当原液流过具有方向性的膜表面时，膜表面密布的许多细小的微孔只允许水及小分子物质通过，使原液成为透过液，而原液中体积大于膜表面微孔径的物质则被截留在膜的进液侧，成为浓缩液。污泥膜浓缩是一种改革传统工艺实现高效纯化浓缩的技术，可实现对原液分离和浓缩的目的。

3.4.1　污泥膜浓缩基本构造

膜主要有两层结构，表皮层和支撑层。表皮层致密，起脱盐和截留作用。支撑层为一较厚的多孔海绵层，结构松散，起支撑表皮层的作用。

各类膜孔径见表3-4-1。

表3-4-1　各类膜孔径

膜孔径	膜分离的种类	透过物	截留物
0.0001～0.001 μm	反渗透	水溶剂	全部悬浮性固体、大部分溶解性盐和大分子物质
0.001～0.01 μm	纳滤	水溶剂	全部悬浮性固体、某些溶解性盐和大分子物质
0.01～0.1 μm	超滤	水和盐类	悬浮性固体和胶体大分子
>0.1μm	微滤	水和溶解性物质	悬浮性固体

膜组件有平板式、管式、卷式和中空纤维式4种类型。

平板膜组件具有抗污染能力强、清洗方便等显著特点，在污泥浓缩过程中具有较好的适用性。平板膜在污泥浓缩中的应用就是针对污水厂内浓度低、活性大的剩余污泥提出的一种新型污泥浓缩工艺，工艺流程如图3-4-1所示，进料污泥由进泥泵打入污泥浓缩装置，借助平板膜进行泥水分离，膜出水直接被抽吸排放，而污泥则被截留在反应器内得以浓缩。空气由气泵经过反应器底部的穿孔管供给，既可提供降低膜污染所需的错流速率，又能形成好氧环境防止磷释放。当反应器内污泥浓度达到30 g/L时，进行污泥排放，同时停止进泥和出水；当排空浓缩污泥后，重新投加新鲜的活性污泥，开始下一个周期的运行。

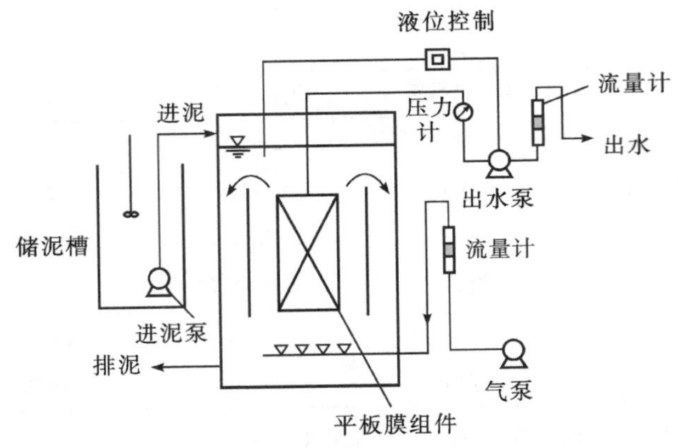

图 3-4-1　平板膜污泥浓缩工艺流程

为了与现有污水处理厂脱水机的间歇运行模式协调，膜污泥浓缩工艺采用类似 SBR 的运行模式，每格处理池依次经历进泥、运行、排泥和闲置 4 个状态，使 MST 工艺整体上实现连续进泥和定期排泥。此外，利用每格处理池的间歇期既可以方便检修又可以方便膜清洗。

3.4.2　膜装置污染防治

膜污染是指在膜装置运行过程中，水中的微粒、胶体粒子或溶质大分子由于与膜存在物理化学相互作用或机械作用而引起在膜表面或膜孔内吸附、沉积造成膜孔径变小或堵塞，使膜通量变小且分离特性变差的现象，导致膜渗透通量的衰减和膜阻力的上升。

1. 膜污染的预防

通过对膜的优选以及控制污泥性质，可有效缓解膜污染问题。

（1）膜的固有性质的优选。膜的性质对于膜污染的预防起着关键性作用，使用不同性质的膜，所受膜污染的严重程度不一样。膜孔径并不是越小越容易被污染，对于特定粒径的微粒在保证可以截留的情况下，应选尽可能大的膜孔径，以获取较大的膜通量。其有一个最优的孔径范围，若膜孔径大于该范围时，膜通量受到膜污染的限制；而小于最佳孔径范围时，膜通量又受到了膜的固有阻力的限制。膜的粗糙度也影响膜污染，粗糙度越大的膜越容易被污染。

（2）污泥理化性质的控制。污泥中的组分是产生膜污染的直接来源，控制污泥中各组分的种类和比重对于减缓膜污染有直接影响。污泥中胞外聚合物（EPS）和生物菌群都会造成膜不同程度的污染。当污泥粒径与膜孔径大小接近时，膜的透过性下降得最显著。为了使膜能最大限度降低污染，需进行前处理，使进入膜组件的污泥的颗粒粒径控制在有利于膜分离的范围，降低膜的污染负荷，发挥膜最大的分离能力。

2. 膜污染的治理

治理膜污染的主要方式是清洗膜组件，清洗方法主要有物理清洗和化学清洗两种。

（1）物理清洗。物理清洗的本质是用机械方法从膜面上脱除污染物，或在水力对膜面形成的剪切力作用下，将膜面沉积物冲洗下来。在采用气水冲洗对膜进行清洗时，由于混合液中各组分向膜面的对流传递作用可视为零，故在反扩散和膜面剪切力的共同作用下，对膜面沉积物的清洗效果较好。这种清洗方法能在一定程度上减缓膜污染速率，但无法消除不可逆污染所引起膜阻力的上升及膜渗透通量的下降。另外，对于平板膜，可在其污染后从反应器中取出，用海绵擦洗，有效去除吸附和沉积在膜面的污染物质，保护膜面不受化学损伤。

(2)化学清洗。化学清洗效果较好，一般在物理清洗无法发挥其应用效果后采取化学清洗，但化学清洗消耗药剂，容易造成二次污染，同时，化学清洗也给实际工程的运行带来诸多不便。膜在经过长时间的运行后通过化学清洗来保持其通量是不可缺少的，但应尽量减少化学清洗的频率。

第 4 章　污泥脱水

污泥脱水分为自然脱水和机械脱水两大类，机械脱水具有脱水效果好、效率高、占地面积小和恶臭环境影响小等优点，一般城镇污水处理厂都采用机械脱水。常用的污泥机械脱水方式包括真空过滤脱水、压滤脱水及离心脱水。

4.1　污泥调理

经过浓缩和消化后，污泥中的固体主要由亲水性带负电的胶体颗粒组成，由于颗粒物质细小而不均匀，污泥水与污泥固体颗粒的结合力很强，比阻值较大，脱水性能较差，因此污泥在脱水前需进行预处理，以改善其脱水性能、提高脱水效果和脱水设备的生产能力，此过程也称为污泥的调理或调质。污泥调理主要包括物理调理、化学调理和微生物絮凝调理。

4.1.1　物理调理

常见的物理调理方法包括热处理法、冷冻法、超声波调理及微波调理等。

1. 热处理法

热处理是对污泥进行加热的物理调理技术，在对污泥加热过程中，污泥中的微生物细胞受热膨胀破裂，破坏污泥的胶体结构，释放细胞内的结合水，污泥脱水性能提高。该方法目前是应用较广的一种污泥热处理法。热处理法可分为高温加压处理法与低温加压处理法。

(1)高温加压处理法。高温加压处理法是在温度为 170～200 ℃，压力为 1.0～1.5 MPa 条件下，将污泥进行热处理，处理时间为 1～2 h。热调理后的污泥，经浓缩后即可使含水率降低到 80%～87%，比阻降低到 1.0×10^{8} s^2/g，再经机械脱水，泥饼含水率可降低至 30%～45%。高温加压处理后污泥沉降曲线见图 4-1-1。

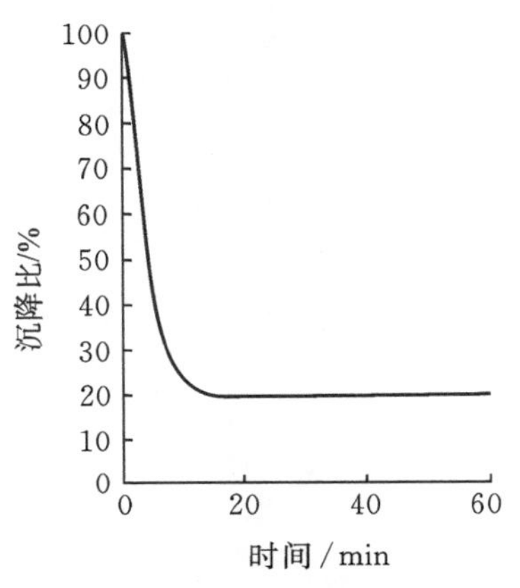

图 4-1-1　热处理污泥沉降曲线

污泥沉降比在前 10 min 以内可达 20%，污泥经热调理后脱水性能显著提高。研究表明，随着热处理温度的升高和时间的延长，污泥固体的溶解率增大，在 210 ℃、75 min 的条件下，挥发性固体(VSS)和蛋白质的溶解率分别达到 60.02%和 47.21%。溶解后的有机物进一步水解生成低分子物质醋酸占 VFA 的 50%以上。

高温加压处理后，经机械脱水(板框压滤)后，泥饼含水率为 32%～40%，污泥分离液与原污泥的性质比较见表 4-1-1。分离液需回流，与污水一起处理。

表 4-1-1　高温加压处理后，分离液与原污泥的性质比较

项目	蒸发残渣/(mg/L)	灼烧减重/(mg/L)	悬浮物浓度/(mg/L)	溶解性物质/(mg/L)	COD_{Cr}/(mg/L)	BOD_5/(mg/L)	TN/(mg/L)
原污泥	39997	18283	35044	2943	7010	6311	1340
分离液	5648	4862	816	5332	4656	2755	674

(2)低温加压处理法。经验证明，反应温度在 175 ℃以上时，能耗高，而且设备容易产生结垢而降低热交换效率。此外，从表 4-1-1 可见，高温加压处理后，分离液中的溶解性物质甚至比原污泥高 2 倍左右，使分离液的处理困难。而低温加压处理法，反应温度低(在 150 ℃以下)，有机物的水解受到控制，与高温加压法比较，分离液的 BOD_5 浓度低 40%～50%，锅炉容积可减少 30%～40%，臭气也较少。

污泥热处理法的有以下优点：① 可以很好地改善污泥脱水性能；② 热处理污泥经机械脱水后，泥饼含水率可降至 30%～45%；③ 泥饼体积是浓缩-机械脱水法泥饼的 1/4 以下，便于进一步的处置；④ 污泥中的致病微生物与寄生虫卵可以完全被杀灭；⑤ 适用于初沉污泥、剩余污泥、消化污泥、腐殖污泥及它们的混合污泥。

污泥热处理法的有以下缺点：① 污泥分离液的 BOD_5、COD_{Cr} 都很高，回流处理时会增加水处理构筑物的负荷；② 有臭气，设备易腐蚀；③ 建设费用高，运行成本高。

2. 冷冻法

冷冻调理是对污泥冷冻一段时间后再在一定条件下对污泥进行溶解，使污泥性质发生改变的调理过程。

污泥经过冷冻、溶解后，其胶体结构显著改变，如图 4-1-2 所示。冷冻前，污泥颗粒的结构细小、密实。溶解后，污泥颗粒蓬松、变大，并且胶体性质完全被破坏，颗粒迅速凝聚沉降，沉降速度与过滤速度比冷冻前提高几十倍，上层即为上清液。因此可自然过滤脱水，不必投加混凝剂。冷冻、溶解、凝聚是不可逆的，即使使用机械搅拌也不能重新再成为胶体。

冷冻前

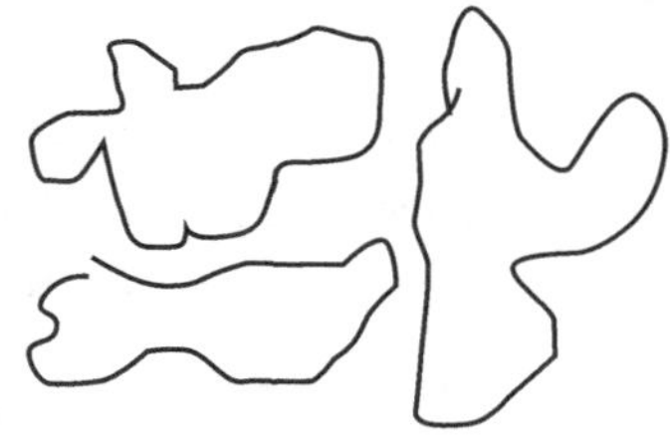

冷冻后

图 4-1-2　冷冻、溶解前后的污泥结构

冷冻处理对提高污泥过滤产率的影响很大。自来水厂污泥的过滤产率一般为 5～10 kg/(m^2·h)，若采用化学调理投加混凝剂时，过滤产率可提高数倍，而经冷冻溶解处理后，过滤产率可提高到 200 kg/(m^2·h)以上。

污泥经冷冻溶解后，再经真空过滤脱水，可得含水率为 47%～70%的泥饼；而用化学调理和真空过滤脱水，泥饼的含水率为 72%～88%。不同种类污泥分别经采用冷冻溶解调理与化学调理后，脱水效果见表 4－1－2。

表 4－1－2　冷冻溶解调理与化学调理脱水效果比较

污泥种类	原污泥含水率/%	真空过滤泥饼含水率/%	
		冷冻溶解后	化学调理后
电镀污水污泥	92.5～93.2	51.6～69.3	78.7～87.4
酸洗污泥	97.5	47.0	78.3
炼铁污泥	67.2	55.2	85.1
自来水厂污泥	89.8～95.1	47.7～56.2	72.1～83.5
造纸厂污泥	95.1～96.2	52.9～65.4	73.8～79.4

由于冷冻处理后，不必加混凝剂，所以泥饼量不会增加。

在冷冻温度相同的条件下，污泥干固体浓度越高，所需冷冻时间也越长。冷冻溶解后，脱水性能与冷冻温度及污泥干固体浓度关系不大。污泥干固体浓度、冷冻温度、冷冻时间及脱水性能的关系见表 4－1－3。

表 4－1－3　污泥干固体浓度、冷冻温度、冷冻时间及脱水性能

污泥固体浓度/%	−8℃		−18℃		−25℃	
	冷冻时间/min	滤饼含水率/%	冷冻时间/min	滤饼含水率/%	冷冻时间/min	滤饼含水率/%
1.2	157	56.3	105	51.7	/	/
7.9	180	51.9	102	48.7	/	/
11.0	260	55.2	126	54.2	57	54
15.2	/	/	114	53.6	/	/

3. 超声波法

超声波(声波频率 16 kHz 以上)作用于污泥时会产生大量的空化泡，空化泡随着声波的变化而变化，并瞬间破灭，气泡的瞬间破灭会在气液界面产生局部的高温高压以及超速射流，破坏污泥结构，改变其物理化学性质。超声波法影响因素主要有声波频率、强度、作用时间、作用方式、溶液性质、饱和气体和反应器构造等。超声波强度、污泥干重、温度及处理时间等对细胞破碎效果有较大的影响。

低频和高强度的超声波预处理有利于污泥絮体和细胞的破碎。有研究认为低超声频率、短超声时间的工况组合对提升脱水效果最佳。在高强度超声波作用下，96 s 内污泥平均粒径可以从 165 μm 降低到 85 μm，破坏了菌胶团结构，提高了污泥脱水性；而长时间的超声波预处理会完全破坏菌胶团结构，使得污泥颗粒粒径变小，增加污泥比表面积，使得吸附能力增强，沉降性能变差，不利于污泥脱水。超声波技术可单独使用，也可与其他技术联合应用，与其他技术联合应用可获得更好的处理效果，如超声/光催化、超声/臭氧氧化、超声/双氧水、超声/电化学等。

4. 微波法

微波法是一种高效加热技术，微波调理实质为热处理。在微波辐射作用下，通过不同的离子高速迁移和极性分子（如水分子）的高速旋转产生热效应。与传统的加热方式不同，微波加热时对污泥内外进行整体加热，具有加热速度快、热量损失小、操作方便的优点。

利用不同功率的微波给 500 mL 活性污泥加热的升温效果如表 4－1－4 所示。

表 4－1－4　微波加热升温效果

时间/min	100 W			400 W			700 W		
	1	5	10	1	5	10	1	5	10
污泥温度/℃	23.8	30	37.5	29	50.5	69	38	70.5	80

微波调理时时间对污泥比阻的影响如图 4－1－3 所示，用微波处理污水厂沉淀污泥池污泥，随着处理时间的增加，污泥比阻下降，有利于污泥的脱水。

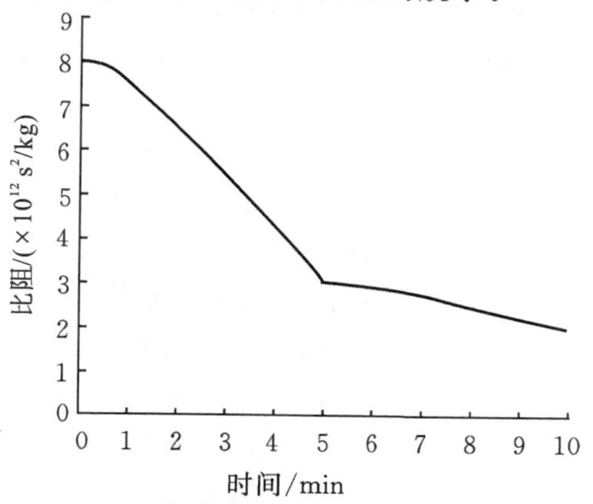

图 4－1－3　微波调理时时间对污泥比阻的影响

微波预处理技术有很好的融胞效果。在一定范围内，随着微波调理温度升高，水解程度增大，污泥比阻下降，有利于污泥的脱水。同时污泥浓度影响微波调理效率，污泥浓度增加，水解效率降低。

5. 其他物理方法

其他物理方法有 γ 射线法、磁化处理等，但这些方法应用较少。

4.1.2　化学调理

化学调理是指通过向污泥中投加助凝剂、混凝剂等化学药剂，破坏污泥胶体颗粒的稳定性，使分散的细小颗粒相互聚集形成较大的絮体，从而改善污泥的脱水性能。由于化学调理流程简单、操作简便，且调质效果稳定，因此实际应用中以化学调理为主。化学调理主要有化学调理剂调理法、酸碱调理法及其他化学方法调理等，常用化学调理剂调理法。

常用的化学调理剂主要包括无机混凝剂、高分子混凝剂，污泥调质中通常还会使用助凝剂。

1. 混凝剂和助凝剂

(1)混凝剂。常用的混凝剂包括无机混凝剂、高分子混凝剂两类。

①无机混凝剂。无机混凝剂主要有铝盐[硫酸铝 $Al_2(SO_4)_3 \cdot 18H_2O$，明矾 $KAl(SO_4)_2 \cdot 12H_2O$，及三氯化铝 $AlCl_3$ 等]和铁盐[三氯化铁 $FeCl_3$，氯化硫酸亚铁 $FeClSO_4$，绿矾 $FeSO_4 \cdot 7H_2O$，硫酸铁 $Fe_2(SO_4)_3$ 等]。

②高分子混凝剂。高分子混凝剂包括无机高分子混凝剂及有机高分子混凝剂两种。

无机高分子混凝剂是在无机混凝剂的基础上合成出的聚合物混凝剂，分子结构中存在多羟基络离子，分子量高达上万。无机高分子聚合物混凝剂能提供大量络合离子，通过电性中和、吸附架桥以及网捕或卷扫作用，促使颗粒聚集。常见的无机高分子混凝剂有聚合氯化铝(PAC)、聚合硫酸铝(PAS)、聚合硫酸铁(PFS)、聚合氯化铁(PFC)等。

聚合氯化铝(Polyaluminium Chloride，PAC)是一种广泛使用的无机高分子混凝剂，PAC一般表示为$[Al_2(OH)_nCl_{6-n}]_m$，其中 n 可取 1～5 中间的任何整数，m 则为不大于 10 的整数。PAC具有极易溶于水、絮体形成快、吸附能力高、污泥过滤脱水性能好等特点，处理效果比明矾、聚合硫酸铁、三氧化铁效果好。其中对于低温低浊水的净化处理效果特别明显，可取得不加碱性助凝剂和其他混凝剂无法比拟的效果。PAC 主要用于污、废水的混凝沉淀处理，也可用于污泥深度脱水的调理。

有机高分子混凝剂为具有一定线形长度的高分子有机聚合物，其种类很多，按来源可分为天然和人工合成两大类。天然有机高分子混凝剂多属于蛋白质或多糖类化合物，如动物胶、淀粉、藻朊酸钠等；人工合成的有机高分子混凝剂有聚丙烯酰胺、聚丙烯酸钠、聚乙烯亚胺等。根据其可离解基团特性，可分为阴离子型、阳离子型、两性等类型，其链状分子可以发挥吸附架桥作用，分子上的荷电基团则发挥电中和的扩散层压缩作用。

聚丙烯酰胺(Poly acrylamide，PAM)是常用的有机高分子混凝剂之一，PAM 是一种线型高分子聚合物，化学式为$(C_3H_5NO)_n$，是线性水溶性高分子聚合物，分子量高达数百至上千万，其单体和聚合物分子式如图 4-1-4 所示。PAM 多用于絮凝、增稠、黏结、成膜等方面，被广泛应用于造纸、石油开采以及生物医学材料等行业，在水处理中常作为助凝剂、絮凝剂、污泥脱水剂来使用，又称为三号混凝剂。

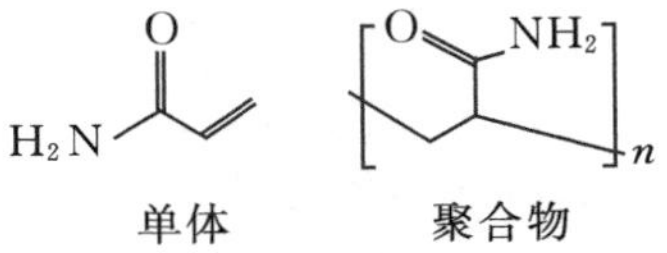

O
H_2N
NH$_2$
n

单体　　聚合物

图 4-1-4　聚丙烯酰胺单体及聚合物分子式

PAM 按离子特性可分为非离子、阴离子、阳离子和两性型四种类型，其为固体白色粉末或者小颗粒状物，密度为 1.32 g/cm^3(23 ℃)，能以任意比例溶于水，水溶液为均匀透明的液体，不溶于大多数有机溶剂，具有良好的絮凝性，本身无毒、无腐蚀性，但丙烯酰胺单体有毒。PAM 固体有吸湿性，应密封存放在阴凉干燥处，温度要低于 35 ℃，一般以不含盐的中性水配制成 0.1%浓度(含固量)的溶液使用，当溶解液长时间放置，其性能将会视水质的情况而逐渐降低，因此现用现配。PAM 在强酸、强碱、高温(高于 100 ℃)、光辐射、长时间机械应力(强烈搅拌)及铁容器的作用下，会使得高聚合度降解，分子量减少，混凝效果降低，应注意避免这类情况的发生。

③复合混凝剂。复合混凝剂指两种或两种以上的混凝剂复合在一起而得到的混凝剂，能发挥各种混凝剂的优点，弥补其不足，从而达到拓宽最佳混凝范围、提高混凝效率的目的。常见的复合混凝剂有聚合氯化铝铁(PACF)、聚合硅酸铝(PASi)。

不同化学絮凝剂的分类及作用机理如表 4－1－5 所示。

表 4－1－5　不同化学絮凝剂的分类及作用机理

分类	代表性絮凝剂	作用机理
无机低分子絮凝剂	氯化铁、硫酸铝	电性中和
无机高分子絮凝剂	聚硫酸铁、聚氯化铁、聚硫酸铝、聚氯化铝	吸附架桥、网捕
有机高分子絮凝剂	聚丙烯酰胺(PAM)	吸附架桥、网捕
天然高分子絮凝剂	淀粉类、纤维素类、蛋白质类	吸附架桥、网捕
复合絮凝剂	聚合氯化铝铁、聚合硅酸铝	多种机理共同作用

(2)助凝剂。助凝剂本身一般不起混凝作用，其作用为调节污泥的 pH 值，供给污泥以多孔状网格的骨骼，改变污泥颗粒结构，破坏胶体的稳定性，提高混凝剂的混凝效果。增强絮凝体强度的助凝剂主要有硅藻土、珠光体、酸性白土、锯屑、污泥焚烧灰、电厂粉尘及石灰等惰性物质。

石灰是较常用的助凝剂，可提供碱度，一般用于调节污泥的 pH 值，以中和使用某些混凝剂所造成的酸性，也可以改良滤饼从过滤介质上剥离的性能。

2. 污泥化学调理的混凝原理

(1)污泥颗粒间的静电斥力。分散的污泥颗粒表面上带有负电荷，在水中吸引周围带相反电荷的离子，这些离子在两相界面呈扩散状态分布而形成扩散双电层。根据 Stern 双电层理论可将双电层分为两部分，即紧密层(Stern)和扩散层。Stern 层定义为吸附在电极表面的一层离子，电荷中心组成的平面层相对远离界面的流体中心的某些点的点位称为 Stern 电位。扩散层内包含了电泳时固-液相的滑动面，如果微粒发生移动，滑动面以内的颗粒和离子作为一个整体运动，滑动面对远离界面的流体中的某点的电位称为 Zeta 电位或电动电位(ζ－电位)，ζ－电位反映颗粒之间相互排斥或相互吸引的强度。污泥颗粒表面上的电荷关系见图 4－1－5。

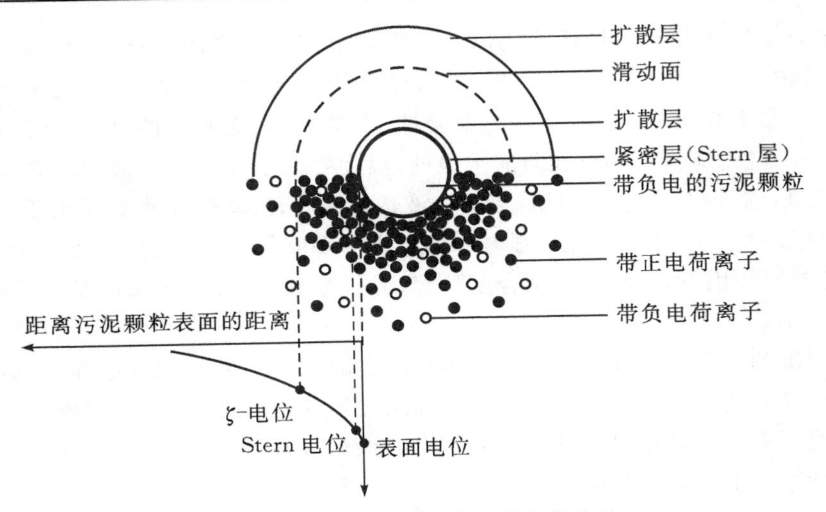

图 4-1-5　污泥颗粒表面的电荷关系

具有较高 ζ-电位的同电荷的颗粒相互排斥，意味着分散体系有较高稳定性，即抗凝聚性。ζ-电位越高，体系越稳定；反之，分散体系越容易发生凝聚而被破坏。因此，ζ-电位是反应污泥颗粒稳定性的一个重要参数，其数值与分散体系稳定性之间的关系如表 4-1-6 所示。

表 4-1-6　ζ-电位数值与分散体系稳定性之间的关系

ζ-电位/(mV)	0～±5	±10～±30	±30～±40	±40～±60	>±40
系统稳定性	快速凝聚	开始不稳定	一般	稳定	极好

ζ-电位的测量方法主要有电泳法、电渗法、流动电位法以及超声波法，电泳法应用最广。该方法通过测量颗粒在某一特定电场中的泳动速度，利用 Helmholtz 公式计算出 ζ-电位，见式(4-1-1)。

$$\zeta=\frac{4\pi\eta u}{\varepsilon E}=K_{t}\frac{u}{E} \tag{4-1-1}$$

式中，ζ 为电位，mV；η 为分散介质黏度，Pa·s；u 为电泳速度，μm/s；ε 为分散介质的介电常数，$c^2/(N\cdot m^2)$；K_t 为与温度有关的常数；u/E 为电泳淌度，μm·cm/(V·s)；E 为电位梯度，V/cm。

活性污泥的 ζ-电位一般在－30～－20 mV，絮凝性及沉降性较差，可以通过中和污泥颗粒表面电荷量及压缩双电层厚度使污泥颗粒能够迅速相互凝聚。

由图 4-1-5 可知，带正电荷离子的浓度在污泥表面处最大，沿直径方向递减，最终与溶液中离子浓度相等。向污泥溶液中投加混凝剂，会有效降低污泥颗粒的 ζ-电位。一方面，混凝剂的加入会使溶液中离子浓度增高，从而减小污泥颗粒扩散层的厚度，ζ-电位相应降低。另一方面，污泥表面对异号离子、异号胶粒、链状离子或分子带异号电荷的部位有强烈的吸附作用，由于这种吸附作用中和了负电荷离子所带电荷，降低了 ζ-电位。同时由于扩散层变薄，相撞时颗粒之间的距离也会减少，相互间的范德华力变大。当吸引力大于排斥力时，污泥颗粒将发生凝聚。

所用的混凝剂离子价位越高，即所带的电荷越多，对中和胶体电荷量及压缩双电层厚度也越有利。所以铝盐、铁盐或聚合度高的混凝剂的混凝效果较好。

混凝剂过量投加后，污泥颗粒吸附过多的相反电荷的离子，使ζ-电位转变符号，即会使原来带负电荷的胶粒转变成带正电荷，形成新的双电层，引起对混凝新的干扰，从而使分散系重新稳定，凝聚效果反而会下降。如城市污水处理厂活性污泥机械脱水时，$FeCl_3$ 过量投加(超过污泥干固体重量的17%)时，混凝效果显著降低。若继续加大剂量，ζ-电位又可被压缩到零，再次出现混凝效果，但这种做法显然是不经济的。

(2)无机混凝剂的混凝原理。无机混凝剂主要为铝盐和铁盐，其混凝原理如下。

①铝盐混凝剂。铝盐溶于水后，立即离解成铝离子，通常是以$[Al(H_2O)_6]^{3+}$存在。$[Al(H_2O)_6]^{3+}$在水中会发生下列水解和缩聚。

水解过程：

$$[Al(H_2O)_6]^{3+} \longrightarrow [Al(OH)(H_2O)_5]^{2+} + H^+$$

$$[Al(OH)(H_2O)_5]^{2+} \longrightarrow [Al(OH)_2(H_2O)_4]^{+} + H^+$$

$$[Al(OH)_2(H_2O)_4]^{+} \longrightarrow Al(OH)_3(H_2O)_3 + H^+$$

水解过程生成单核络合物，电荷价数逐渐降低，pH值降低，水解最终生成$Al(OH)_3(H_2O)_3$沉淀。

缩聚过程：

由羟基发生架桥，生成高价聚合离子，单核络合物通过羟基缩聚成单羟基络合物：

$$[Al(H_2O)_6]^{3+} + [Al(OH)(H_2O)_5]^{2+} \longrightarrow [Al_2(OH)(H_2O)_{10}]^{5+} + H_2O$$

两个单羟基络合物可缩合成双羟基络合物：

$$2[Al(OH)(H_2O)_6]^{2+} = [(H_2O)_4(OH)Al\text{-}Al(OH)(H_2O)_4]^{4+} + 2H_2O$$

这些络合物还可以进一步缩合成多核羟基络合物，而缩合产物也会发生水解反应。水解与缩聚两种反应共同作用，会生成高聚合度的中性氢氧化铝，当浓度超过其溶解度时会析出氢氧化铝沉淀。

②铁盐混凝剂。铁盐加入污泥后，与铝盐类似也会发生水解缩聚反应，生成单核羟基、多核羟基等多种成分的络合离子，以及氢氧化铁沉淀。铁盐要求的pH值以5～7为最佳，可以迅速形成$Fe(OH)_3$絮体。

亚铁盐加入污泥后，只能水解成较简单的单核络离子及溶解度较大的$Fe(OH)_2$，需要在碱性的条件下，进一步氧化成溶解度低的$Fe(OH)_3$沉淀，才能有较好的混凝效果。所以，亚铁盐作为混凝剂时最适宜的pH值是8.1～9.6。消耗的OH^-如不足，可投加石灰等碱性物质补充。

(3)高分子混凝剂的混凝原理。高分子混凝剂中和污泥胶体颗粒电荷及压缩双电层这两个作用与无机电解质混凝剂相同。高分子混凝剂的混凝特点在于它们的分子长度长，可构成污泥颗粒之间的"架桥"作用，形成网状结构，提高脱水性能。特别是变性后的高分子混凝剂架桥作用更强，因为非离子型的链是卷曲的，变性后，极性基团被拉长展开，增强了架桥与吸附能力，混凝效果可提高6～10倍。此外，高分子混凝剂能迅速牢固吸附污泥颗粒，结合力大。吸附能力增强的原因在于：

①静电效应。离子型高分子聚合电解质能够牢固地吸附在带相反电荷的污泥颗粒上。

②氢键吸附。如PAM分子中的—$CONH_2$或—COO^-与污泥颗粒表面发生氢键吸附。

③ 相反离子的夹杂结合。如具有羟基的有机高分子混凝剂通过铜离子，吸附于硅酸盐上。

④ 络合物、螯合物的形成及疏水化作用等。

不过，高分子聚合电解质的吸附作用是不可逆的，絮体一旦被破坏就不能再恢复到原来的大小。因此在投加、混合的过程中，应做到连续定量投加，并使其与污泥迅速混合。投加量有一定限值，不足或过量都会使混凝效果降低。高分子聚合电解质制配的浓度越低，混凝效果越好。一般把PAM配制成浓度为0.1%（以PAM固体物重量计），如配制成0.005%～0.01%浓度，效果将更好。

因污泥颗粒常带负电荷，所以使用阳离子型混凝效果要好。但值得指出的是，部分水解的阴离子型PAM，也能混凝带负电荷的污泥颗粒。原因在于：一方面PAM分子的酰胺基团与羧基电离时，羧基属于阴离子，与污泥颗粒之间的斥力将增加；另一方面由于水解时，依靠静电效应与分子力的作用，伸展了PAM的主链，使酰胺基团得到了充分的暴露，从而增强了吸附架桥的能力，使其与污泥颗粒的亲和力大大提高。对比之下，亲和力的提高，远大于羧基与污泥颗粒之间的斥力的增加。

3. 混凝剂的选择及影响因素

（1）混凝剂的选择。无机混凝剂中，铁盐所形成的絮体密度较大，需要的药剂量较少，特别是对于活性污泥的调节，其混凝效果相当于高分子聚合电解质。但腐蚀性较强，贮藏与运输困难。当投加量较大时，需用石灰作为助凝剂调节pH值，会进一步增加污泥量，减小污泥热值，对污泥的进一步处置不利。铝盐混凝剂形成的絮凝体密度较轻，药剂使用量较多，但腐蚀性弱，贮藏与运输方便。

高分子混凝剂，最常用的有PAM及其变形物和无机聚合铝。其优点是药剂消耗量大大低于无机混凝剂，如PAC的投加量一般在3%左右（占污泥干固体重%，下同），PAM的投加量一般在1%以下，而无机混凝剂的投加量一般为7%～20%。因此，使用有机高分子混凝剂时，贮运量少且方便，无腐蚀性，投加方法与设备也简单，不过多增加泥饼重量，也不会降低污泥燃烧热值，缺点是价格昂贵。

（2）影响混凝效果的因素。

① 污泥种类、性质及混凝剂品种。污泥脱水难度按活性污泥、消化污泥和初沉污泥逐渐降低。将活性污泥与其他污泥混合，脱水性能可改善，如活性污泥与初次沉淀污泥混合；石油化工活性污泥与隔油池沉渣、浮选池浮油混合等。

高分子絮凝剂的混凝效果一般优于无机混凝剂，复配混凝剂混凝效果优于单一混凝剂。

当多种混凝剂联合使用，投加顺序对混凝效果也有影响。如铁盐和石灰联合使用，先加铁盐再加石灰，过滤速率快，药剂投加量少；高分子混凝剂与无机混凝剂联合使用，先加无机混凝剂可压缩双电层，为高分子混凝剂吸附污泥颗粒创造条件，之后再投加有机混凝剂，脱水效果好。

② 脱水机械。真空过滤机用于活性污泥脱水时，使用高分子混凝剂与无机混凝剂的效果相差不多。压滤脱水的适应性较强，利用各种聚合度的混凝剂，对各种污泥都有效。离心脱水要求使用高分子混凝剂，而不宜使用无机混凝剂。

③混凝前的泵抽与搅拌。泵抽与搅拌对污泥的混凝效果影响很大，过度搅拌将增加脱水的困难。泵抽吸前后，污泥比阻的变化见表4-1-7。

表 4-1-7　脱水前泵抽对比阻的影响

污泥种类	比阻/($\times 10^9$ s^2/g)	
	泵抽前	泵抽后
初次沉淀污泥	6.2	13.4
腐殖污泥	8.3	16.2
活性污泥	12.8	25.4

由表可知，经泵抽以后，污泥的比阻增加约 2 倍。

④污泥的存放时间对无机混凝剂的影响较大，但对高分子混凝剂的影响不大。

除了常用的化学调理剂调理法，还有酸碱调理法及其他化学调理法。

酸碱调理法是酸和碱的作用在抑制细胞活性的同时，使细胞壁溶解，释放出胞内物质。酸预处理对污泥脱水性能的提高优于碱预处理，污泥 pH 值控制在 2～2.5，絮体的表面电荷特性发生变化、胞外聚合物(EPS)水解，水化膜对絮体聚集的阻碍作用削弱，结合水含量减少，污泥脱水性能得以提高。污泥中 Ca^{2+} 和 Mg^{2+} 一方面作为胞外聚合物和细菌结合的桥梁，可以稳定絮体；另一方面含量过高会破坏絮体结构，因此在碱性条件下，$Ca(OH)_2$ 对污泥脱水性能的提高也有一定效果。

其他化学调理法是通过投加氯、双氧水、高锰酸钾、臭氧等药剂促进污泥细胞的破解，提高污泥的脱水性能。

4.1.3　微生物絮凝调理

微生物调理剂是一种由微生物产生的可使液体中不易降解的固体悬浮颗粒、菌体细胞及胶体粒子等凝集、沉淀的特殊高分子代谢产物，它是通过微生物发酵、分离提取而得到的一种新型、高效的水处理剂。

按照来源不同，微生物调理剂主要可分为 3 类：

(1)直接利用微生物细胞的调理剂。可直接作为絮凝剂的微生物有某些细菌、霉菌和酵母菌等。

(2)利用微生物细胞壁提取物的调理剂。如真菌、藻类含有的葡萄糖、甘露聚糖、N-乙酰葡萄胺等在碱性条件下水解生成的带正电荷的脱乙酰几丁质、含有活性氨基和羟基等具有絮凝作用的基团。

(3)利用微生物细胞代谢产物的调理剂。主要成分为多糖的微生物细胞分泌到细胞外的代谢产物。

微生物絮凝剂是带有电荷的生物大分子，在污泥调质中起架桥作用、中和作用和卷扫作用。尽管微生物絮凝剂的性质不同，但与固体悬浮颗粒的絮凝有相似之处，它们通过离子键、氢键的作用与悬浮物结合，由于絮凝剂的分子量较大，一个絮凝剂分子可同时与几个悬浮颗粒结合，在适宜的条件下，迅速形成网状结构而沉积，从而表现出很强的絮凝能力。微生物絮凝剂由于具有易于固液分离、无毒无害、安全性高、无二次污染、易被微生物降解、混凝絮体密实等优点，而受到重视与推广应用。

4.2 污泥真空过滤脱水

污泥真空过滤脱水是通过真空抽吸造成滤布或者滤盘两边形成压力差，以滤布或滤盘两边的压力差作为过滤动力，滤布或者滤盘的两侧受到不同的压力作用，接触污泥的一侧为大气压，另一侧与真空源相连，当污泥通过过滤表面时，液体在真空作用的过滤动力下进入负压真空系统，而固相则被截留在过滤介质表面形成滤饼。

4.2.1 真空过滤脱水的影响因素

(1)污泥性质。污泥种类、浓度、储存时间、调理情况等都会对过滤性能产生影响。一般情况下，真空过滤时，污泥最适含固率为8%～10%。若含固率较高，污泥流动性较差，难以在滤布上均匀分布，也难以调理；若含固率较低，需要较多台数的真空过滤机和较高时长的工作时数。污泥在真空过滤前的预处理及存放时间，应该尽量短，储存时间越长，脱水性能越差。

(2)真空度。真空度是真空过滤的推动力，直接关系到过滤效率及运行费用。一般来说真空度越高，滤饼厚度越厚，含水率越低。但由于滤饼加厚，过滤速度的提高并不明显，对可压缩性的污泥更是如此。真空度过高，滤布容易堵塞与损坏，动力消耗与运行费用增加。根据污泥的性质，真空度一般在5.32～7.98 kPa比较合适。

(3)转鼓浸深。转鼓浸没深，滤饼形成区及吸干区的范围广，滤饼形成区时间在整个过滤周期中所占的比例大，过滤产率高，滤饼含水率高；转鼓浸没浅，过滤产率低，滤饼含水率低。

(4)转鼓转速。转速快，滤饼含水率高，过滤产率高；转速慢，滤饼含水率低，过滤产率低。转速范围一般为0.7～1.5 r/min，具体转鼓转速值需要根据污泥性质、脱水目标和真空过滤机转筒直径等因素综合考虑。

(5)滤布性能。滤布网眼大小决定于污泥颗粒的大小及性质。网眼太小，阻力大，固体回收率高；网眼过大，阻力小，固体回收率低，滤液混浊，所以滤布网眼大小需适宜。滤布阻力还与其编织方法、材料、孔眼形状等因素有关，因此在选择滤布时需要综合考虑。

4.2.2 真空过滤机的类型

真空过滤机广泛应用在各种工业过程中，真空过滤机根据结构类型的不同，主要分为真空转鼓过滤机、带式真空过滤机、圆盘式真空过滤机等。

1. 真空转鼓过滤机

真空转鼓过滤机结构如图4-2-1所示，主要包括空心转鼓、污泥槽、分配头等。转鼓的表面镶有若干块长方形的筛板，在筛板上依次铺有金属网和滤布。筛板下转鼓内的空间被径向筋片分离，视转鼓大小，构成10～30个彼此独立的小滤室，每个小滤室都以单独的孔道与主轴端部的分配头连通。分配头内也被径向筋片分为四个室，分别与真空源或压缩空气相连通。运转时，只有分配头的动盘随转鼓一起旋转，转鼓上的小滤室相继与分配头的四室连通，过滤时，转鼓部分浸入在悬浮液中，由电机通过传动装置带动转鼓旋转。浸入在污泥中的小滤室与真空源相通时，滤液便透过滤布向分配头汇集，而固体颗粒则被截留在滤布表面形成滤饼。滤饼转出液面的过程中进行洗涤，接着进入吸干区，在真空作用下脱水，最后滤饼转入卸料区。处于反吹区的卸料滤室,因分配头的切换而与压缩空气源相通,压缩空气经过管线从转鼓内反吹,使滤饼隆起,滤饼再由刮刀卸掉。至此完成一个过滤循环,下一个循环又开始进行,若干个过滤室在不同时间相继通过同一区域即构成了过滤机的连续工作。为防止污泥沉降,污泥槽中设有摆动式搅拌器。

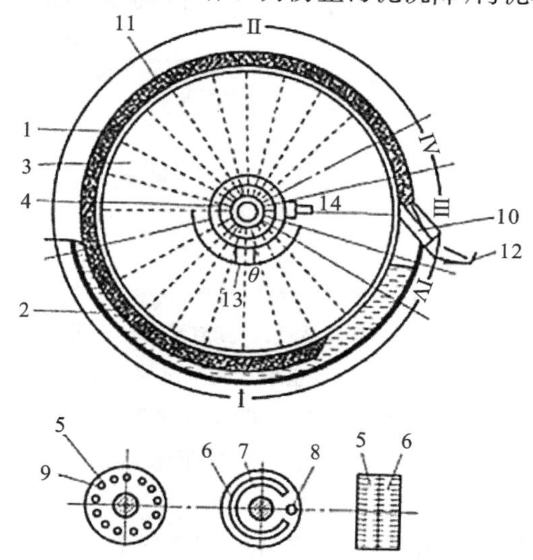

Ⅰ—滤饼形成区;Ⅱ—吸干区;Ⅲ—反吹区;Ⅳ—休止区

1—空心转鼓;2—污泥槽;3—扇形间隔;4—分配头;5—转动部件;6—固定部件;

7—与真空泵相通的缝;8—与空压机相通的孔;9—与各扇形格相通的孔;

10—刮刀;11—泥饼;12—皮带输送器;13—真空管路;14—压缩空气管路。

图4-2-1　真空转鼓过滤机结构图

真空转鼓过滤机有以下优点:

(1)能够连续地自动进行操作,可以节省人力。

(2)设计和操作中可变因素多(卸料方法、转速、真空度、滤布、转鼓浸没深度等),适合处理流动性好、固相颗粒(0.01～1 mm)的料浆。

(3)维修费用低。

(4)处理量大,能够进行有效的洗涤和脱水。

真空转鼓过滤机有以下缺点:

(1)价格比较高。

(2)不适用于过滤黏性太大,需要过滤推动力大的悬浮液,且不适用于过滤固相密度太大、沉降速度太快的悬浮液,也不适用于过滤滤饼透气性好的料浆。

(3)滤布容易堵塞。

2. 带式真空过滤机

带式真空过滤机是以滤布作为过滤介质,利用真空设备提供的负压作用,使固液快速分离的一种连续式过滤机,有固定室式、移动室式、滤带间歇移动式三种。带式真空过滤机由橡胶滤带、真空箱、驱动辊、从动辊、进料槽、滤布调偏装置、滤布张紧装置、驱动装置、洗涤装置和机架等部件组成。

固定室带式真空过滤机也称为水平带式或橡胶带式真空过滤机,其结构图如4-2-2所示。适用于过滤含粗颗粒的高浓度料浆,以及滤饼需要多次洗涤的物料。

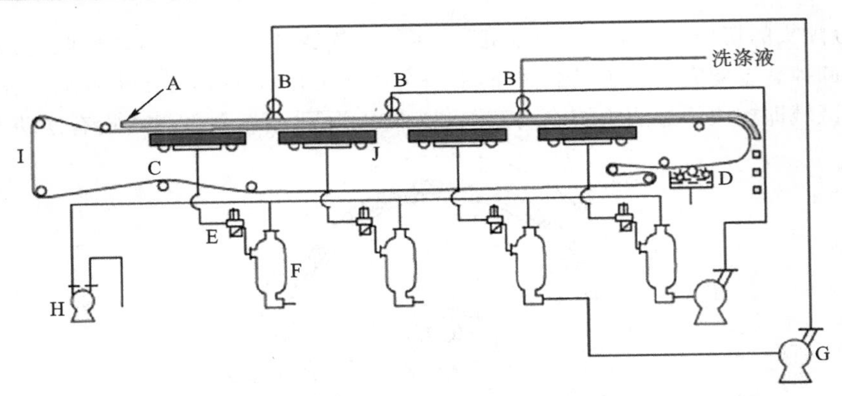

A—加料装置；B—洗涤装置；C—纠偏装置；D—洗布装置；E—切换阀；
F—排液分离器；G —返水泵；H—真空泵；I—滤带；J—真空箱。

图 4-2-2 固定室带式真空过滤机结构图

固定室带式其结构特点是真空盒与滤带间构成动密封，滤带在真空盒上移动，实现了连续过滤，生产过程的过滤、洗涤、脱水、卸渣、滤布清洗随滤布运行可依次完成，从而提高过滤效率，节省能源。

固定室带式真空过滤机工作流程如下，首先料浆经进料装置均匀分布到移动的滤带上，料浆在真空的作用下进行过滤，抽滤后形成的滤饼向前进行洗涤。洗涤可采用多级逆流洗涤方式，洗涤后的滤饼再次经真空脱水、吸干、运行至滤布转向处，依靠自重卸除，滤布在返回时经洗涤清洁后恢复过滤能力。

3. 圆盘式真空过滤机

圆盘式真空过滤机结构如图 4-2-3 所示，是将数个过滤圆盘装在一根水平空心主轴上和真空分配头组成的过滤机，通过真空分配头造成的压力差提供过滤动力。每个圆盘分成若干个小扇形过滤板，每个过滤板构成一个单独的过滤室。适用于过滤密度小且不易沉淀的悬浮液。

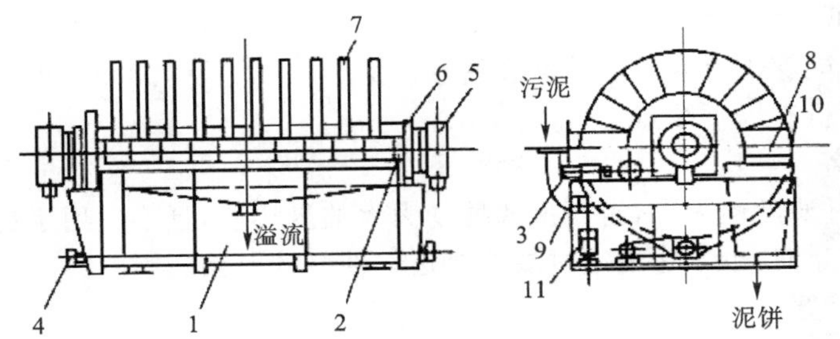

1—槽体；2—主轴；3—主轴传动装置；4—搅拌器；5—分配头；6—主动轴；
7—过滤圆盘；8—卸料刮刀；9—滤布清洗装置；10—圆盘滑橇；11—润滑油泵。

图 4-2-3 圆盘式真空过滤机的结构图

圆盘式真空过滤机工作原理如图 4-2-4 所示。过滤板放在槽体中，槽中料浆液面在空心轴的轴线以下，过滤板逆时针转动，依次经过过滤区(Ⅰ)、干燥区(Ⅱ)和滤饼吹落区(Ⅴ)。当过滤板处在过滤区时，它与真空泵相连接，在真空泵的抽气作用下，料浆吸附在滤布的表面上，并进行过滤，当过滤板处在干燥区时，仍与真空泵相连，这时过滤板已离开料浆，其抽气作用只是让空气通过滤饼，将孔隙中的水分带走；在过滤板处于滤饼脱落区时，它转而与鼓风机相连，利用吹风将滤板上的滤饼吹下。在这三个工作区的中间，均有过渡区(Ⅱ、Ⅳ、Ⅵ)，过渡区是死带，其作用是防止过滤板从一个工作区转入另一个工作区时互相串气。如果出现串气，会降低过滤效果。

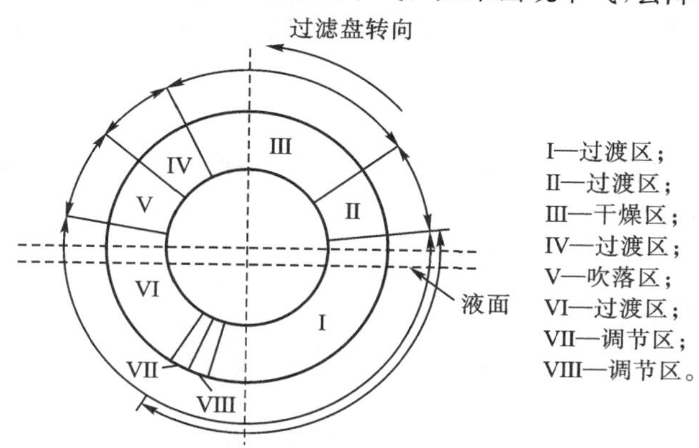

图 4－2－4　圆盘式真空过滤机工作原理图

圆盘式真空过滤机的优点：

(1)过滤面积大，单位过滤面积造价低，可以向大型化设备发展。在占有相同空间体积情况下，圆盘式真空过滤机所拥有的过滤面积大约是转鼓真空过滤机的 2 倍。

(2)结构紧凑，占地面积小。外廓尺寸小，能够有效利用空间。

(3)真空度损失小，单位产量耗电少。

(4)与其他类型过滤机比较，更换滤布简便，滤布消耗少。

(5)采用侧面双面过滤，处理能力大，过滤效果好，生产效率高。

(6)制造简单，没有大型部件，设备轻，造价低。

圆盘式真空过滤机有以下缺点：

(1)当搅拌不充分时，会出现滤饼厚度不均匀的现象。在过滤盘离中心较远的地方由于接触料浆的时间长，过滤时间长，沉积着由粗颗粒组成的厚滤饼层，而在过滤盘离中心较近的滤板上，滤饼的厚度比较薄。

(2)滤饼不能洗涤。

(3)可能出现滤饼龟裂，滤饼上一旦出现裂纹，外界空气就会从裂纹处吸入，从而降低系统的真空度，不仅影响滤饼的脱水效果，而且还会耗费较大的动力。

(4)滤布容易堵塞。

对于圆盘式真空过滤机，由于其应用越来越广泛，国内外对这种类型的过滤机进行了许多改进措施，使之更加成熟，圆盘式真空过滤机的改进主要表现在：

(1)大型化和高性能化。工艺性能的改进主要有采用大直径圆盘，增加扇形板数目，加大浸没深度，提高处理能力，缩短滤液通道，克服滤液被反吹向滤饼现象，提高抽吸能力，提高滤饼干燥区的真空度，降低滤饼水分。

(2)滤饼过滤区和干燥区分别抽真空，可获得较低水分的滤饼。

(3)同时使用真空和压缩空气，增加滤饼干燥区的压差，进一步提高过滤能力，降低滤饼水分。

(4)增大滤饼干燥区与过滤区的比例，如将该比例提高到 1.75：1，减少滤饼形成时间，增加干燥时间，降低滤饼水分。

(5)对滤饼实施蒸汽脱水，大大降低滤饼水分。

(6)采用凹形过滤面，可提高设备处理能力，也能降低滤饼水分。

(7)对料浆槽内的物料进行搅拌，可使圆盘表面物料分布均匀，以达到降低水分的目的。

4.2.3 真空过滤机设计计算

真空过滤机的主要设计参数是过滤机产率，根据过滤产率与污泥量确定真空过滤机的面积。

根据卡门基本方程式(4-2-1)：

$$V^2+2VV_e=Kt \tag{4-2-1}$$

以单位周期中的滤液表示，则

$$\left(\frac{V}{n}\right)^2+2\frac{VV_e}{n}=Kt \tag{4-2-2}$$

$$\left(\frac{V}{An}\right)^2+2\frac{VV_e}{A^2n}=\frac{Kt}{A^2} \tag{4-2-3}$$

令 $C=\frac{V_e}{A}$，$K'=\frac{K}{A^2}$，并将 $t=\frac{m}{n}$ 代入方程式 4-2-3，得

$$\frac{1}{n}\left(\frac{V}{A}\right)^2+2C\frac{V}{A}-K'm=0 \tag{4-2-4}$$

解式(4-2-4)，得

$$V_u=\frac{V}{A}=n\left(\sqrt{C^2+\frac{1}{n}K'm}-C\right) \tag{4-2-5}$$

以上式中，V_e 为过滤介质的当量滤饼厚度时的滤液体积，m^3；t 为滤饼形成时间，s；V_u 为过滤速率，即单位时间单位面积的滤液量，$m^3/(m^3\cdot h)$；V 为污泥体积，m^3；n 为转鼓转速，r/s；K′为试验常数，通过试验求得；m 为浸液比。

过滤产率 L：

$$L=\frac{V_u}{K} \tag{4-2-6}$$

式中，k 为单位滤饼干重所产生的滤液体积，m^3/kg。

过滤机面积 A：

$$A=\frac{W'af}{L} \tag{4-2-7}$$

式中，A 为过滤机面积，m^2；W'为原污泥的重量，以固体重量计，kg/h；a 为安全系数，考虑污泥不均匀与滤布阻塞，常采用 1.15；f 为助凝剂与混凝剂投加系数；L 为过滤产率，$m^3/(m^2\cdot h)$。

4.3 污泥压滤脱水

污泥压滤脱水是以过滤介质两面的压力差作为推动力，使污泥中水分通过过滤介质，形成滤液，而固体颗粒被截留在过滤介质上，形成滤饼，从而达到脱水的目的。污泥压滤脱水机根

据过滤方式可分为板框压滤机、带式压滤机、厢式压滤机等。

4.3.1　板框式压滤机

板框式压滤机是在输料泵的压力作用下，将物料送进各滤室，通过过滤介质将固体和液体分离的间歇性固液分离设备。

1. 板框式压滤机组成部分

板框压滤机结构及实物如图 4-3-1 所示。板框式压滤机主要由止推板、滤框、滤板、压紧板和压紧装置组成。制造板、框的材料有金属、木材、工程塑料和橡胶等，并有各种形式的滤板表面槽作为排液通路，滤框是中空的。多块滤板、滤框交替排列，板和框间夹过滤介质(如滤布)，滤框和滤板通过两个支耳，架在水平的两个平等横梁上，一端是固定板，另一端的压紧板在工作时通过压紧装置压紧或拉开。

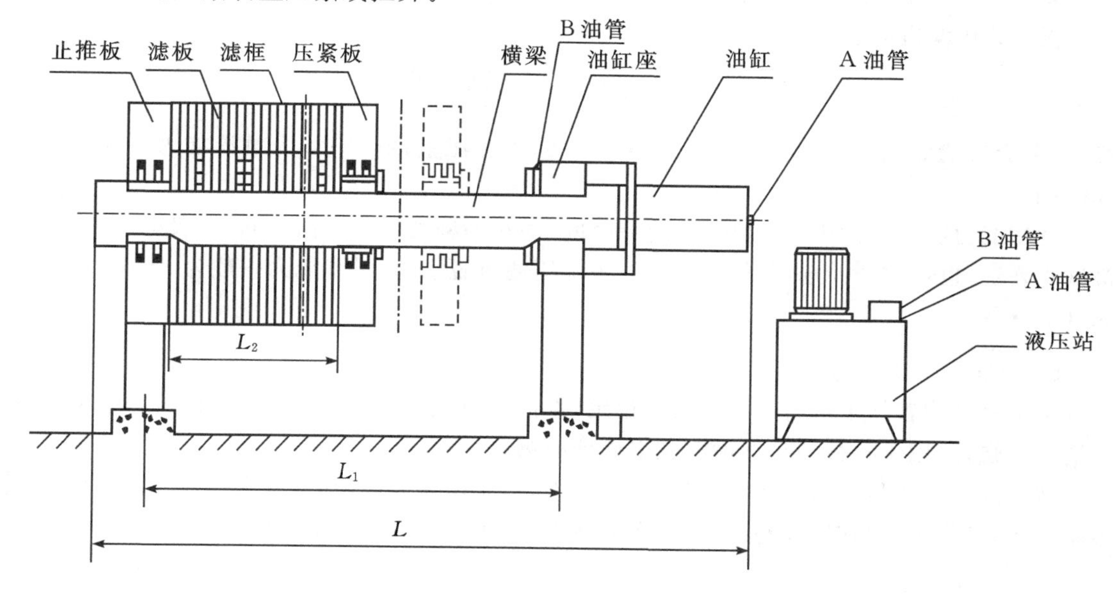

图 4-3-1　板框压滤机结构及实物图

2. 板框式压滤机工作原理

板框式压滤机工作原理是板与框相间排列而成，在滤板的两侧覆有滤布，用压紧装置把板与框压紧，从而在板与框之间构成压滤室，污泥进入压滤室后，在压力作用下，滤液通过滤布排出压滤机，使污泥完成脱水。

3. 板框式压滤机工作流程

首先压紧油缸（或者其他的压紧机构）工作，使动板向定板方向移动，把两者之间的滤板压紧，在相邻的滤板间构成封闭的滤室。接着给料泵（隔膜泵）将污泥输送到滤室里，充满滤室后，压滤开始，借助压力泵或压缩空气的压力，进行固液分离。然后利用拉开装置将滤板按设定的方式、次序拉开。拉开装置相继拉开滤板后，滤饼借助自重脱落，由下部的运输机运走。

4. 板框式压滤机相关设计计算

板框式压滤机的过滤面积，可按下式计算：

$$A = 1000 \times \frac{(1-P) \times Q}{V} \tag{4-3-1}$$

式中，A 为过滤面积，m^2；P 为污泥含水率，%；Q 为污泥量，kg/h；V 为过滤能力，kg 干污泥/($m^2 \cdot h$)。

过滤能力随污泥性质、过滤压力、过滤时间、滤布的种类等因素而不同，一般可以通过试验机试验确定，也可按经验选用，如城市污泥板框压滤机脱水时，过滤能力一般为 2～10 kg 干污泥/($m^2 \cdot h$)。

5. 板框式压滤机的优缺点

优点是结构较简单，操作容易，运行稳定，维护方便；过滤面积选择范围灵活，占地少；对物料适应性强，适用于各种中小型污泥脱水处理的场合。

缺点是滤框给料口容易堵塞，滤饼不易取出，不能连续运行，脱水泥饼产率低，普通材质滤板不耐压，工作压力高时，容易破板，滤布消耗大，滤布常常需要人工清理。

4.3.2 带式压滤机

带式压滤机广泛用于城市污水处理、化工、炼油、冶金、造纸、制革、食品、洗煤、印染等行业的污泥脱水，该机连续作业，自动化程度高、节能、高效、使用维护方便，是污泥脱水中广泛应用的设备。

1. 带式压滤机组成部分

带式压滤机结构图如图 4-3-2 所示，主要由机架、压榨辊系、重力区脱水装置、楔形区脱水装置、滤带、滤带调整装置、滤带清洗装置、滤带张紧装置、卸料装置、传动装置和气压系统等组成。

(1)机架。带式压滤机的机架主要用来支撑及固定压榨辊系及其他各部件。

(2)压榨辊系。压榨辊系由直径从大到小顺序排列的辊筒组成。污泥被上、下滤带夹持，依次经过压榨辊时，在滤带张力作用下形成由小到大的压力梯度，使污泥在脱水过程中所受的压榨力不断增高，污泥中水分逐渐脱除。

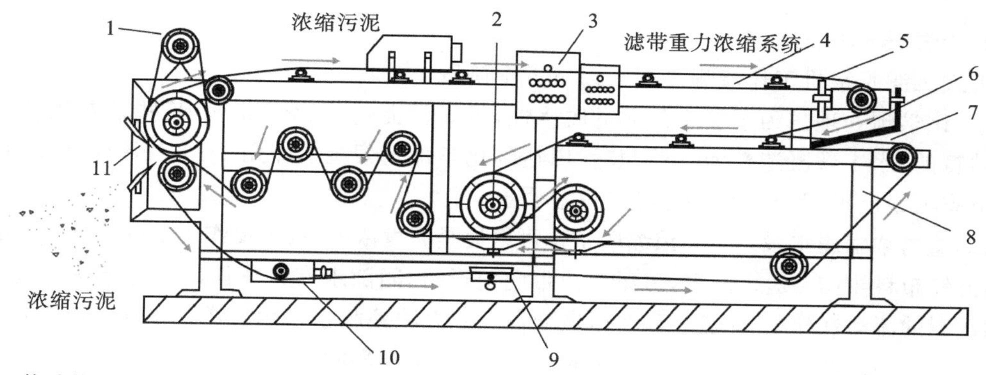

1—传动装置；2—压榨辊系；3—气压系统；4—重力脱水区；5—滤带张紧装置；6—楔形区脱水装置；7—滤带；8—机架；9—滤带调整装置；10—滤带清洗装置；11—卸料装置。

图 4－3－2　带式压滤机结构图

(3)重力区脱水装置。重力区脱水装置主要由重力区托架、料槽组成。絮凝后的物料依靠重力过滤，脱去大量水分，流动性变差，为以后的挤压脱水创造条件。

(4)楔形区脱水装置。楔形区脱水装置由上下滤带所形成的楔形区对所夹持物料施加挤压力，进行预压脱水，以满足压榨脱水段对物料含液量及流动性的要求。

(5)滤带 。带式压滤机的主要组成部分，污泥的固相与液相的分离过程均以上、下滤带为过滤介质，在上、下滤带张紧力作用下绕过压榨辊而获得去除物料水分所需压榨力。

(6)滤带调整装置。由气缸、调整辊信号及气压、电气系统组成。其作用是调整由于滤带张力不均、辊筒安装误差、加料不均匀等多种原因所造成的滤带跑偏，从而保证带式压榨过滤机的连续性和稳定性。

(7)滤带清洗装置。滤带清洗装置由喷淋器、清洗水接液盒和清洗罩等组成。当滤带转动时，连续经过清洗装置，受喷淋器喷出的压力水冲击，残留在滤带上的物料在压力水作用下与滤带脱离，使滤带达到清洁的状态。

(8)滤带张紧装置。滤带张紧装置由张紧缸、张紧辊及同步机构组成，其作用是将滤带张紧，并为压榨脱水的压榨力的产生提供必要的张力条件，其张力大小的调节可通过调节气压系统的张紧缸的气压来实现。

(9)卸料装置。卸料装置由刮刀板、刀架、卸料辊等组成，其作用是将脱水后的滤饼与滤带剥离，达到卸料的目的。

(10)传动装置。传动装置由电机、减速机、齿轮传动机构等组成，它是滤带转动的动力来源，可以通过调节减速机转速，来满足工艺上不同带速的要求。

(11)气压系统。该系统主要由动力源(储气罐、电机、气泵等)，执行元器件(气缸)及气压控制元件(包括压力继电器、压力流量及方向控制阀)等组成。通过气压控制元件，控制空气压力、流量及方向，保证气压执行元件具有一定的推力和速度，并按预定程序正常进行工作，气压系统是完成滤带张紧、调整操作的动力来源。

2. 带式压滤机工作原理

带式压滤机是由上下两条张紧的滤带夹带着污泥层，从一连串按规律排列的辊压筒中呈S形弯曲经过，靠滤带本身的张力形成对污泥层的压力和剪切力，挤压出污泥层中的毛细水，获得含固率较高的泥饼，从而实现污泥脱水。

3. 带式压滤机工作流程

带式压滤脱水机工作流程一般有以下五个阶段：

(1)化学预处理。为了提高污泥的脱水性，需对污泥进行化学处理，某些带式压滤脱水机使用独特的“水中絮凝造粒混合器”装置以达到化学加药絮凝的作用，该方法不但絮凝效果好，还可节省大量药剂，运行费用低，经济效益明显。

(2)重力浓缩脱水段。重力浓缩脱水也可以说是高度浓缩段，主要作用是脱去污泥中的间隙水，污泥经布料斗均匀送入网带，污泥随滤带向前运行，间隙水在自重作用下通过滤带流入接水槽，使污泥的流动性减小，为进一步挤压做准备。重力浓缩脱水段示意图如图 4－3－3 所示。

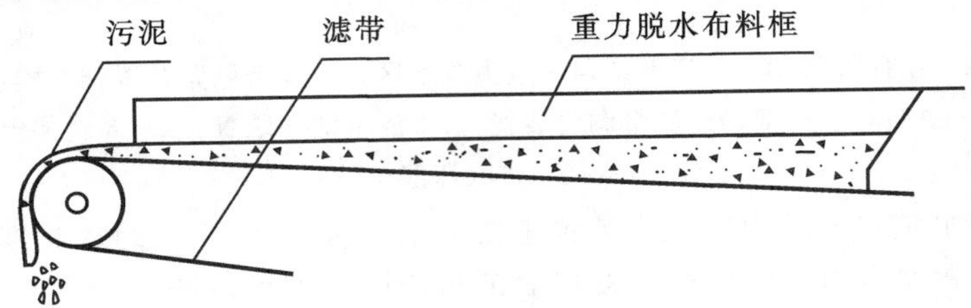

图 4－3－3　重力浓缩脱水段示意图

(3)楔形区预压脱水段。重力脱水后的污泥流动性几乎完全丧失，随着带式压滤机滤带的向前运行，上下滤带间距逐渐减少，物料开始受到轻微压力，并随着滤带运行，压力逐渐增大，楔形区的作用是延长重力脱水时间，增加絮团的挤压稳定性。楔形区是一个三角形的空间，滤带在该区内逐渐靠拢，污泥在两条滤带之间逐步开始受到挤压。在该段内，污泥的含固率进一步提高，并由半固态向固态转变，为进入高压脱水区做准备。楔形区预压脱水示意图如图 4－3－4 所示。

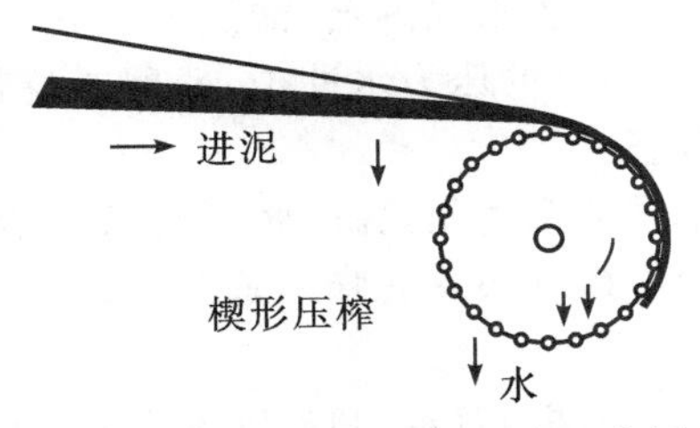

图 4－3－4　楔形区预压脱水示意图

(4)挤压辊高压脱水段。物料脱离楔形区就进入高压脱水区，物料在此区内受挤压，沿滤带运行方向压力随挤压辊直径的减少而增大，物料受到挤压体积收缩，物料内的间隙水被挤出，此时，基本形成滤饼，滤饼继续向前至压力尾部的高压区经过高压后滤饼的含水率可降至最低。高压脱水段示意图如图 4－3－5 所示。

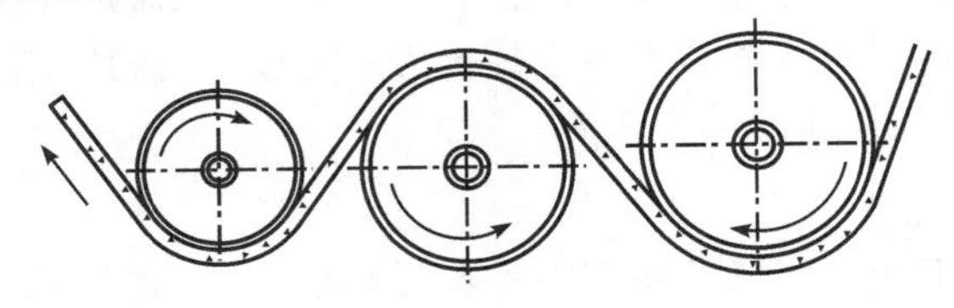

S形压榨区

图 4－3－5　高压脱水段示意图

(5)滤饼排出。物料经过以上各阶段的脱水处理后形成滤饼排出，通过刮泥板刮下，上下滤带分开，经过高压冲洗水清除滤网孔间的微量物料，继续进入下一步脱水循环。滤饼剥离示意图如图 4-3-6 所示。

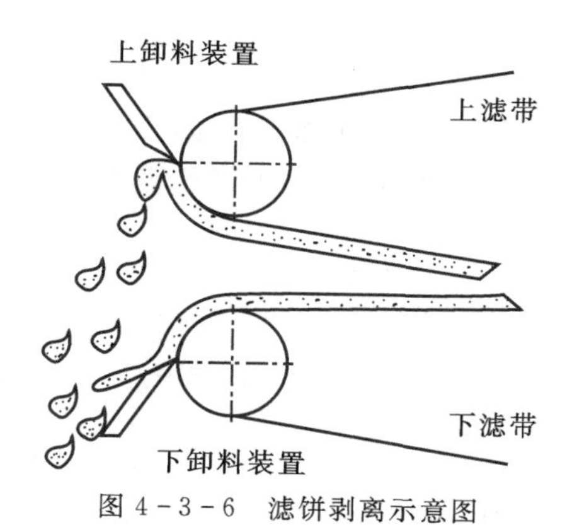

图 4-3-6　滤饼剥离示意图

4. 带式压滤机处理能力计算

以带式压滤机产出泥饼厚度为主要设计参数，根据算出泥饼产量，再计算出进料量(处理能力)，计算公式如下：

(1)泥饼产量

$$Q_{泥饼}=B\cdot\xi\cdot\delta\cdot V\cdot S\cdot\gamma\cdot\beta \tag{4-3-2}$$

式中，$Q_{泥饼}$为泥饼产出量，t/h；B 为滤带宽度，m；ξ 为滤带宽度利用系数，一般取 0.85～0.9；δ 为泥饼厚度，m，一般取 6～10 mm；V 为压滤带实际工作速度，m/min，一般取 3～6 m/min；S 为单位时间，60 min/h；γ 为泥饼比重，t/m^3，一般取 1.03 t/m^3；β 为固相回收率，一般取 ≥ 95%。

(2)进料量

$$Q_{进料量}=\frac{R_1}{R_2}\times Q_{泥饼} \tag{4-3-3}$$

式中，R_1 为泥饼含固率，%；R2 为进料含固率，%。

(3)所需带式压滤机数量 n

$$n=\frac{Q_{泥饼}}{Q_{进料量}} \tag{4-3-4}$$

5. 带式压滤机的优缺点

优点：连续运行、处理量大；附属设备少，经济可靠，应用范围广；采用高效率喷头和洗刷机构进行自动清洗、滤带自动张紧装置采用气动张紧、滤带自动纠偏装置采用气动反馈单侧自动纠偏，运行操作灵活，自动化程度高，可连续生产。

缺点：带式压滤机价格昂贵，占地面积比较大；滤带冲洗耗水量大，冲洗不彻底容易造成滤带堵塞；滤带容易跑偏，且过滤物料时容易跑料，过滤物料中含有砂砾时，易磨损设备；现场环境较差，气味比较大，防渗处理不当，可能污染地下水；滤饼含水率较高；设备安装复杂，平衡要求非常高；维修运行成本较高；不适于密度很小或液相密度大于固相的物料脱水；过滤效果不稳定，受季节、气温、光照等自然因素影响较大。

4.3.3 厢式压滤机

厢式压滤机的结构和工作原理与板框压滤机类似，不同之处在于滤板两侧凹进，每两块滤板组合成一厢形滤室，省去滤框，滤板中心有一圆孔，污泥由此流入各滤室。

1. 厢式压滤机组成部分

厢式压滤机结构如图 4－3－7 所示。

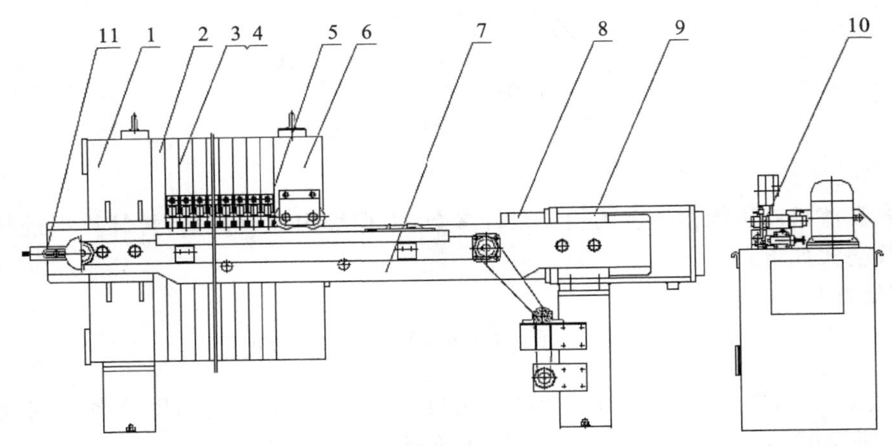

1—止推板；2—头板；3—滤板；4—滤布；5—尾板；6—压紧板；

7—横梁；8—液压缸；9—液压缸座；10—液压站；11—滤板移动装置。

图 4－3－7 厢式压滤机结构图

(1)机架部分。机架部分是机器的主体，用以支撑过滤机构，连接其他部件。它主要由止推板、压紧板、油缸体和主梁等部件组成。固定在机架上的液压缸，内部活塞在运行时推动压紧板，将位于压紧板与止推板之间的滤板、隔膜板、滤布压紧，以保证污泥在滤室内进行加压过滤。

(2)过滤部分。过滤部分是由按一定次序排列在主梁上的滤板、夹在滤板之间的滤布和隔膜滤板组成，滤板、滤布与隔膜滤板相间排列，形成了若干个独立的过滤单元——滤室，过滤开始时，料浆在进料泵的推动下，经止推板上的进料口进入各滤室内，并借进料泵产生的压力进行过滤。由于滤布的作用，使固体留在滤室内形成滤饼，滤液由水嘴(明流)或出液阀(暗流)排出。若需洗涤滤饼，可由止推板上的洗涤口通入洗涤水，对滤饼进行洗涤；若需要较低含水率的滤饼，同样可从洗涤口通入压缩空气，穿过滤饼层，以带走滤饼中的部分水分。若从进气口通入压缩空气或高压液体，鼓动隔膜，对滤饼进行压榨，可进一步降低滤饼的含水率。

在压滤机使用过程中，滤布起着关键的作用，其性能的好坏，选型的正确与否直接影响着过滤效果。所使用的滤布中，最常见的是由合成纤维纺织而成，根据其材质的不同可分为涤纶、维纶、丙纶、锦纶等，除此之外，常用的过滤介质还包括棉纺布、无纺布、筛网、滤纸及微孔膜等。

(3)拉板部分。拉板有自动拉板和手动拉板。自动拉板由液压马达、机械手、传动机构和暂停装置等组成。液压马达带动传动链条从而带动机械手运动，将隔膜板、滤板逐一拉开。机械手的自动换向是靠时间继电器(KT1、KT2)设定的时间(2～3 s)来控制的。暂停装置可随时控制拉板过程中的停、进动作，以保证拉板机构拉板卸料的顺利实现。手动拉板采用人工手动依次拉板卸料。

(4)液压部分。液压部分是驱动压紧板压紧或松开滤板的动力装置，配置了柱塞泵及各种控制阀。

2. 厢式压滤机工作原理

厢式压滤机的滤室是由相邻两块凹陷的滤板构成，滤板的表面有麻点和凸台，用以支撑滤布。滤板的中心和边角上有通孔，组装后构成完整的通道，能通入污泥、洗涤水和引出滤液。滤板两侧各有把手支托在横梁上，由压紧装置压紧滤板。滤板之间的滤布起密封作用。在输料泵的压力作用下，将需要过滤的污泥送进各滤室，通过过滤介质将固体和液体分离。在滤布上形成滤渣，直至充满滤室形成滤饼。滤液穿过滤布并沿滤板沟槽流至下方出液孔通道，集中排出。过滤结束后打开压滤机卸除滤饼(滤饼储存在于相邻两个滤板间)，清洗滤布，重新压紧滤板开始下一工作循环。

4.4　污泥离心脱水

离心式脱水机是利用固液两相的密度差，在离心力的作用下，加快固相颗粒的沉降速度来实现固液分离的。离心脱水机分为沉降式和过滤式两大类，污泥脱水主要采用沉降式离心脱水机。

4.4.1　沉降式离心脱水机基本构造

卧式螺旋沉降离心机根据物料和固体排渣在转鼓内相对移动方式的不同，可分为顺流式和逆流式。卧式螺旋沉降离心机主要由高转速的转鼓、与转鼓转向相同且转速比转鼓略低的带空心转轴的螺旋输送器和差速器等部件组成。当要分离的污泥由空心转轴送入转筒后，在高速旋转产生的离心力作用下，立即被甩入转鼓腔内。高速旋转的转鼓产生强大的离心力把比液相密度大的固相颗粒甩贴在转鼓内壁上，形成固环层(由于呈环状，称为固环层)；水分由于密度较小，离心力小，因此只能在固环层内侧形成液体层，称为液环层。由于螺旋输送器和转鼓的转速不同，二者存在相对运动(即转速差)，利用螺旋输送器和转鼓的相对运动把固环层的污泥缓慢地推动到转鼓的锥端，经过干燥区后，由转鼓圆周分布的出口连续排出；液环层的液体则靠重力由堰口连续溢流排至转鼓外，形成分离液。

1. 顺流式卧螺沉降离心机

顺流式卧螺沉降离心机结构如图 4－4－1 所示。

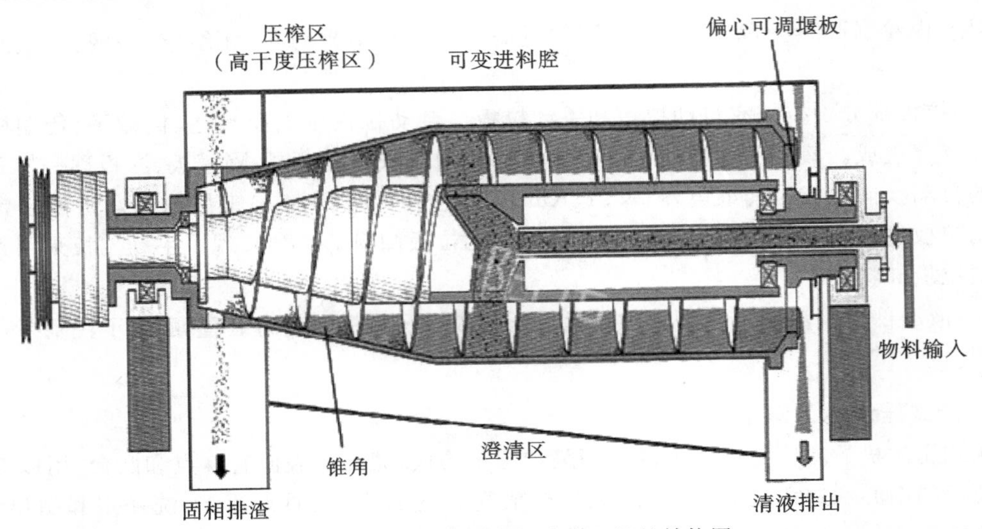

图 4-4-1 顺流式卧螺沉降离心机的结构图

顺流式卧螺沉降离心机进料为筒端进料，其特点是进料流动方向和固相流动方向一致。该设计保证沉渣不受干扰，离心机全长起到了沉降作用，扩大了沉降体积，悬浮液在机内停留时间增长，从而提高分离效果。沉降路径延长且沉降过程未受到湍流干扰，可有效地减少絮凝剂的使用量，使机内流体的流动状态得到很大改善，并且可通过加大转鼓直径来提高离心力。

顺流式卧螺沉降离心机主要适用于固液密度差小，固相沉降性能差，固相含量低的难分离物料。其滤液是靠返流管排除，若不定期冲洗，容易导致返流管堵塞。

2. 逆流式卧螺沉降离心机

逆流式卧螺离心机结构如图 4-4-2 所示。

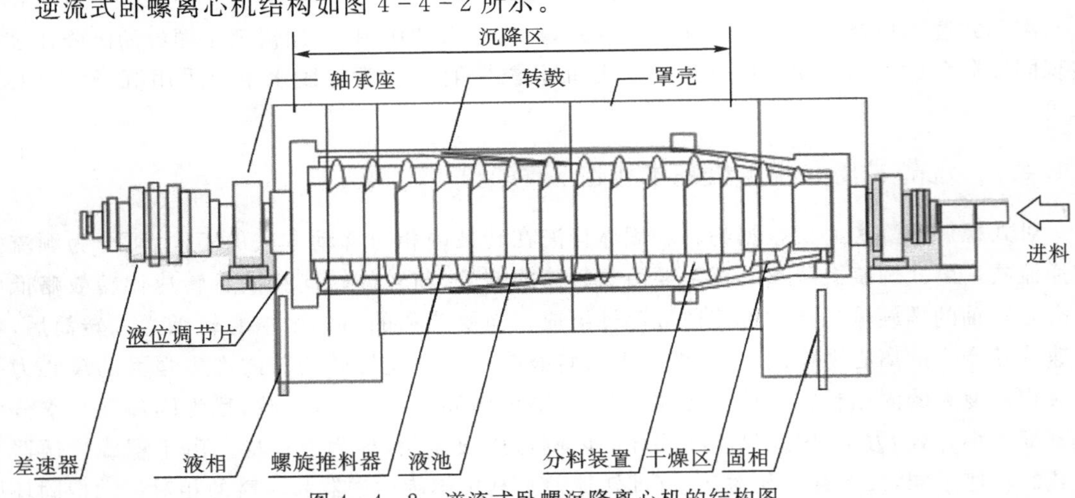

图 4-4-2 逆流式卧螺沉降离心机的结构图

逆流式卧螺沉降离心机主要适用于固液密度比重较大的物料。逆流式卧螺沉降离心机进料为锥端进料，其特点是固相流动方向和进料流动方向相反。分料口位于沉降区和干燥区之间，以确保液相有足够的沉降距离，固相出口在离心机锥端，而液相出口在离心机筒端。此外，物料由锥端进入转鼓内会引起沉降区已沉降的固体颗粒因扰动再度浮起，还会产生湍流和附加涡流，使分离效果降低。

4.4.2　离心脱水机的技术参数

1. 转鼓直径和有效长度

转鼓是离心浓缩机的关键部件，转鼓直径越大离心浓缩机的处理能力也越大，转鼓长度一般为其直径的2.5～3.5倍，长度越长，污泥在机内停留时间也越长，分离效果也越好，常用转鼓直径在200～3000 mm，长径比L/D在3～4。

2. 转速

转鼓的转速是一个重要的机械因素，也是一个重要的工艺控制参数。转速的调节通常通过变频电机或液压电机来实现。转速越高，离心力越大，有助于提高泥饼含固率。但转速过高会使污泥絮凝体破坏，反而降低脱水效果，同时较高转速对材料的要求高，对机器的磨损增大，动力消耗、振动水平也会相应增加。

转速的高低取决于转鼓的直径，转鼓直径越小，要求的转速越高。反之，转鼓直径越大，要求的转速越低。

3. 分离因数

离心机的离心分离效果与离心机的分离因数有关，分离因数是指颗粒在离心机内受到的离心力与其本身重力的比值，用下式计算：

$$\alpha=\frac{C}{G}=\frac{m\omega^2 r}{mg}=\left(\frac{2\pi n}{60}\right)^2\frac{r}{g}=\frac{n^2\cdot r}{900} \tag{4-4-1}$$

式中，α为分离因数；C为污泥所受到的离心力，N；G为污泥所受到的重力，N；ω为转鼓的旋转角速度，r/s；r为转鼓的半径，m；g为重力加速度，9.81 m/s²；n为转鼓的转速，r/min。

分离因数表征离心机的分离能力，α越大，表明固液分离效果越好。离心机转鼓的转速一般能在较大范围内无级调速，通过调节转速，可以控制离心机的分离因数，使之适应不同泥质的要求。

不同的离心机，其分离因数的调节范围不同。高速离心机分离因数α调节范围在3000以上；中速离心机分离因数α调节范围在1500～3000；低速离心机分离因数α调节范围在1000～1500。虽然分离因数越大，固液分离效果越好，但其能耗高、机械磨损大及噪声大。在污泥浓缩和脱水中大多数采用低速离心机。

4. 转鼓的半锥角

半锥角是锥体母线与轴线的夹角，锥角大，则污泥受离心挤压力大，利于脱水，但锥角增大，螺旋推料的扭矩也需要增大，叶片的磨损也会加大，若磨损严重会降低脱水效果。通常离心脱水机的半锥角为6°～10°。

5. 转差

转差是转鼓与螺旋输送器的转速差。转差大，则输渣量大，但也带来转鼓内流体搅动量大，污泥停留时间短，分离液中含固率增加，脱水污泥的含水率增大。离心脱水机的转差以2～5 r/min为宜。

6. 差速器

差速器是卧式螺旋沉降离心脱水机的转鼓与螺旋输送器相互转速差的关键部件，是离心脱水机中最复杂、最重要、性能和质量要求最高的装置。采用无级调速，差速范围在 1～30 r/min。

7. 螺距

螺距即相邻两螺旋叶片的间距，是一项很重要的结构参数，直接影响输渣效果。当螺旋直径一定时，螺距越大，螺旋升角越大，物料在螺旋叶片间堵塞的概率就越大。同时，大螺距会减小螺旋叶片的圈数，致使转鼓锥端物料分布不均匀而引起机器振动加大。因此，对于难分离物料，如活性污泥，输渣较困难，这时螺距应小些，一般是转鼓直径的 1/6～1/5，以利于输送；对于易分离物料，这时螺距应大些，一般为转鼓直径的 1/5～1/2，以提高沉渣的输送能力。

8. 卧式螺旋沉降离心脱水机的生产能力计算

卧式螺旋沉降离心脱水机的生产能力是指在满足分离液澄清度或沉渣含水率要求前提下的进料流量。

卧式螺旋沉降离心脱水机的生产能力可按 Σ 理论计算，该理论是安布勒于 1952 年提出的，用以计算离心机的生产能力，所依据的是"活塞式"流动特性。

卧式螺旋沉降离心脱水机的生产能力 Q 计算公式：

$$Q = \xi V_g \Sigma f(k_0) \tag{4-4-2}$$

式中，ζ 为修正系数，$\zeta = 16.64\left(\frac{\Delta\rho}{\rho_f}\right)^{0.3359}\left(\frac{d_e}{L}\right)^{0.3674}$；

$$\Delta\rho = \rho_s - \rho_f$$

d_e 为临界颗粒直径，m；L 为沉降区长度，m；ρ_s 为固相密度，kg/m^3；ρ_f 为液相密度，kg/m^3；

$$V_g = \frac{\Delta\rho g}{18\mu} d_e^2$$

μ 为黏度，Pa・s；

$$\Sigma = \frac{\pi\omega^2}{g}\left[H_2(1.5R^2 + 0.5r_1^{\ 2}) + H_1\left(\frac{3r_1^{\ 2} + R^2 + 2Rr_1}{6}\right)\right]$$

ω 为转鼓速度，rad/s；H_2 为柱段转鼓长度，m；H_1 为圆锥段转鼓长度，m；R 为转鼓的内半径，m，$R=D/2$；r_1 为溢流层表面半径，m；

$$f(k_0) = \frac{k_0(1-k_0)}{2(1-k_0+k_0\ln k_0)}$$

$f(k_0)$是 $k_0 = r_1/R$ 的函数。

4.4.3 离心脱水机的运行与管理

离心脱水机的运行与管理主要包括污泥性质和浓度发生变化时的絮凝剂调整、离心脱水机处理能力的控制、分离因素的调整、差速度的调整以及絮凝剂加药点的确定等方面。

1. 污泥性质和浓度发生变化时的絮凝剂调整

在污水处理厂工艺、设备调试初期，由于受到水质、水量、水处理工艺运行状态等因素的影响，待处理污泥的性质会发生很大变化，如污泥龄或污泥存放时间会影响污泥性质，从而影响污泥脱水机类型和絮凝剂种类及投加量的选择。除此以外，污泥浓度、污泥有机质含量（或灰分含量）、污泥密度、污泥颗粒结构等性质对絮凝剂的依赖会更加明显，因此为保证污泥脱水的正常运行管理，要根据实际情况及时调整工艺参数。这个阶段的污泥脱水效果和药耗可能会和正常运行有一定的差异，这种差异会随着现场水处理设施运行的逐渐正常和污泥排放处理的逐渐稳定而慢慢消失。

在污水处理厂正常运行后，待处理污泥的实际性质或浓度也会发生变化，特别是那些没有污泥浓缩池而直接将污泥进行脱水处理的污水处理厂，这种变化可能会更频繁，波动幅度也更大，这些情况往往会被忽视。产生这种变化的主要原因有以下几种。

（1）由于污水处理厂进水负荷变化，导致沉淀池（初沉池或二沉池）停留时间发生变化，沉淀池中的悬浮物实际沉淀时间发生变化，导致污泥密度和浓度发生变化。

（2）由于沉淀池向污泥脱水车间排放的待处理污泥流量或排泥周期发生了变化，导致污泥浓度实际发生变化。

（3）由于现场运行的异常情况（如维修等）导致污泥发生变化，或由于季节性原因，特别是气候交替导致污泥性质发生变化等。

这些变化往往表面上不易观察得到，也容易被忽视，例如污泥含水率从 97%变化为 96%，即含固率从 3%变成了 4%，这 1%的浓度绝对数值变化其相对值变化幅度达到 25%，若污泥浓度增加，而絮凝剂没有相应增加，则污泥脱水效果会相应下降。特别是没有污泥浓缩池的现场情况，这种变化幅度会更明显。因此，在现场要随时注意这个影响絮凝剂消耗的重要因素，在污泥性质发生较大的变化时，要及时调整适用的絮凝剂来配合污泥脱水运行；在污泥浓度发生变化时，要及时调整絮凝剂供应流量，使其既能满足处理效果又能够避免浪费。

具体的方法就是经常观察出泥效果，当污泥浓度降低时，适当降低絮凝剂工作液供应流量，每次可以降低絮凝剂加药泵频率 0.5～1.0 Hz，数分钟后观察泥饼和上清液状况及扭矩数据，根据情况决定是否继续降低加药泵频率，直至找到最经济加药泵运行频率，或者可以采用每次增加进泥泵频率 0.5～1.0 Hz 的方式进行调节。反之，当污泥浓度增加，按照相反的方向进行调整。

由于离心机结构决定了对进泥质量要求较高，进泥中不能有大量的大粒径颗粒物和纤维状物质，否则容易导致设备堵塞、震动加大，影响处理效能。所以，对这种污泥必须做好污泥进入离心机前的破碎切割处理。

2. 污泥离心脱水机处理能力的控制

污泥离心脱水机处理能力涉及最大干固体负荷和最大水力负荷两个基本参数。

（1）最大干固体负荷，即每小时处理的最大不挥发固体重量，以 kgDS（干污泥）/h 表示。

（2）最大水力负荷，即进入设备的污泥流量，以 m^3/h 表示，它与进泥浓度（MLSS，g/L）的乘积即为干固体负荷。

在正常污泥浓度情况下，应保证最大处理干固体负荷在设备厂商标定的设备理论负荷的 70%～90%，避免设备利用率过低，同时避免设备长期在高负荷下运转而造成设备损耗加快，维护周期缩短。在设备负荷过大的情况下，无论如何增加絮凝剂用量，也不会使处理效果好转，具体表现为泥饼干度不理想，上清液携带较多固体、回收率下降，由于上清液携带的泥沙溢流造成设备磨损、动平衡破坏、震动加剧。有时，由于污泥浓度增加，造成按照原流量进泥时，实际进泥负荷超过了该设备的可接纳负荷指标使处理效果下降，需及时逐渐降低进泥频率，观察效果，待效果稳定后，继续尝试絮凝剂流量控制到最经济投加量。反之，当污泥浓度降低，要逐渐增加进泥流量，同期配合加药泵流量调整。若进泥浓度过低，虽然设备的干固体负荷不高，但水力负荷却很大，进入的低浓度污泥由于在高水力负荷下，设备不能形成有效的、厚度均匀的泥环层，沉降的固体会被大量的上清液携带溢流，从而影响了处理效果和处理效率。故对于低浓度的污泥，如二沉池未浓缩污泥可经过浓缩处理（如浓缩机浓缩后处理），或与高浓度污泥（如初沉池污泥）混合后进行脱水处理。为避免由于进泥负荷过大而导致扭矩过大造成离心机过载，需要适当降低进泥泵频率，这种情况主要发生在进泥浓度增加，却仍然以原进泥流量操作的状况。

3. 分离因素的调整

根据式（4-4-1）可知只有离心机的半径 r 和角速度 ω 达到一定值时，在离心机有限的空间内，才可能在短时间内获得满意的沉降效果，所以希望得到更好的污泥处理效果，离心机需要进一步提高旋转速度。

分离因素表示离心力场的强弱，它通过调整离心机的转速来控制。提高分离因素，使生产能力和分离效果提高，但也增大了功率消耗及转鼓和螺旋的磨损，应在较低的分离因素下满足生产能力和分离要求，这个数据可以参考设备说明和实际运行状况来确定，离心机转速的控制要以实现设备正常稳定运转和正常污泥脱水处理效果为基础。

4. 差速度的调整

差速度大小，决定了处理能力和泥饼干度。提高差速度，排渣迅速，处理能力增加，但出渣含水率高，回收率低；降低差转速，泥饼干度增加，表现出螺旋扭矩大，处理能力降低。所以在满足最大处理能力和最佳处理效果这一对矛盾中，要找到最佳差速度值，这个数值原则上要以最大的处理能力结合最佳的处理效果为原则来确定，可以根据实际情况进行上下调整，结合进泥负荷、设备扭矩参数、泥饼干度和上清液状况来确定。

5. 絮凝剂加药点的确定

絮凝剂加药点的不同，会直接影响到药泥混合、反应状况，从而影响絮体的状态、强度和泥水分离状态，最终影响絮凝剂的消耗量和污泥处理效果。絮凝剂加药点有多种选择，一般情况下，可以设置成污泥泵前加药、污泥泵管道加药和离心机污泥入口加药。具体加药点的设置和调整应根据污泥性质、絮凝剂和设备特点等因素并通过实试验确定。

6. 离心脱水机的优缺点

（1）优点。

① 能够完成固相脱水、液相澄清等分离过程；

② 能自动、连续、长期运转，能够进行密闭操作，操作环境好；

③ 单机生产能力大，结构紧凑，占地面积小，安装方便，运行维护费用较低；

④ 由于没有过滤介质（滤网），不存在滤网堵塞问题，所以特别适用于塑性颗粒、菌体和油腻的物料；

⑤ 操作环境好，离心机对物料的分离是在完全密闭条件下进行的，操作现场整洁无污染，并保持生产环境的整洁卫生，实现文明生产。

(2)缺点。

① 离心脱水的污泥含水率较高,一般在 60%~80%;

② 离心机结构复杂,维修技术要求高,耗电量与造价都较高;

③ 噪声大,脱水后污泥含水率较高,污泥中若含有砂砾,易磨损设备。

4.5　污泥浓缩脱水一体化

污泥浓缩脱水一体化设备即污泥浓缩装置和污泥脱水装置一体化。应用较多的是带式浓缩脱水一体化设备。污泥经过依靠重力作用浓缩装置分离污泥中大量间隙水,随后进入压滤段脱水达到脱水目的。

4.5.1　带式浓缩脱水一体化设备

1. 带式浓缩脱水一体机的组成部分

带式浓缩脱水一体机结构见图 4-5-1。该机主要由带式浓缩机和带式压滤机组成,带式浓缩机由框架、进料装置、滤带承托、进料混合器、动态泥耙、滤带、冲洗和纠偏装置等组成;带式压滤机的组成见 4.3.2 节,浓缩段与压滤段共用一个机架,一套进料、出料、清洗、压缩空气系统,但都有各自的张紧、调偏和调速装置。带式浓缩脱水一体机结构如图 4-5-1 所示。

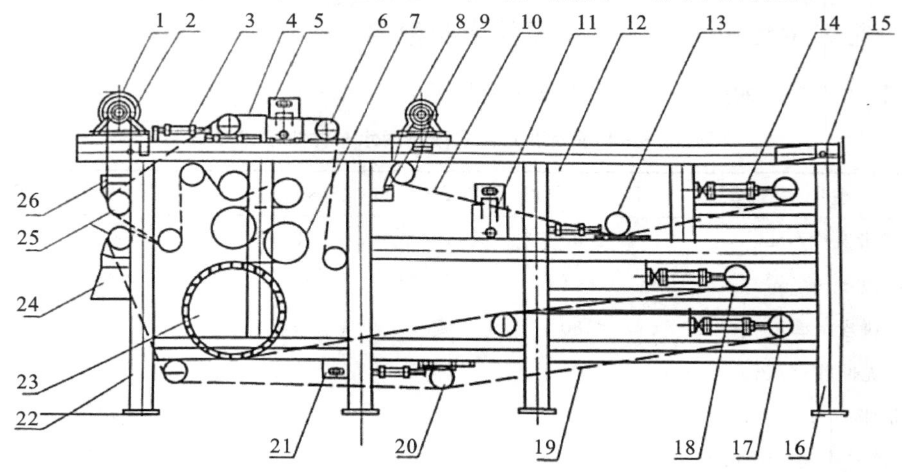

1—主电机;2—传动链条;3—上网调偏装置;4—上网带;5—上网清洁装置;
6—导电辊;7—回旋辊;8—预浓缩电机;9—预浓缩刮刀;10—预浓缩网带;
11—预浓缩清洗装置;12—预浓缩接水槽;13—预浓缩调偏装置;14—预浓缩张紧装置;15—进料器;
16—机架;17—下网张紧装置;18—上网张紧装置;19—下网;20—下网调偏装置;
21—下网清洁装置;22—挡泥板;23—T 型辊;24—卸泥滑板;25—上下网主动轴;26—卸料刮刀。

图 4-5-1　带式浓缩脱水一体机结构图

2. 带式浓缩脱水一体机的原理

污泥通过污泥泵首先进入混凝给料系统,同时稀释后的絮凝剂在计量泵的作用下也进入系统内,二者在混合口作用下充分混合。根据污泥性能调节絮凝剂和污泥混合比,使污泥达到最佳絮凝状态，絮凝后流入重力脱水段，大部分游离水在重力作用下通过滤带被滤除，污泥失去流动性。随着滤带的运行污泥被夹在两条滤带之间的“楔”形挤压段，污泥在“楔”形挤压段中一方面使污泥平整，另一方面污泥受到轻度挤压开始进行预压脱水。接着再进入S形压力脱水段，污泥在S形压力脱水段中被夹在上、下两层滤带中间，经若干个由大到小的辊筒反复挤压剪切，污泥在挤压力和剪切力作用下逐步脱水，形成滤饼，通过卸料装置将滤饼从滤带上剥离下来，最后用清水对滤带进行自动清洗达到清洗滤带的目的。

3. 带式浓缩脱水一体机特点

(1)电力消耗低；

(2)滤带运行速度低，对轴承及辊子几乎没有磨损，整机寿命较长；

(3)过滤后的滤液较清澈，几乎无固形颗粒，固体回收率较高，可直接用于冲洗滤带，固体回收率99%；

(4)滤带更换简便，可现场处理；

(5)由于带机运行速度很慢，在混合和输送过程中污泥絮体受到很好的保护和处置，在整个运行过程中不会受到破坏，因此仅需要基本的絮凝剂用量；

(6)絮凝污泥从浓缩重力段滤带翻转到压榨脱水重力段滤带时污泥得到充分脱水；

(7)脱水后的污泥呈片状，易于运送；

(8)带式压滤机运行时噪声低。

4.5.2 带式浓缩脱水一体机主要技术参数

不同型号带式浓缩脱水一体机的技术参数见表4-5-1。

表4-5-1 不同型号带式浓缩脱水一体机技术参数

型号		DNY-1000	DNY-1500	DNY-2000	DNY-2500	DNY-3000
滤带宽度/mm		1000	1500	2000	2500	3000
污泥处理量/m^3/h		12～15	17～22	23～28	34～40	45～55
滤饼含水率/%		≤80	≤80	≤80	≤80	≤80
污泥回收率/%		≥95	≥95	≥95	≥95	≥95
滤带张力/(KN/m)		2～5	2～5	2～5	2～5	2～5
压榨滤带线速度/(m/min)		1.5～8	1.5～8	1.5～8	1.5～8	1.5～8
浓缩滤带线速度/(m/min)		3～10	3～10	3～10	3～10	3～10
冲洗耗水量/m^3	回用水	<11	<16	<21	<26	<30
	净水	<4.8	<6.9	<9	<11.7	<15.1
冲洗水压力/MPa	回用水	≥0.5	≥0.5	≥0.5	≥0.5	≥0.5
	净水	≥0.5	≥0.5	≥0.5	≥0.5	≥0.5
压榨带电功率/kW		1.5	1.5	2.2	3	3
浓缩电机功率/kW		0.75	0.75	0.75	0.75	0.75

第5章　污泥深度脱水

污泥深度脱水技术是指将污泥含水率降至55％～65％，常用的工艺有石灰铁盐调理深度脱水工艺与电渗透深度脱水工艺。

5.1　石灰铁盐调理深度脱水工艺

三氯化铁与石灰复合调理是污泥深度脱水工程中应用最为普遍的化学调理方式。浓缩污泥经污泥泵注入污泥调理池中，加入三氯化铁溶液，再投加生石灰，搅拌使其快速有效地混合均匀，同时促进胞内水释放及污泥微颗粒团聚，改变污泥高持水性的性质，促进泥水分离，使出料污泥达到改性要求，再用高压泵送至隔膜式板框压滤机脱水。

5.1.1　石灰铁盐调理深度脱水工艺流程

石灰铁盐调理深度脱水工艺流程如图5－1－1所示。

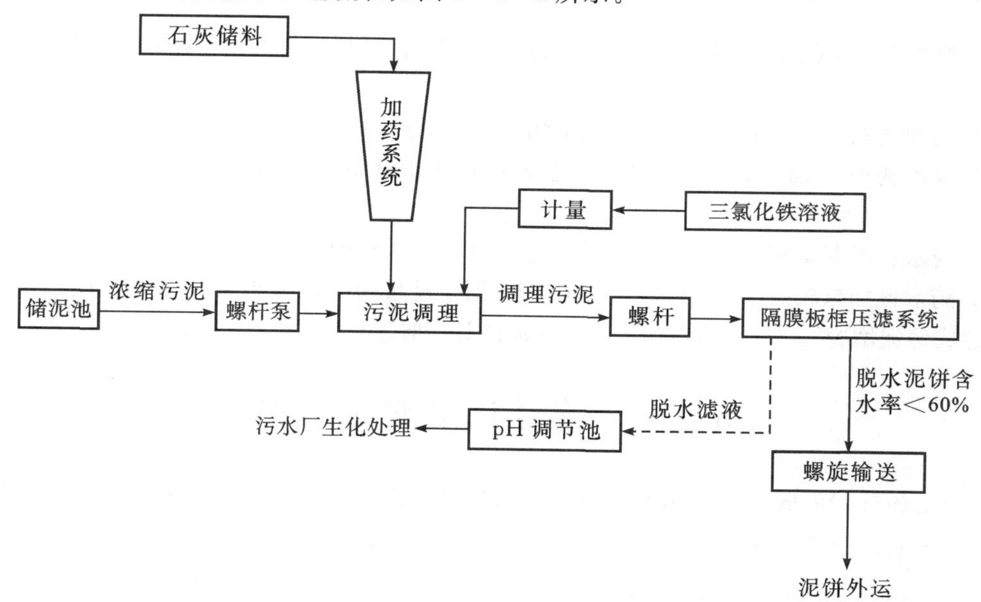

图5－1－1　石灰铁盐调理工艺流程图

药剂投加是该工艺的关键环节，主要包括两个重要的工艺要点。

(1)药剂投加顺序，先向污泥中投加三氯化铁，这是因为Fe^{3+}水解能力强，在酸性条件下，其水解产物带正电的组分可以穿透污泥中的大絮体，使其分解为小絮体，随着pH值进一步升高，水解产物进一步聚合可生成胶体羟基聚合物或氢氧化铁沉淀，起到网捕和卷扫作用。后加氧化钙，除调节pH值以外，还可以改善污泥颗粒结构，为污泥提供多孔网格骨架，增强絮体强度，提高脱水性能。

(2)药剂投加量，$FeCl_3$ 与 CaO 投药配比可根据污泥性质调整，投药量直接决定着污泥的脱水的最终效果。典型污水厂的药剂投加量见表 5-1-1。

表 5-1-1 典型污水厂的药剂投加量

处理厂	处理规模 (P=80%) /($t \cdot d^{-1}$)	调理方式	过滤压力/MPa	脱水污泥含水率/%
上海白龙港处理厂	1500	8% $FeCl_3$ + 20% CaO	1.5	<60
佛山镇安处理厂	60	6.7%～10% $FeCl_3$ + 13.3% CaO	1～1.2	55～59
西安第六处理厂	640	5%～6% $FeCl_3$ + 23%～30% CaO	—	<60
福州洋里处理厂	1560	10.4% $FeCl_3$ + 32.7% CaO	1.0	39～56
厦门集美处理厂	34	21.9% $FeCl_3$ + 53.5% CaO	1.2	39～44
厦门某处理厂	200	11.4% $FeCl_3$ + 31.2% CaO	—	<60

经石灰铁盐调理深度脱水工艺，污泥含水率可降至 60%以下。

5.1.2 石灰铁盐调理深度脱水工艺优缺点

(1)操作简单，适用范围广，对于一些采用一般方法难以脱水的污泥也同样适用，且脱水效果好。

(2)投加石灰可使泥饼稳定，杀死大量病原菌，如沙门氏菌和大肠杆菌。

(3)脱水滤液返回污水处理厂需要增设 pH 中和设备，加酸中和脱水滤液会增加运行费用。

(4)脱水污泥呈高碱性，高碱性的污泥会缩短板框滤布的使用寿命。

(5)药剂投加量较高，通常情况下，$FeCl_3$ 和 CaO 投量为干污泥重量的 5%～10%和 20%～40%，造成污泥增容 20%以上，增加了后续污泥的处置难度。

5.2 电渗透深度脱水工艺

污泥电渗透深度脱水是利用外加直流电场提高污泥脱水性能的方法脱除毛细水，电渗析深度脱水工艺已得到应用。

5.2.1 电渗透深度脱水原理

污泥电渗透脱水原理如图 5-2-1 所示，污泥颗粒通常带负电荷，为了满足电荷平衡，污泥颗粒表面会吸附带有相反电荷的离子，由此形成污泥双电层系统。当施加外加电场时，在电场力的作用下，污泥固体颗粒表面吸附的阳离子向阴极移动，而带有负电的污泥颗粒向阳极运动，形成电渗透现象。由于扩散层中阳离子沿滑动界面向阴极移动，同时伴随着水分子的运动，电渗透脱水开始运行，实现泥水分离。同时，在电渗透脱水过程中还会发生电化学反应与电迁移现象。

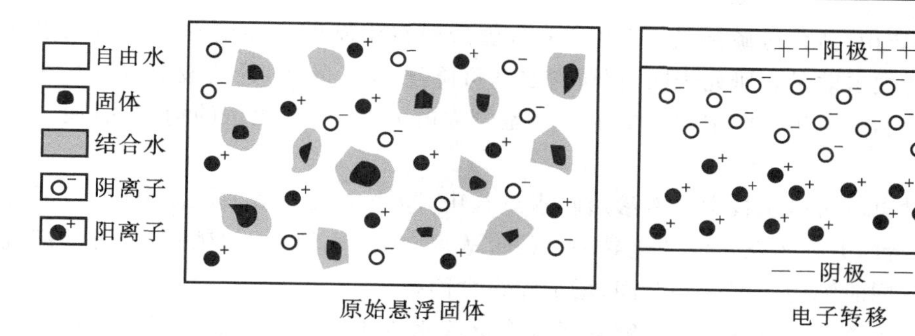

图5-2-1 污泥电渗透脱水原理示意图

电化学反应过程是指在对污泥施加电压时，电极附近的水会在直流电场的作用下发生电解反应。阳极部分失去电子，生成 H^+，使得阳极附近 pH 值下降，阴极部分得到电子，生成 OH^-，使得阴极附近 pH 值上升。

$$4H_2O \longrightarrow 4H^+ + 4OH^- \quad (5-2-1)$$

$$4OH^- - 4e^- \longrightarrow O_2 + 2H_2O \quad (5-2-2)$$

$$4H^+ + 4e^- \longrightarrow 2H_2 \quad (5-2-3)$$

同时，阳极材料中的金属单质可能发生氧化反应，生成金属离子，阴极附近的金属离子也可能发生还原反应生成金属单质。电极的使用材料与电解质中的离子成分都是这些电化学反应发生的影响因素。

电迁移是指对污泥施加电压时，污泥中溶解态的金属离子、铵根离子等会向阴极移动，而无机非金属态 Cl^-、SO_4^{2-} 等向阳极移动。离子所带电荷数、自身性质以及电压梯度都是直流电场中离子迁移速率的影响因素。

5.2.2 电渗透深度脱水工艺类型

电渗透深度脱水工艺包括单独的电渗透脱水技术和改进的组合电渗透脱水技术两种类型。

1. 单独的电渗透脱水技术

研究表明，无外界额外压力条件下，污泥脱水率取决于污泥的 pH 缓冲能力与污泥的类型。

2. 改进的组合电渗透脱水技术

由于电渗透技术脱水需要较长时间，增加了污泥脱水的能耗，通过改进电渗透脱水工艺可提高污泥脱水效率、降低能耗等。

(1)超声辅助电渗透脱水技术。超声波辅助电场脱水的实验研究发现，利用超声波低频声波可使污泥内部产生空化作用，提高污泥的脱水性能和脱水效率。通过考察超声波声强与作用时间等因素表明，在电渗透脱水(压力 0.1 MPa，电压 60 V)，超声波声强 0.255 W/cm^2，作用时间 3.5 min 的条件下，脱水效率由单纯电渗透脱水的 4.8%提高到 12.44%，且降低了电流的衰减速率，稳定了通过介质的电流，在一定程度上加快了脱水速率。

(2)高级氧化辅助电渗透脱水技术。采用高级氧化技术与电渗透相结合的方式，利用

Fe^{2+}与电场的协同作用，活化过硫酸盐，产生SO_4^{2-}，硫酸根自由基的产生能够破坏污泥中的有机质，提高污泥的脱水效果。研究表明，泥饼含水率可降至60%以下，且硫酸根自由基在泥饼中的均匀分布，有利于减小污泥中阴阳极水分相差较大的问题，提高泥饼的均匀性，便于后续的污泥处置。

(3)电解质辅助电渗透脱水技术。电渗透脱水过程中，减小电流会增加污泥电阻，可通过添加电解质与无机盐的方式提高污泥的电导率。研究表明，加入电解质，如硝酸钠，可提高脱水过程中的电流值，同时缩短污泥脱水时间，增加泥饼含固率。

(4)机械辅助电渗透脱水技术。有研究者将电渗透脱水技术与带式压滤机以及板框压滤机等机械脱水设备结合进行中试试验，结果表明：污泥的脱水性能明显提高，在1 A与4 A直流电模式下，经45 min脱水后，污泥含水率分别下降了14.3%和26.1%，脱水效果明显，同时降低了污泥中重金属浓度。

(5)其他辅助电渗透脱水技术。由于电渗透脱水过程中脱水速率阳极高于阴极，造成脱水过程中，阴极部分水分明显高于阳极，有学者通过吸附分离法，以确保阳极与阴极部位水分一致。

5.2.3 电渗透深度脱水技术常见问题及解决措施

电渗透深度脱水技术常见问题及解决措施如下。

1. 阳极腐蚀

电渗透过程中会发生电化学反应，腐蚀阳极材料，反应时间越长，腐蚀程度越高。采用惰性钛板作为电极时，能够有效解决阳极腐蚀问题。有研究发现，采用不锈钢板或钛板作为电极与三种不同钛基涂层阳极(钛基钌铱涂层电极、钛基铱钽涂层、钛基铂电极)在相同实验条件下，不锈钢板与钛板有明显的腐蚀现象，而三种不同钛基涂层阳极没有明显的腐蚀现象，对于电渗透脱水，选择钛基金属氧化物涂层电极有很好的防腐蚀作用。

2. 能耗高、处理能力低

电渗透脱水普遍存在能耗高的问题。采用电渗透与热干燥联合脱水的方法，可提高污泥热干燥的速率，降低脱水能耗。有学者通过优化电渗透的电压梯度、机械压力与泥饼厚度等条件，能够提高脱水效率，在一定程度上降低电耗。

3. 脱水效率降低

造成污泥脱水效率降低的原因有两个：一是随着污泥电渗透过程的进行，阳极附近会出现脱水速率过快现象，从而出现不饱和层，造成该部分的电阻快速增加。继续施加电压时，阳极附近电压快速增大($U = IR$)，而阴极附近电压过小，造成电渗透脱水效率降低；二是由于电极附近电化学反应会产生一定的气体，产生的气体聚集在阳极表面，阻碍了其与污泥的接触，从而影响了脱水的进行。

通过改变操作条件发现，在电压为10～50 V，压力200～1200 kPa时，污泥的含水率较常规机械脱水有所提高。采用污泥与石灰混合的方式，同时在电渗透脱水过程中辅以加热技术，可使污泥含水率有所降低。

4. 电极附近pH值的变化

由于电渗透脱水过程中存在离子迁移和电化学反应的现象，电极附近的水解作用造成阳极部分失去电子，生成 H^+，使得阳极附近pH值下降；阴极部分得到电子，生成 OH^-，使得阴极附近pH值升高。Zeta电位取决于离子浓度和pH值，阳极附近pH值降低，Zeta电位下降，造成电渗透驱动力降低。

5.3　工程实例

5.3.1　项目概况

上海市白龙港污水处理厂及中心城区的14座污水处理厂外运填埋处置的污泥含水率均较高（≥60%），不符合进入填埋场的要求。为保障白龙港污水处理厂和中心城区污水处理厂污泥的安全处理处置，需建设污泥处理工程，使处理后的污泥满足进入填埋场处置的泥质要求，即含水率小于60%。为此，上海市在白龙港污水处理厂实施污泥深度脱水工程。该工程服务范围包括白龙港、闵行、龙华、长桥、莘庄和竹园第一污水处理厂等。处理对象分为两类，一是白龙港污水处理厂污泥约150 tDS/d，包括浓缩污泥、未稳定污泥（剩余污泥和一级强化化学污泥）、消化污泥，含水率约95%；二是闵行等其他污水处理厂外运来的污泥约150 tDS/d，这主要是含水率约80%的脱水污泥，均为未稳定污泥（剩余污泥和初沉污泥）。工程采用化学调理加隔膜压滤工艺处理，处理后的脱水污泥含水率不大于60%。

5.3.2　工程设计

污泥深度脱水工程主要由混合调理系统、药剂系统、化学调理系统、隔膜压滤系统、除臭系统等5部分组成。

1. 混合调理系统

混合调理系统包括卸料池、混合稀释池和稀释储泥池等。采用压滤后的上清液作稀释水对浓缩污泥和脱水污泥进行混合稀释调理。将市区其他污水处理厂的脱水污泥卸入卸料池，并通过无轴螺旋输送机输送至混合稀释池，通过螺杆泵与白龙港污水处理厂浓缩污泥进行定量混合，并根据具体情况加入稀释水，混合后污泥的含水率控制在95%左右，便于加药化学调理和污泥输送。

2. 药剂系统

药剂系统包括 $FeCl_3$ 加药系统和石灰乳加药系统。采用商品 $FeCl_3$ 溶液和现场配制的石灰乳溶液作为污泥调理药剂。散装生石灰粉由气力输入料仓贮存，配制石灰乳时，通过下料系统带动下料振荡器使石灰粉料流至定量给料机，并均匀定量地送入消解罐，与压滤液混合，配制浓度为10%的石灰乳药剂，充分消解后的石灰乳流入石灰贮存罐贮存备用。两种药剂可通过不同的螺杆泵送至化学调理池以供化学调理使用。

3. 化学调理系统

化学调理系统包括化学调理池、贮泥池、稀释水池等。稀释混合后的污泥用泵送至化学调理池，在池中加入 $FeCl_3$ 药剂和石灰乳药剂等化学调理剂，混合搅拌使其充分反应，将浓缩污泥中的毛细水和吸附水变为间隙水，使污泥的 pH 值和温度升高(pH 必须升高至 10 以上)，破坏微生物的细胞膜，释放细胞内的结合水，从而提高污泥脱水效果。此外，加入的化学调理剂具有钝化重金属和杀菌除臭的作用。经过现场同步试验研究，确定加药量的上限，即 $FeCl_3$ 投加量为干泥量的 8%，CaO 的投加量为干泥量的 20%。

4. 隔膜压滤系统

隔膜压速系统主要由压滤机车间和压滤设备构成。系统采用成套隔膜压滤设备，保证系统运行的稳定性。经化学调理池调理好的污泥由污泥提升泵注入隔膜压滤机中，快速实现泥水分离，进泥最大压力为 1.2 MPa，进泥时间般为 1.5～2 h。停止进泥后，通过隔膜挤压泵对厢式压滤机中的隔膜加压以实现对污泥进行强力挤压脱水，压力为 1.5 MPa，压滤时间一般为 10～20 min。然后利用高压空气吹脱压滤机中心进泥管中的污泥和空腔内的滤液，时间约为 1 min。最后松开压滤机滤板，排尽剩余滤液。压滤机结束后，卸除滤板内的泥饼(含水率低于 60%)至卸料斗，并经过两次螺旋输送机输选至污泥车外运。

5. 除臭系统

生物除臭系统由臭气收集管道和处理后的排放管道、风机、空气分配设备、填料、喷洒设备、填料水收集、配电和自动控制等部分组成。本工程设 3 套除臭设备，收集各系统产生的臭气进行集中处理，单套净尺寸为 20 m×7 m×3.5 m。除臭风量为 2.5×10^4 m^3/h，设备材质为有机玻璃钢。每套除臭设备配置 2 台风机，单台风量为 1.3×10^4 m^3/h，风压为 3000 Pa，轴功率为 22 kW，采用变频控制。生物除臭采用封闭形式，经生物除臭后的气体进入排放管排放。白龙港污泥深度脱水工程工艺流程与物料平衡如图 5-3-1 所示。

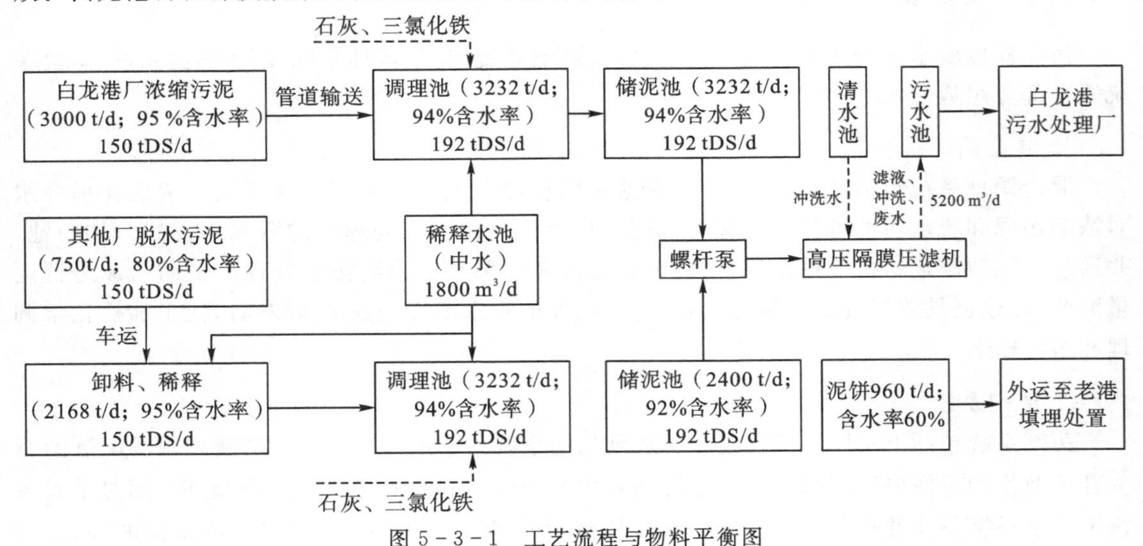

图 5-3-1 工艺流程与物料平衡图

5.3.3 运行情况

白龙港污泥深度脱水工程运行情况如图 5-3-2 所示。运行结果表明，白龙港污泥深度脱水工程处理的浓缩污泥干固量和脱水污泥干固量平均分别为 158.94 tDS/d 和 152.09 tDS/d，深度脱水处理后污泥含水率均低于60%，达到了污泥填埋处置标准要求。

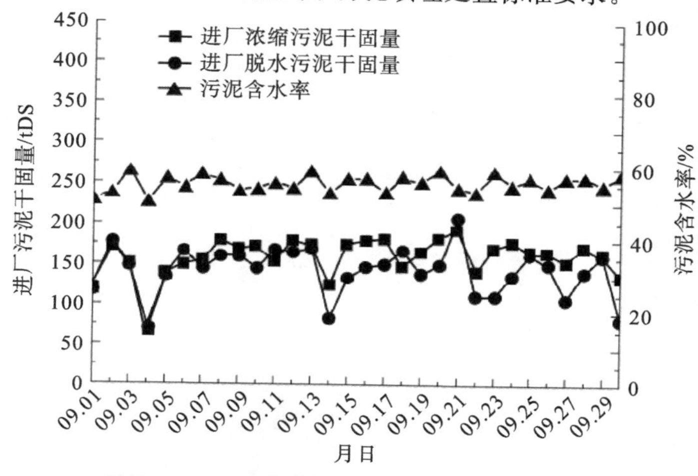

图5-3-2　白龙港污泥深度脱水工程运行情况

第3篇 污泥稳定化处理技术

第 6 章　污泥厌氧消化技术

6.1　污泥厌氧消化的原理及动力学

消化处理是污泥稳定的一种方式，主要包括有机物的无机化和微生物、病毒的杀灭过程。污泥的消化处理分为厌氧消化和好氧消化两种途径，厌氧消化适合污泥量较多的情况，好氧消化适合污泥量较小的情况。污泥厌氧消化是指在无氧条件下，污泥中的有机物被兼性菌及专性厌氧菌分解为甲烷（CH_4）和二氧化碳（CO_2）的过程，是实现污泥稳定化的重要方法和主要环节。

6.1.1　污泥厌氧消化原理

1. 二阶段理论

有机物厌氧消化产甲烷过程是一个由多种微生物共同作用且非常复杂的生化过程。1930年巴斯韦尔和尼夫肯定了图姆、里奇（1914）和伊姆霍夫（1916）的看法，有机物厌氧消化过程分为酸性发酵和碱性发酵两个阶段，如图 6－1－1 所示。

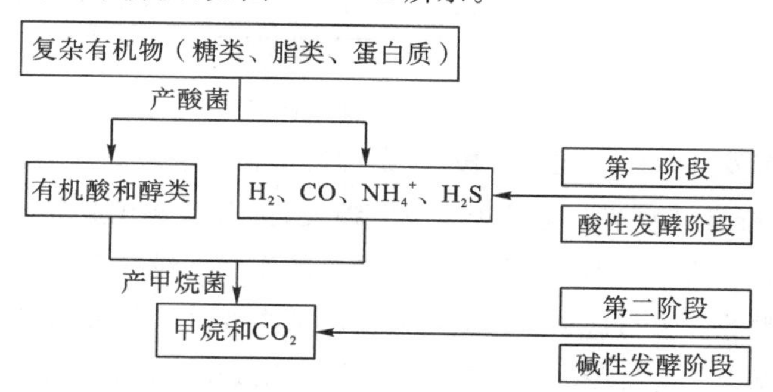

图 6－1－1　厌氧消化二阶段理论示意图

第一阶段，复杂的有机物，如糖类、脂类和蛋白质等，在产酸菌（厌氧和兼性厌氧菌）的作用下被分解成为低分子的中间产物，主要是一些脂肪酸（如乙酸、丙酸、丁酸等）和醇类（如乙醇等），并有 H_2、CO_2、NH_4^+ 和 H_2S 等产生。因为该阶段中，有大量的脂肪酸产生，使发酵液的 pH 值降低，所以此阶段被称为酸性发酵阶段，或称产酸阶段。

第二阶段，产甲烷菌（专性厌氧菌）将第一阶段产生的中间产物继续分解成 CH_4 和 CO_2 等。由于有机酸在第二阶段不断被转化为 CH_4 和 CO_2，同时系统中有 NH_4^+ 的存在，使发酵液的 pH 值升高。所以，此阶段被称为碱性发酵阶段，或称产甲烷阶段。

在不同的厌氧消化阶段，有机物的降解的同时，伴随新细菌的生长。细菌生长与细胞的合成所需的能量由有机物分解过程中释放的能量提供。

因为有机物厌氧消化的最终产物主要为 CH_4 和 CO_2，而 CH_4 仍含有很高的能量，所以有机物厌氧降解过程释放的能量较少，即可提供给厌氧菌用于细胞合成的能量较少，这一点恰好与厌氧菌，尤其是产甲烷菌世代期较长和生长缓慢的特点相对应。

随着厌氧微生物学研究的不断进展，人们对厌氧消化生物学过程和生化过程的认识不断深化，厌氧消化理论得到不断发展。

2. 三阶段理论

布赖恩特(1979)通过对产甲烷菌和产氢产乙酸菌的研究，认为两阶段理论不够完善，提出了三阶段理论，三阶段理论如图 6-1-2 所示。该理论认为产甲烷菌不能利用除甲酸、乙酸、甲胺和甲醇以外的第一阶段产生的中间产物，脂肪酸(丙酸、丁酸)和醇类(乙醇)必须经过产氢产乙酸菌转化为乙酸、H_2 和 CO_2 等后，才能被产甲烷菌利用。三阶段理论包括：

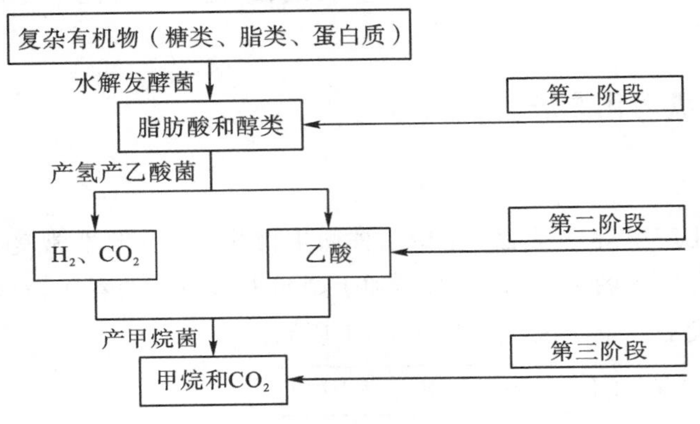

图 6-1-2　三阶段理论示意图

第一阶段为水解发酵阶段。在该阶段，复杂的有机物在水解细菌的作用下，首先被分解成简单的有机物，如纤维素经水解转化成较简单的糖类、蛋白质转化成较简单的氨基酸、脂类转化成脂肪酸和甘油等。这些简单的有机物在产酸菌的作用下经过厌氧发酵转化成乙酸、丙酸、丁酸等脂肪酸和醇类等。参与这个阶段的水解发酵菌主要是厌氧菌和兼性厌氧菌。

第二阶段为产氢产乙酸阶段。在该阶段，产氢产乙酸菌把除乙酸、甲酸、甲醇和甲胺以外的第一阶段产生的中间产物，如丙酸、丁酸等脂肪酸和醇类等转化成乙酸，并有 H_2 和 CO_2 产生。

第三阶段为产甲烷阶段。在该阶段中，产甲烷菌把第一阶段和第二阶段产生的甲酸、乙酸、甲胺、甲醇、H_2 和 CO_2 等转化为甲烷。

3. 四种群理论

几乎与布赖恩特提出三阶段理论的同时，J C Zaikus(1979)在第一届国际厌氧消化会议上提出了四种群理论(四阶段理论)，该理论认为复杂有机物的厌氧消化过程有四种群厌氧生物参与，这四种群即水解发酵菌、产氢产乙酸菌、同型产乙酸菌(又称耗氢产乙酸菌)以及产甲烷菌。图 6-1-3 表示了四种群关于复杂有机物的厌氧消化过程。

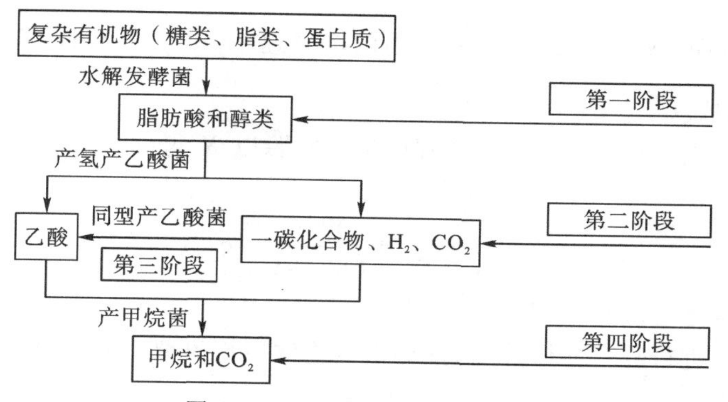

图 6－1－3　四种群理论示意图

由图 6－1－3 可知，复杂有机物在第Ⅰ类种群水解发酵菌作用下被转化为脂肪酸和醇类。第Ⅱ类种群产氢产乙酸菌把脂肪酸和醇类转化为乙酸、H_2、CO_2 和一碳化合物（甲醇、甲酸等）。第Ⅲ类种群同型产乙酸菌能利用 H_2 和 CO_2 等化为乙酸，一般情况下这类转化数量很少。第Ⅳ类种群产甲烷菌把乙酸、H_2、CO_2 和一碳化合物（甲醇、甲酸）转化为 CH_4 和 CO_2。

在有硫酸盐存在条件下，硫酸盐还原菌也将参与厌氧消化过程。在厌氧条件下葡萄糖通过产酸菌的作用被降解为中间产物，如丙酸、丁酸和乙醇等，并有少量乙酸和 H_2、CO_2 产生。由于有 SO_4^{2-} 的存在，有部分的中间产物被产氢产乙酸菌转化为乙酸、H_2、CO_2，而另一部分中间产物在硫酸盐还原菌作用下也被转化为乙酸并有 H_2S 产生。硫酸盐还原菌也能利用乙酸或氢使 SO_4^{2-} 还原而产生 H_2S。同型产乙酸菌可把 H_2、CO_2 转化为乙酸。最后产甲烷菌把乙酸、H_2、CO_2 转化为 CH_4 和 CO_2。

从两阶段理论发展到三阶段理论和四种群理论过程，是人们对有机物厌氧消化不断深化认识的过程。这也从侧面反映出，有机物厌氧消化过程是一个由许多不同微生物菌群协同作用的结果，是一个极为复杂的生物化学过程。

6.1.2　厌氧消化动力学

反应动力学是从 20 世纪 50 年代至 60 年代发展起来的新兴的科学。厌氧消化动力学是研究厌氧微生物消化反应速度、反应历程以及描述厌氧降解过程特性的一种数学方法。

在厌氧条件下，BOD_5 去除遵循一级反应动力学规律。由于产甲烷阶段是厌氧生物处理速率的限制因素，因此反应动力学是以该阶段作为基础建立的。

厌氧消化反应动力学方程式：

$$-\frac{\mathrm{d}S}{\mathrm{d}t}=\frac{kSX}{K_s+S} \tag{6-1-1}$$

$$\frac{\mathrm{d}X}{\mathrm{d}t}=Y\left(-\frac{\mathrm{d}S}{\mathrm{d}t}\right)-bX \tag{6-1-2}$$

式中，$-\frac{\mathrm{d}S}{\mathrm{d}t}$ 为底物降解速率，mg/(L·d)；k 为单位质量的底物最大利用速率，1/d；S 为剩余的可降解底物浓度，mg/L；K_s 为半速率常数，即生长速率为最大生长速率一半时的底物浓度，mg/L；X 为细菌的浓度，mg/L；$\frac{dX}{dt}$ 为细菌增殖速率，mg/(L·d)；Y 为细菌产率系数；b 为细菌衰亡速率系数，d^{-1}。

将式(6-1-1)代入式(6-1-2)，方程两边同时除以 X 得到：

$$\frac{\frac{dX}{dt}}{X}=\mu=\frac{YkS}{K_s+S}-b \tag{6-1-3}$$

式中，μ 为细菌的净比增殖速率，d^{-1}。

用式(6-1-3)进行物料守恒计算，推导出生物体平均停留时间(θ_c)与细菌增殖速率之间的关系式：

$$\frac{1}{\theta_c}=\frac{YkS}{K_s+S}-b=\mu \tag{6-1-4}$$

由此求得：

$$S=\frac{K_s(1+b\theta_c)}{\theta_c(Yk-b)-1} \tag{6-1-5}$$

底物降解效率 E 的计算方法为

$$E=\frac{S_\alpha-S_e}{S_\alpha} \tag{6-1-6}$$

式中，S_α 为原污泥可生物降解的底物浓度，mg/L；S_e 为剩余的可生物降解的底物浓度，mg/L；θ_c 为污泥龄，即生物固体平均停留时间，d。

6.2 污泥厌氧消化影响因素

作为生物处理的一种，所有能够影响微生物生长和活动的内外界因素都会对污泥厌氧消化产生一定的影响，比如温度、pH 值、污泥成分、抑制物质、污泥投配率、厌氧消化系统搅拌、氢等。加之污泥厌氧消化反应过程复杂，具有水解、产酸、产甲烷等多个不同的反应阶段，而每个阶段都有各自不同的微生物菌群，相互依存、相互影响。正是由于反应过程的复杂性和微生物的多样性，使得污泥厌氧消化受到的影响因素更多。

6.2.1 温　度

温度是污泥厌氧消化过程中非常重要的参数，对底物和产物的物理化学特性、微生物的生长活性和代谢速率、生物多样性等均有影响。厌氧消化一般分为低温厌氧消化(15～20 ℃)、中温厌氧消化(33～35 ℃)和高温厌氧消化(52～55 ℃)(超高温很少用)。低温厌氧消化对外加能源的需求率低，但所需消化时间长、对病原菌的杀灭率低、消化效率低且容易受到外界环境的影响，因此工程中常采用中温厌氧消化和高温厌氧消化。高温厌氧消化负荷较高，产气量较大，所需消化时间较短，一般为 15～20 d，厌氧消化温度与负荷、产气量的关系见图 6-2-1。此外，因温度较高，可以杀灭约 99%的病原菌，但高温厌氧消化需要外界提供大量的能量来维持其反应温度，且对操作管理要求较高。相对而言，中温厌氧消化在无需提供过多能量的条件下，仍能保证较高的负荷和产气量，厌氧消化效率也较高，其消化时间一般不超过 30 d，且操作管理比较容易，应用最为广泛。但随着诸如高温热水解等一些预处理措施的出现，污泥厌氧消化温度已经不局限在这两个范围内。

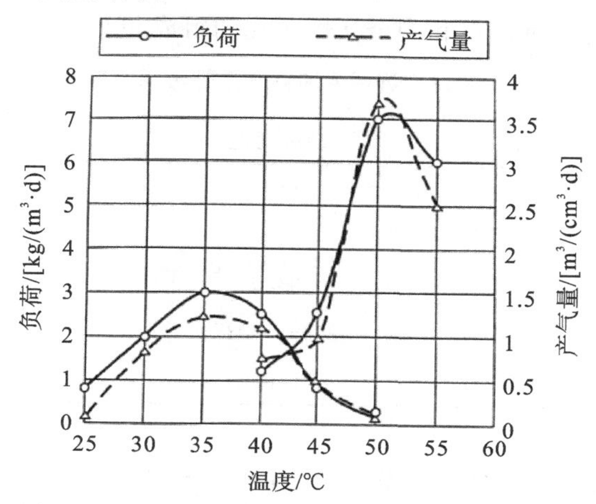

图6-2-1　厌氧消化温度与负荷、产气量的关系

在厌氧消化系统运行过程中，保持系统稳定的厌氧消化温度同样重要，温度的波动对产甲烷菌影响较大，温度波动超过1 ℃/d可导致厌氧消化的失败，要恢复系统运行，需要经过一段时间，突变时间越长，恢复所需要的时间也越长。

6.2.2　pH值

pH值可以改变厌氧消化系统中各种阴、阳离子的形态，从而影响微生物对污泥的利用。此外，受等电点等的影响，不同微生物或细菌有着自己生长的最适pH值范围，当厌氧消化系统的pH值超出微生物的适宜生长范围时，微生物的活性会显著下降。产甲烷菌对pH值的变化非常敏感，其适宜的pH值范围较窄，通常在6.6～7.5，而水解发酵菌和产酸菌适宜的pH值范围较宽，在5.0～8.5。厌氧消化过程中，水解酸化产生的有机酸会引起pH值下降，当酸发生大量积累时，产甲烷菌受到抑制，会导致整个厌氧消化的失败。然而产甲烷菌在利用有机酸时产生的CO_2以及氨代谢和硫酸盐还原产生的碳酸盐或碳酸氢盐碱度能使pH值升高，起到缓冲作用，阻止厌氧消化系统的酸化现象，一般要求厌氧消化系统内碱度保持在2000 mg/L左右，以维持厌氧消化系统的pH值稳定。

6.2.3　营养元素

微生物的生命活动需要合适的碳、氮、磷、硫和微量元素等营养物质，碳作为能量供给的来源，氮则作为形成蛋白质的要素，对微生物来说都是非常重要的营养元素，城市污水处理厂污泥中这些元素都大量存在，但各种元素浓度或存在比例可能不同，从而影响厌氧消化的稳定性。

厌氧菌的分解活动受被分解物质的成分，尤其是碳氮比的影响很大，当被分解物质的碳氮比(C/N)为12～16，N/P/S为7∶1∶1这一范围时，厌氧菌最为活跃，单位质量的有机物产气量也最多。如果C/N值太高，细胞的氮量不足，消化液的缓冲能力低，pH值容易降低；如果C/N值太低，氮量过多，pH值可能上升，铵盐容易积累，会抑制厌氧消化进程。除了这些营养物质，其他微量元素也是必需的，如已知的厌氧降解微生物需要的微量元素有镍、钴、钼、铁、硒和钨等，对产乙酸细菌来说还有锌、铜和锰等。

表 6-2-1 是常见的初沉污泥和剩余活性污泥的组成和 C/N 值，可作参考。

表 6-2-1　常见初沉污泥和剩余活性污泥组成及 C/N 值

物质	初沉污泥	剩余活性污泥
碳水化合物/%	32.0	16.5
脂肪、脂肪酸/%	35.0	17.5
蛋白质/%	33.0	66.0
C/N 值范围	9.4～10.35	4.6～5.04
C/N 平均值	9.85	4.83

根据相关研究表明，污泥底物含量及 C/N 值见表 6-2-2。

表 6-2-2　污泥底物含量及 C/N

底物名称	污泥种类		
	初沉污泥	活性污泥	混合污泥
碳水化合物/%	32.0	16.5	26.3
脂肪、脂肪酸/%	35.0	17.5	28.5
蛋白质/%	33.0	66.0	45.2
C/N 值	(9.40～10.35)∶1	(4.60～5.04)∶1	(6.80～7.50)∶1

根据实际观察，蛋白质含量多的污泥与碳水化合物含量多的菜屑、落叶等混合一同消化时，比它们分开单独消化时的产气量显著增加，这可能是因为 C/N 值低的污泥与 C/N 值高的有机物混合后，使厌氧菌获得了最佳 C/N 值的缘故。

生物处理过程中产生的污泥，尤其是剩余活性污泥，如果单独进行消化是非常困难的。这种消化过程通常只能得到初沉污泥一半的产气量。难于消化的原因是这些污泥已经受过一次好氧微生物的分解，其 C/N 值大约只有 4.8，这个数值大大低于最佳值。但是，将这些污泥与初沉污泥混合在一起则易于消化，可能是因为 C/N 值上升的缘故。

6.2.4　污泥成分

1. 有机物的成分

城市污水处理厂的污泥主要由碳水化合物、脂肪和蛋白质等三类有机物组成，不同的污泥产生的沼气量及其中的甲烷含量大不相同。一般产气量由污泥的组成所决定，表 6-2-3、表 6-2-4 表示污泥成分与产气量及组成的关系。

表 6-2-3　分解 1kg 有机物的沼气产量及其甲烷含量

有机物质分类	沼气产量及其组成			甲烷产量/L
	体积/L	CH_4 体积分数/%	CO_2 体积分数/%	
碳水化合物	790	50	50	395
脂肪	1250	68	32	850
蛋白质	704	71	29	500

由表 6-2-3 可知，气体产量按脂肪＞碳水化合物＞蛋白质的顺序由大到小。一般脂肪增多，气体产量和甲烷产量都增加。

表 6-2-4　中、日、德三国的一些污水厂污泥成分及沼气产量比较

国别	污泥种类	污泥组成质量分数/%			分解 1 kg 有机物的沼气产量/(L/kg)
		碳水化合物	脂肪	蛋白质	
中国	天津纪庄子污水处理厂初沉污泥	52.3～57.1	1.2～20	27.7～29.7	805～1092
	天津纪庄子污水处理厂剩余污泥	34.3～61.3	0.9～9.4	37.8～56.4	
德国	含有大量脂肪的污泥	12	50	38	1020
	含有中量脂肪的污泥	15	44	41	980
	含有少量脂肪的污泥	24	26	50	880
日本	污泥	35.2	19.9	44.9	

由表 6-2-4 可知，与发达国家相比，我国污泥的碳水化合物含量高，脂肪含量低。

2. 有机物含量与分解率

在污泥厌氧消化过程中常用有机物的分解率作为消化过程的性能和产气量的指标。图 6-2-2 表示在中温消化过程中污泥的有机物含量和有机物分解率(消化率)的关系。在消化温度、有机物负荷都正常的情况下，有机物分解率受污泥中有机物含量的影响，所以，要提高消化时的产气量，重要的是使用有机物含量高的污泥。

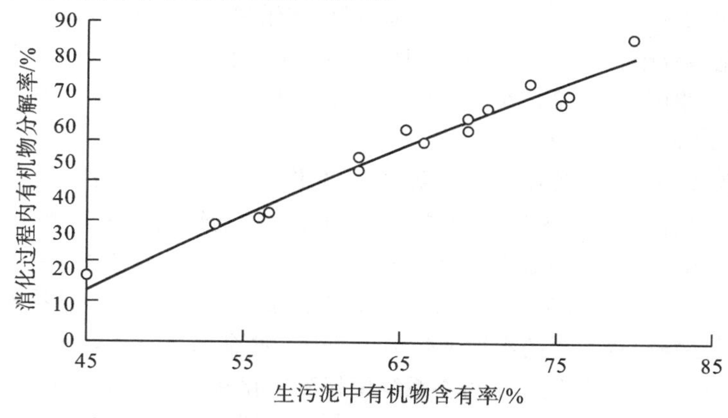

图 6-2-2　中温消化过程中污泥的有机物含量和有机物分解率(消化率)的关系

6.2.5 抑制物质

正常情况下，微生物的增殖和活动需要多种物质，但当某一种物质超过一定浓度后，会对微生物产生一定的抑制作用。此外，如抗生素类、内分泌干扰物（EDCs）、有机氯农药（OCPs）等生物难以降解利用的物质，尽管浓度较低，但也会对微生物产生一定的抑制作用。

1. 氨

氨是含氮有机物（主要为蛋白质和尿素等）降解过程中产生的物质，铵根离子（NH_4^+）和游离氨（NH_3）是无机氮最主要的两种存在形式，两者的比例随着 pH 值和温度的变化而变化。由于游离氨可以穿过细胞膜进入细胞使钾离子缺失从而打破细胞膜内外离子平衡，故毒性较强。升高温度能够加快微生物的生长速率，但是也会导致氨浓度的积累，因此高温厌氧消化系统更容易受氨浓度抑制。pH 值升高会使游离氨与铵根离子浓度的比值升高，从而使氨的毒性进一步增强，随之带来的系统不稳定运行，往往导致 VFA 浓度的增加，这又会降低 pH 值，从而降低游离氨浓度，如此循环，系统尚可维持运行，但产气量会降低。对于厌氧消化过程，由于氮是微生物生长所必需的营养元素，且氨具有一定的缓冲 pH 值的作用，因此一定浓度的氨（一般低于 200 mg/L）有利于系统的稳定运行。在 pH 值为 7.6 的高温厌氧消化条件下，当游离氨浓度为 560～568 mg/L（以 N 计）时，甲烷产量会降低 50%；当游离氨浓度累积到 4051～5734 mg/L（以 N 计）时，产甲烷菌早已失去活性，而产乙酸菌的活性几乎没有受到影响，由此可见产乙酸菌的适应能力比产甲烷菌强得多。但是产甲烷菌可以通过改变菌群数量或者转变优势种群来适应氨产生的抑制，经驯化的产甲烷菌在高温条件下可耐受浓度高达 2 g/L（以 N 计）的氨浓度。

2. 金属离子

当污水处理厂进水中含有较多金属工业废水时，其产物污泥中的金属离子含量一般相对较高。许多酶和辅酶依赖微量的金属元素来维持其活性，如钠是产甲烷菌必不可少的营养元素，因为钠离子对于 ATP 和 NADP 的氧化非常重要。但当金属离子浓度过高时，易与酶结合使酶失活，也会与氢氧化物结合生成具有絮凝性的物质，使酶沉淀，降低酶的活性，从而抑制微生物的生长代谢，如氢利用型产甲烷菌的最适钠离子浓度为 350 mg/L。在中温条件下，产甲烷菌的活性在钠离子浓度为 3500～5500 mg/L 时受到轻微抑制，在钠离子浓度达到 8800 mg/L 时受到强烈抑制。当厌氧消化系统中含有 400 mg/L 的钾离子时，中温和高温条件下的厌氧消化性能都会得到改善，但当钾离子浓度高时，尤其在高温厌氧消化系统中，会大量进入细胞，中和膜电位，进而对细胞的正常新陈代谢造成影响。

金属离子对厌氧消化系统抑制机理复杂，且相互作用。在厌氧消化系统中同时加入钾离子和钙离子，可以降低钠离子对产甲烷菌的毒性，特别在加入的钾离子和钙离子分别为 326 mg/L 和 339 mg/L 这一最适浓度时，可显著提高厌氧消化效率。钾离子和镁离子在最佳浓度共存时也能有效降低钠离子的毒性，但如果加入的浓度与最佳浓度相差甚远，这种拮抗作用微乎其微。而钠、镁、钙和铵离子在缓解钾离子的毒性上效果显著。一些金属离子及其他物质的抑菌浓度如表 6-2-5 所示。需要注意的是，细菌也可在系统中得到驯化从而适应不同的金属离子浓度，这取决于金属离子浓度和接触时间，当驯化时间足够长时，细菌能对有毒害作用的离子表现出耐受性，活性不受到明显的影响。然而，当离子浓度超过耐受限时，驯化过程也将无法正常进行，微生物的生长会受到严重抑制。

表 6-2-5　一些金属离子及其他物质的抑菌浓度

金属离子	促进浓度/(mg/L)	轻微抑菌浓度/(mg/L)	严重抑菌浓度/(mg/L)
Na^+	—	3500～5500	8000
K^+	200～400	2500～4500	12000
Ca^{2+}	100～200	2500～4000	8000
Mg^{2+}	75～150	1000～1500	3000
S^{2-}	—	200	200
Cu^{2+}	—	—	0.5(溶解性)
Cr	—	10	50～70(总量)
Cr^{6+}	—	10	2.0(溶解性)
Cr^{3+}	—	10	180～240(总量)
Ni^{2+}	—	—	30(总量)
Zn^{2+}	—	—	1.0(溶解性)
含铁化合物	—	>35	—
含铅化合物	—	5	—
含铜化合物	—	1	—
NH_4^+	—	1500～3000	3000
砷酸盐和亚砷酸盐	—	>0.7	—
氰化物	—	1～2(经驯化后可到 50)	—
氯化物	—	6000	—

3. 硫化物

在厌氧条件下，硫酸盐作为电子受体被硫酸盐还原菌(SRB)还原为硫化物。此还原过程中不完全氧化菌和完全氧化菌这两种硫酸盐还原菌起到了主要作用。不完全氧化菌将乳酸氧化为乙酸和二氧化碳，完全氧化菌则将乙酸氧化为 CO_2 和 HCO_3^-，但 SO_4^{2-} 都被还原为 S^{2-}。硫化物抑制作用主要为 SRB 对底物的竞争作用和硫化物对不同微生物种群有毒害作用。

SRB 能够对醇、有机酸、芳香族化合物和长链脂肪酸(LCFA)等系列基质进行新陈代谢，与厌氧消化系统中的水解菌、产酸菌或者产甲烷菌争夺作为营养物质的 H_2、乙酸、丙酸和丁酸等。通常情况下，由于 SRB 不能降解生物高聚物，只能对发酵产物进行利用，所以由竞争作用产生的抑制作用不会发生在厌氧消化的第一阶段，只会对产乙酸和产甲烷阶段造成影响。从热力学和动力学的角度来看，SRB 应能够大量利用丙酸和丁酸，优于产乙酸菌，而过度增长，但是一些因素的存在，如 COD/SO_4^{2-}、硫化物的毒性以及 SRB 和产乙酸菌种群的相对数量，都会影响此竞争作用，从而影响 SRB 的生长。产乙酸菌能有效地与 SRB 竞争丁酸和乙醇，产甲烷和还原硫酸盐过程可以同时发生，但是氢利用型产甲烷菌很容易因 H_2 被 SRB 大量利用而导致活性被削弱，如果污泥中含有高浓度的硫酸盐，进入厌氧消化反应器后，反应器中的氢利用型产甲烷菌将会由氢利用型的硫酸盐还原菌替代。另外，温度也会对氢利用型产甲烷菌和硫酸盐还原菌之间的竞争作用产生影响，SRB 在中温条件下生长占优势，而产甲烷菌在高温条件下有更大的种群数量。

由于硫化氢能够直接穿过细胞膜，引起蛋白质变性的同时对硫的代谢过程造成干扰，因此对于产甲烷菌和硫酸盐还原菌都有毒害作用。在厌氧消化系统中，总硫浓度为 0.003～0.006 mol/L 或者硫化氢浓度为 0.002～0.003 mol/L 时都会抑制微生物的生长，要保证产甲烷过程稳定运行，硫化物的浓度需低于 150 mg/L。

4. 挥发性脂肪酸

挥发性脂肪酸（VFA）可被产甲烷菌降解利用形成甲烷，是厌氧消化过程中最重要的中间产物。但是高浓度的 VFA 对微生物有毒害作用，特别是当 VFA 浓度为 6.7～9.0 mol/m^3 时会严重抑制产甲烷菌的活性。VFA 浓度的升高主要是由于系统中温度的波动、有机负荷过高或者含有有毒物质等造成的，在这种情况下，产甲烷菌不能很快地消耗系统中的氢和挥发性有机酸，从而导致酸的积累，使系统的 pH 值降低，进而抑制水解和酸化过程。

在序批式厌氧消化反应系统中，不断增加的 VFA 浓度对厌氧消化的水解、产酸和产甲烷阶段有着不同程度的抑制。以纤维素和葡萄糖作为底物进行厌氧消化发现，在不考虑系统 pH 值的情况下，VFA 对纤维素水解阶段的抑制发生在浓度为 2 g/L 时，而对葡萄糖水解阶段的抑制发生在浓度为 4 g/L 时。纤维素和葡萄糖厌氧消化的产气量分别在 VFA 浓度超过 6 g/L 和 8 g/L 时受到明显抑制。另外，在厌氧消化反应器中，VFA 能够增强 pH 值对甲烷产量和 VFA 降解过程的影响。

5. 长链脂肪酸

在厌氧消化过程中，长链脂肪酸（LCFA）是脂肪水解产生的，LCFA 通过同型产乙酸菌的 β-氧化作用，进一步转换为乙酸和氢，最终乙酸和氢在产甲烷菌的作用下转化为 CH_4、CO_2 和 H_2O。LCFA 在低浓度时即会对革兰氏阳性菌产生抑制作用，而对革兰氏阴性菌无抑制作用。Angeli-daki 和 Ahring 研究发现，18 碳的 LCFA，如油酸和硬脂酸，在浓度为 1.0g/L 时有抑制作用，且其抑制作用是不可逆的，当浓度重新达到无抑制的水平时，微生物增长仍无法恢复。LCFA 能够抑制产乙酸菌、丙酸降解菌和乙酸型产甲烷菌的活性，且抑制作用主要与 LCFA 的初始浓度和抑制浓度有关。当 LCFA 吸附至微生物的细胞壁或细胞膜上时，会导致细胞膜堵塞，影响细胞的运输或保护功能；此外，当 LCFA 吸附至微生物的表面时，会使 LCFA 和微生物细胞膜之间的表面张力增强，LCFA 表面活性加强，对微生物的抑制作用也相应加强，大幅度改变细胞膜的流动性和渗透性，由此导致大量细菌解体，从而对微生物表现出抑制作用，最终使得系统运行失败。

除了上述金属离子、氨、硫化物和脂肪酸等在一定浓度条件下会对污泥厌氧消化产生抑制作用外，其他各种阴离子（硝酸根、氯离子等）、抗生素类物质、内分泌干扰物、有机氯杀虫剂、全氟与多氟烷基化合物、多氯联苯等在一定浓度时也会对污泥厌氧消化产生较大的抑制作用。

6.2.6　生物固体停留时间(污泥龄)与投配率

厌氧消化效果的好坏与污泥龄有直接关系，污泥龄是指在反应系统内，微生物从其生成到排出系统的平均停留时间，也就是反应系统内的微生物全部更新一次所需的时间。

其表达式是

$$\theta_c = \frac{M_r}{\varphi_e} \tag{6-2-1}$$

式中，θ_c 为污泥龄(SRT)，d；M_r 为消化池内的总生物量，kg；φ_e 为消化池每日排出的生物量，$\varphi_e = \frac{M_e}{t}$；$M_e$ 为排出消化池的总生物量，kg；t 为排泥时间，d。

消化池的投配率是每日投加新鲜污泥体积与消化池有效容积的比率。

投配率是消化池设计的重要参数，投配率过高，消化池内脂肪酸可能积累，pH 下降，污泥消化不完全，产气率降低；投配率过低，污泥消化较完全，产气率较高，消化池容积大，基建费用增高。城市污水处理厂污泥中温消化的投配率以5%～8%为宜，相应的消化时间为12.5～20 d。设计时生污泥投配率可在5%～12%选用，要求产气量多时，采用下限，如以处理污泥为主采用上限。

6.2.7　厌氧消化系统搅拌

污泥混合搅拌是影响污泥厌氧消化的重要因素。搅拌操作可以使新鲜污泥与熟污泥均匀接触，加强热传导，均匀地供给细菌以养料，打碎液面上的浮渣层，提高厌氧消化池的负荷。一般厌氧消化池的搅拌设备应能在2～3 h 内将全池污泥搅拌一次，厌氧消化池搅拌系统有以下3种主要方式：

(1)池外污泥泵循环搅拌，可用于容积达4000 m^3 的厌氧消化池。

(2)螺旋搅拌器搅拌，适合平底厌氧消化池。

(3)沼气循环搅拌，优点是没有机械磨损，可促进厌氧分解，缩短厌氧消化时间。

国外运行经验表明，采用螺旋搅拌器搅拌能耗最低，在同等运行条件下采用沼气循环搅拌能耗高于螺旋搅拌器搅拌，采用池外污泥泵循环搅拌由于存在大量水力损失，能耗也高。

6.2.8　氢

厌氧消化的多个阶段均会产生 H_2，水解阶段产生脂肪酸、CO_2 和 H_2，乙酸化阶段产生乙酸、CO_2 和 H_2，或乙酸和 H_2(丙酸和正丁酸的厌氧氧化)，乙酸化阶段必须在产甲烷菌对 H_2 利用后才能发生(或者硫酸盐还原菌利用后)，否则将产生 H_2 的积累。H_2 的消耗还会发生在产甲烷菌将 CO_2 和 H_2 合成甲烷的过程中。只有产甲烷菌将 H_2 消耗后，脂肪酸的乙酸化过程以及其他还原性反应才能进行。当氢分压分别低于 10^{-4} 和 10^{-5} atm 时，丙酸和丁酸的乙酸化过程在热力学上才是可进行的。当氢分压高于 10^{-4} atm 时，根据吉布斯自由能的变化，系统更倾向于向还原 CO_2 的途径而不是产生乙酸的途径进行。一个功能良好、稳定运行的厌氧消化系统，系统内氢分压必须很低，这样才能使降解的有机质最终基本转化为乙酸。

6.3 污泥厌氧消化工艺

6.3.1 传统厌氧消化工艺

传统的污泥消化工艺流程通常采用一级消化形式，即污泥通过污泥浓缩池浓缩后，用污泥泵送入消化池进行厌氧消化，传统消化池又称为普通消化池，传统消化池构造见图 6-3-1。一般从消化池中间间歇进料，间歇搅拌，通过进料对消化池进行搅拌，在进料后，池中的污泥自然分层，产生的沼气气泡上升，对消化池有一定的搅拌作用，消化污泥间歇排放以完成污泥的厌氧稳定过程。

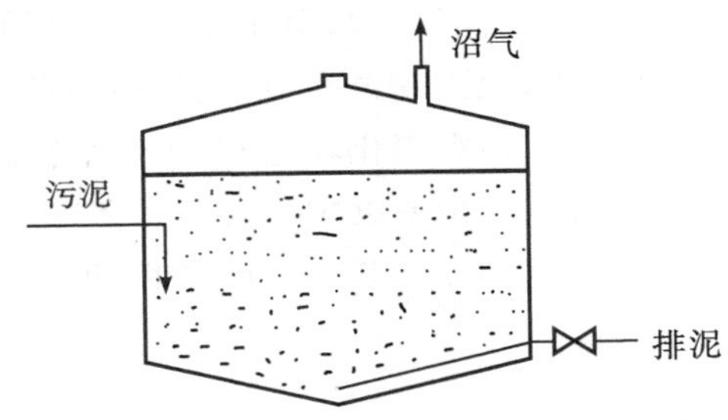

图 6-3-1 传统消化池示意图

传统污泥消化工艺仍然应用于污水处理厂的污泥消化，新鲜污泥进入一级消化池，固体有机物被水解酸化、溶解性有机物被分解为有机酸和醇类中间产物，同时产生甲烷，通过加强搅拌可加速污泥的水解酸化。由于中温消化温度为 33～35 ℃，若生污泥温度为 16 ℃，加温至 33℃，消化以后把熟污泥排出消化池，则每立方米污泥损失的热量达 7.1×10^4 kJ。根据中温消化运行经验可知，消化前 8 天，产生沼气量占全部产气量的 80%左右。

6.3.2 两级污泥厌氧消化工艺

两级消化过程中，一级消化池一般采用固定盖式高速消化池，二级消化池一般采用浮动盖式普通消化池。

高速消化池采用连续进料，连续搅拌，消化后的污泥连续排放的方式运行。由于连续搅拌，在高速消化池中的厌氧菌和污泥完全混合，因而消化速度加快，同时也提高了有机负荷、减少了消化池的容积。

一级消化池有集气罩，以及加热、搅拌设备；二级消化池不设加热和搅拌设备，依靠剩余热量继续消化，消化温度约 20～26 ℃，每立方米污泥可利用热量 3.35×10^4 kJ，污泥在二级消化池中主要是完成产气和固液分离过程，二级消化池起到贮存气体和污泥的作用，故二级消化池可作为污泥浓缩池用，两级消化产生的沼气仅占总气量的 20%。两级消化池可计算出总有效容积 V，然后按 $V_{一级}:V_{二级}=2:1$ 或 3∶2 计算一级消化池和二级消化池的有效容积。图 6-3-2 是两级消化的示意图。

在实际运行中，二级消化池中的污泥带有气泡，加之在一级消化池中的混合搅动，使颗粒破碎，因此固液分离和浓缩效果差。改进方法有增大二级消化池容积或对二级消化池进泥采用真空脱气等。

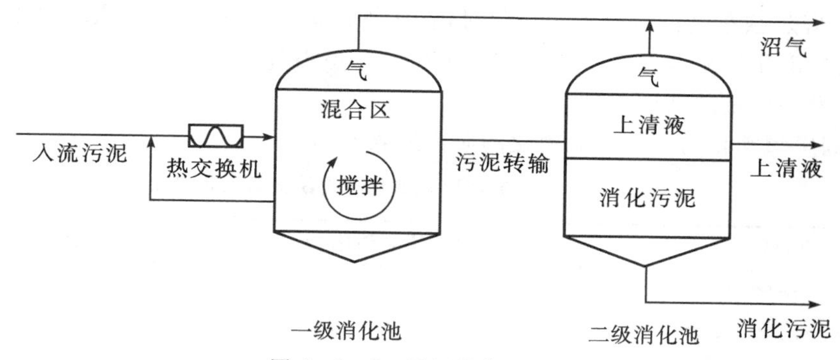

图 6－3－2　两级消化流程图

6.3.3　两相污泥厌氧消化工艺

污泥两相消化是污泥厌氧消化技术的一个重要发展，两相消化的设计思想是基于将污泥的水解、酸化过程和产甲烷化过程分开，使之分别在串联的两个消化池中完成，因而可以使各相的运行参数控制在最佳范围内，达到高效处理的目的。

污泥厌氧消化也可参照废(污)水两相厌氧处理的机理，将整个厌氧消化分为两段式进行。两相污泥消化的第一相池容可采用投配率为 100％计算，即停留时间仅为 1 d；第二相污泥消化的容积采用投配率为 15％～17％，即停留时间为 6～6.5 d，池型与构造完全同前所述。消化池的容积产气量为 1.0～1.3 m^3/m^3，有机物的产气量为 0.9～1.1 m^3/kg。

这种工艺的关键是如何将两相分开，其方法有投加抑制剂法、控制水力停留时间和回流比等。一般来说，投加抑制剂法是通过在产酸相中加入产甲烷菌的抑制剂，如氯仿、四氯化碳、微量氧气、调节氧化还原电位等，使产酸相中的优势菌种为产酸菌。但加入的抑制剂可能对后续产甲烷发酵阶段有影响而难以实际应用。通常调节水力停留时间是更为实际的方法。目前有研究高温水解酸化、中温甲烷化的两相消化工艺，其优点是比常规中温厌氧消化具有更高的产甲烷率和病原微生物杀灭率。两相消化的工艺流程如图 6－3－3 所示，由于运行管理复杂，很少用于污泥处理的实际工程中。

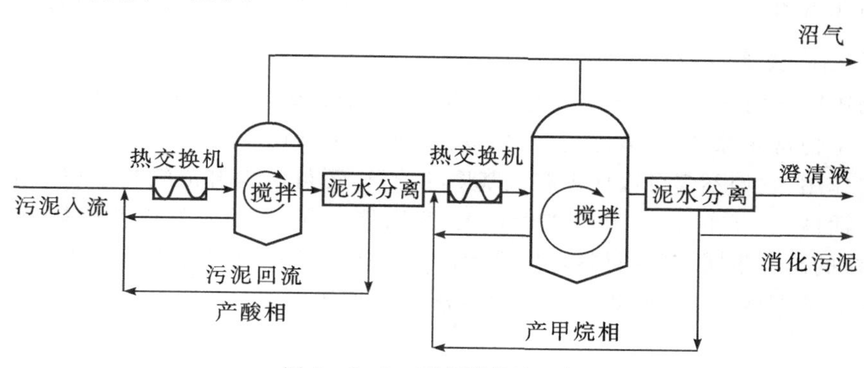

图 6－3－3　两相消化流程图

6.3.4 高固厌氧消化工艺

1958年，舒尔兹在进行污泥厌氧消化时，首次提出高固厌氧消化概念。相比于传统厌氧消化，高固厌氧消化污泥含固率一般为8%～20%，反应器体积小、运行能耗低、沼液沼渣产量少，是一种有发展前景的处理技术。

污泥高固厌氧消化与传统厌氧消化的对比见表6-3-1。

表6-3-1 污泥高固厌氧消化与传统厌氧消化对比

项目	高固厌氧消化	传统厌氧消化
TS/%	8～20	1～8
OLR/gVS·L^{-1}·d^{-1}	2.7～4.5	0.5～1.6
VS降解率/%	30～45	40～50
甲烷产率/L·g^{-1}VS	0.20～0.39	0.30～0.45
反应器容积	小	大
建设成本	低	高
运行成本	低	高
污泥减量化率	高	低
消化液特点	稳定、有机含量低	不稳定，有机含量高

为有效提高高固厌氧消化的甲烷产率、增加有机物去除率，在污泥高固厌氧消化前常增加预处理或投加添加剂。

1. 污泥高固厌氧消化的预处理技术

高固厌氧消化预处理包括微波预处理、化学预处理和热预处理等。微波预处理可有效破坏污泥中的絮状结构，使微生物细胞溶解并释放出大量易降解有机质，从而可有效促进污泥的水解及厌氧消化性能。化学预处理包括酸处理和碱处理，酸处理的主要作用为促进半纤维素的水解，尤其是木聚糖的水解，酸处理同时也能够有效破坏木质素的结构，进而提高纤维素与酶的接触能力；相比酸预处理，碱预处理对污泥高固厌氧消化过程中水解速率提升更明显。热预处理是指在密闭容器中加热污泥并维持一定时间以释放污泥中不溶态有机物至液相。

2. 污泥高固厌氧消化的添加剂

污泥高固厌氧消化的添加剂主要包括微量金属元素、碳基材料和酶制剂。金属元素是一种重要的微生物营养源，厌氧消化过程中Co、Ni、Fe、Zn和Mo等金属元素对酶的合成和活性都具有重要作用，它们不仅可以促进有机基质的分解，还可以提升沼气和甲烷的生成；碳基材料（生物炭、活性炭、碳布等）具有比表面积大、吸附能力强、环境友好以及原料来源广泛等特点，越来越多的研究表明，碳基材料在提升污泥高固厌氧消化效率方面有着积极作用；酶制剂有助于将大分子固体有机物转化为可溶性小分子有机物。

6.4　污泥厌氧消化系统

6.4.1　消化池系统

1. 工艺参数

消化池按其有机负荷和搅拌形式通常分为普通消化池和高速消化池。

(1)普通消化池。普通消化池的有机负荷率较低，消化时间为30～60 d，有机负荷率为0.5～1.6 kgVSS/(m^3 · d)。

(2)高速消化池。高速消化池的有机负荷可达到消化时间为10～20 d，2.5～6.5 kgVSS/(m^3 · d)。

高速消化池与普通消化池的运行参数比较见表6-4-1。

表6-4-1　高速消化池在运行参数上与普通消化池的比较

消化池分类	普通消化池	高速消化池
消化时间/d	30～60	10～20
有机负荷 kgVSS/(m^3 · d)	0.5～1.6	2.5～6.5
初沉池和二沉池污泥混合污泥浓度(含固率)/%	2～5	4～6
消化池底流浓度(含固率)/%	4～8	4～6

2. 消化池的池形

消化池的基本池形有圆柱形和卵形两种，见图6-4-1。

图6-4-1(a)、(b)、(c)为圆柱形消化池的剖面图，池径一般为6～35 m，视污水处理厂规模而定，池总高与池径之比取0.8～1.0，池底、池盖倾角一般取15°～20°，池顶集气罩直径取2～5 m，高1～3 m；图6-4-1(d)为卵形壳体曲线图，大型消化池可采用卵形，容积可达到10000 m^3 以上，卵形消化池在工艺与结构方面有如下优点：① 搅拌充分、均匀、无死角、污泥不会在池底板结；② 池内污泥的液面面积小，即使生成浮渣，也容易清除；③ 在池容相等的条件下，池子总表面积比圆柱形小，故散热面积小，易于保温；④ 卵形的结构与受力条件好，如采用钢筋混凝土结构，可节省材料；⑤ 防渗水性能好，聚集沼气效果好。

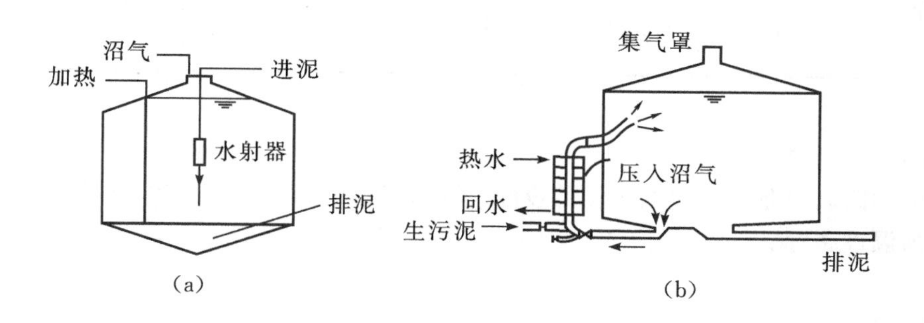

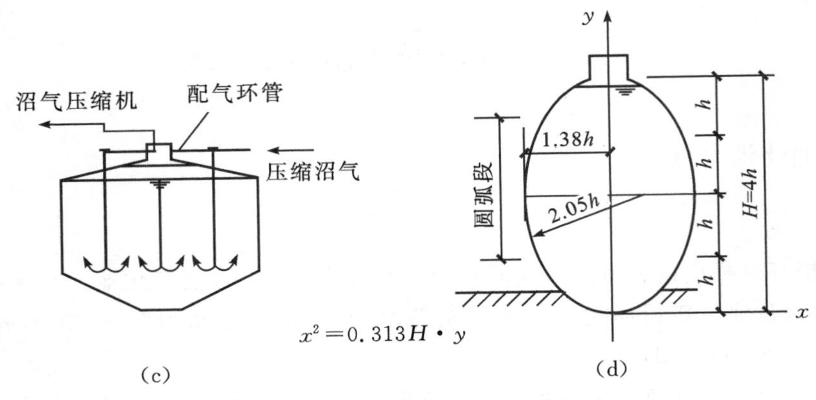

图 6-4-1　高速消化池基本池型

德国较多采用配备专门搅拌装置的卵形厌氧消化池，可以实现很好的混合效果，卵形高速消化池与圆柱形高速消化池综合比较见表 6-4-2。

表 6-4-2　卵形与圆柱形高速消化池的综合比较

名称	卵形高速消化池	圆柱形高速消化池
温度	表面积与污泥处理量的比例较小，优异的混合性能保证了系统温度的稳定	表面积与处理污泥量的比例较大，使运行费用高且能量消耗较大
粗砂和淤泥	底部面积小，可有效清除粗砂和污泥的沉淀，使微小颗粒与污泥充分混合	底部面积大，易沉淀粗砂和污泥，需要定期清理，浪费的空间导致消化物的消化水平较差
浮渣	泥液面积大大减少，能有效地控制浮渣的形成和排出	因泥液面较大，浮渣的堆积问题不能得到有效解决
混合性能	超强的混合性，需要的能量少(节省40%～50%的能量)	低效的混合性，为了混合更均匀需要的能量多
占地面积	结构和工艺条件较好，单池处理能力大，占地面积小	受结构和工艺条件的限制，单池容积不宜过大，占地面积大
维护与保养	不需要定期清理，可连续运行	一般情况下需对全池进行清理，重新启动系统和整个处理装置需要几个月的时间，维护费用较高
运行效果	稳定地减少易挥发性有机物、连续地产生沼气，从而使消化处理效果较好	底部的死角很容易被粗砂和其他沉淀物所堆积，而顶部的无效空间又极易堆积浮渣，从而使消化处理效果较差

3. 消化池的附属设备

消化池的附属设备主要包括污泥的投配、排泥及溢流系统，沼气排出、收集与储气设备，搅拌设备及加温设备等。

(1)投配、排泥与溢流系统。

① 污泥投配池。生污泥(包括初沉污泥、腐殖污泥及经浓缩的剩余活性污泥)需先排入消化池的污泥投配池,然后用污泥泵抽送至消化池。污泥投配池一般为矩形,至少设两个,池容根据生污泥量及投配方式确定,常用 12 h 的储泥量设计。投配池应加盖,设排气管及溢流管。如果采用消化池外加热生污泥的方式,则投配池可兼作污泥加热池。

② 排泥管。排泥管设在池底,依靠消化池内的静水压力将熟污泥排至污泥的后续处理装置。

③ 溢流装置。当消化池投配过量、排泥不及时或沼气产量与用气量不平衡等情况发生时,沼气室内的沼气受压缩,气压增加甚至可能压破池顶盖。因此需在消化池中设置溢流装置,及时溢流,以保持沼气室压力恒定。溢流装置必须绝对避免集气罩与大气相通。消化池的溢流管布置方式有倒虹管式、大气压式及水封式 3 种,如图 6-4-2 所示。A 为倒虹管式,倒虹管的池内端必须插入污泥面,保持淹没状,池外端插入排水槽也需保持淹没状,当池内污泥面上升,沼气受压时,污泥或上清液可从倒虹管排出。B 为大气压式,当池内沼气受压,压力超过 Δh(Δh 为"U"形管内水层厚度)时,即产生溢流。C 为水封式,水封式溢流装置由溢流管、水封管与下流管组成。溢流管从消化池盖插入设计污泥面以下,水封管上端与大气相通,下流管的上端水平轴线标高高于设计污泥面,下端接入排水槽。当沼气受压时,污泥或上清液通过溢流管经水封管、下流管排入排水槽。溢流装置的管径一般不小于 200 mm。

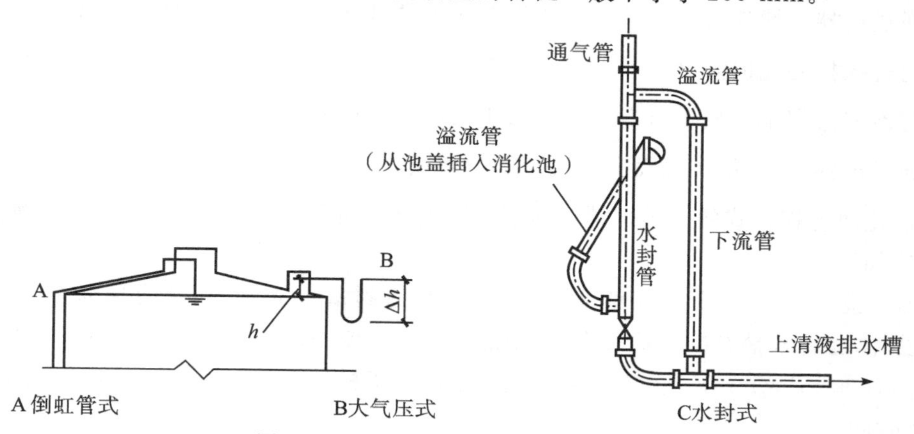

图 6-4-2　消化池的溢流管布置方式

(2)沼气排出、收集与储气设备。沼气排出管的直径按日平均产气量计算,管内流速 7～15 m/s。当消化池采用沼气搅拌时,压缩机的吸气管与集气罩单独连接,沼气管管径计算时应加入搅拌循环所需沼气量。沼气的储存采用储气柜。储气柜的容积一般按平均日产气量的 25%～40%计算。储气柜有低压浮盖式和高压球形罐,低压浮盖式的浮盖的质量决定于柜内的气压,气压一般为 1177～1961 Pa(120～200 mmH_2O),最大可达 3432～4904 Pa(350～500 mmH_2O),储气柜构造见图 6-4-3。浮盖的直径与高度比一般用 1.5∶1,浮盖插入水封柜;另一种为高压球形罐,当需较远距离输气时采用。

4. 搅拌系统

消化池的搅拌设备应能在 2～5 h 内将全池污泥搅拌一次。

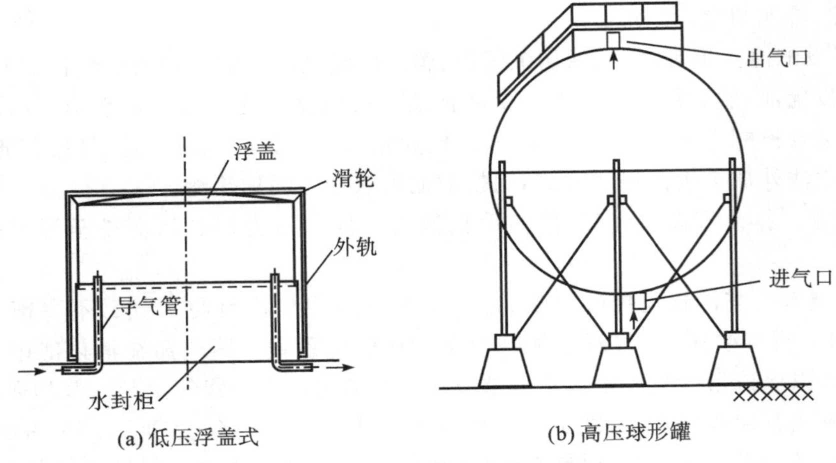

(a) 低压浮盖式　　(b) 高压球形罐

图 6-4-3　储气柜与储气罐

(1)消化池中污泥搅拌的作用。

① 通过对消化池中污泥充分搅拌，使生污泥与消化污泥充分接触，提高混合效果；

② 通过搅拌，使中间产物与代谢产物在消化池内均匀分布；

③ 通过搅拌及搅拌时产生的振动能更有效地进行气体分离，使气体逸出液面；

④ 通过搅拌使池内温度和 pH 值保持均匀，避免产甲烷菌受温度和 pH 值变化的影响；

⑤ 对池内污泥不断地进行搅拌还可防止池内产生浮渣；

⑥ 通过搅拌，可以提高污泥分解速度和分解率，增加沼气产量。

(2)消化池搅拌方式的分类。消化池搅拌的方式可分为沼气搅拌、泵加水射器搅拌及联合搅拌，具体如下：

① 沼气搅拌。压缩后的沼气通过配气环管，通到每根立管，每根立管按气流速度 7～15 m/s 设计，立管末端在同一标高上，距池底 1～2 m，或在池壁与池底连接面上，搅拌气量为 5～7 m^3/(1000 m^3 · min)。沼气搅拌的优点是没有机械磨损、搅拌充分，还可促进厌氧分解，缩短消化时间。

② 泵加水射器搅拌。生污泥用泵加压后，进入水射器，水射器顶端浸在污泥面下 0.2～0.3 m，泵压应大于 0.2 MPa，生污泥量与水射器吸入的污泥量之比为 1∶(3～5)。当消化池池径大于 10 m 时，应设两个或两个以上水射器。

③ 联合搅拌。联合搅拌即把生污泥加热和沼气搅拌联合在一个装置内完成。加压后的沼气及生污泥分别射入热交换器(兼混合器)中，把池内的熟污泥抽吸出来，然后从消化池的上部喷入池内。热交换器设计数量通过热量计算决定，如池径大于 10 m，可设两个或两个以上热交换器。

为了强化搅拌效果还可在消化池内安装导流筒，通常也可用不同搅拌的方式组合来保证污泥搅拌效果。如果消化池的直径大于 15 m，池中需安装 3 个以上搅拌装置和导流筒。比较各种搅拌形式，沼气搅拌由于没有传动装置，避免了设备的腐蚀问题，因而应用较为广泛。

5. 加热设备设计及计算

消化池加热的目的在于维持消化池的消化温度(中温或高温),使消化能有效进行。加热的方法有池内直接加热和池外间接加热两种。池内直接加热即用热水或蒸汽直接通入消化池或设在消化池内的盘管进行加热,存在污泥的含水率增加,局部污泥受热过高及在盘管外壁结壳等缺点,故很少采用;池外间接加热,即把生污泥加热到足以达到消化温度,补偿消化池壳体及管道的热损失,其优点在于可有效地杀灭生污泥中的寄生虫卵。

池外间接加热用套管式泥—水热交换器兼混合器完成,计算如下。

(1)提高生污泥温度的耗热量。为把消化池污泥全日连续加热到需要温度,每小时耗热量为

$$Q_1 = \frac{V'}{24}(T_D - T_S) \times 1163 \tag{6-4-1}$$

式中,Q_1 为生污泥的温度升高到消化温度的耗热量,W;V' 为每日投入消化池的生污泥量,m^3/d;T_D 为消化温度,℃;T_S 为生污泥原温度,℃。

当 T_S 采用全年平均生污泥温度时,计算所得 Q_1 为全年平均耗热量;当 T_S 采用日平均最低的生污泥温度时,计算所得 Q_1 为最大耗热量。

(2)池体耗热量。

$$Q_2 = \Sigma(F_i K_i)(T_D - T_A) \times 1.4 \tag{6-4-2}$$

式中,Q_2 为池内向外界散发的热量,即池体耗热量,W;F_i 为池盖、池壁及池底散热面积,m^2;T_A 为池外介质(空气或土壤)温度,℃,当池外介质为大气时,计算全年平均耗热量,须按全年平均气温计算;K_i 为池盖、池壁、池底的传热系数,$W/(m^2 \cdot ℃)$。

K_i 值按式(6-4-3)计算:

$$K_i = \frac{1}{\frac{1}{\alpha_1} + \sum \frac{\delta}{\lambda} + \frac{1}{\alpha_2}} \tag{6-4-3}$$

式中,α_1 为消化池内壁热转移系数,污泥传到钢筋混凝土池壁为 350 $W/(m^2 \cdot ℃)$,沼气传到钢筋混凝土池壁为 8.7 $W/(m^2 \cdot ℃)$;α_2 为消化池外壁热转移系数,即池壁至介质的热转移系数,如介质为大气则取 3.5～9.3 $W/(m^2 \cdot ℃)$,如为土壤则取 0.6～1.7 $W/(m^2 \cdot ℃)$;δ 为池体各部结构层、保温层厚度,m;λ 为池体各部结构层、保温层导热系数,混凝土或钢筋混凝土壁为 1.55 $W/(m^2 \cdot ℃)$,其他保温层的 λ 值可查有关给水排水和环境工程的设计手册。

(3)加热管、热交换器等耗热量。

$$Q_3 = \Sigma(F_i K_i)(T_M - T_A) \times 1.4 \tag{6-4-4}$$

式中,Q_3 为加热管、热交换器散热量,W;K_i 为加热管、热交换器的传热系数,$W/(m^2 \cdot ℃)$;F_i 为加热管、热交换器的表面积,m^2;T_M 为锅炉出口和锅炉入口的热水温度平均值,或锅炉出口和消化池入口蒸汽温度的平均值,℃。

(4)热交换器的设计及计算。热交换器的设计包括热交换管的长度,所需热水量、熟污泥循环量等。如图 6-4-4 所示为套管式热交换器。

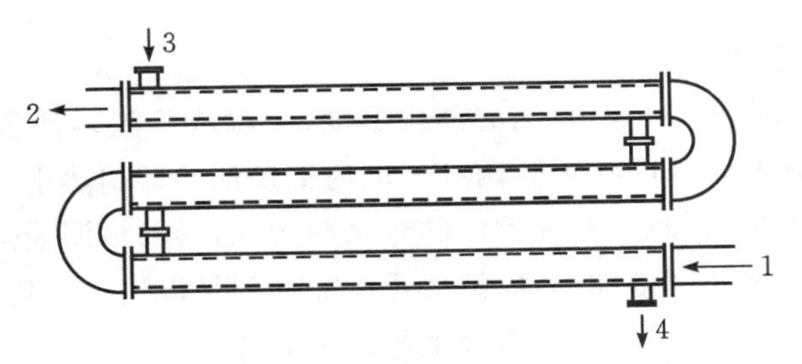

1—污泥入口；2—污泥出口；3—热媒进口；4—热媒出口。

图 6-4-4　套管式热交换器

热交换管总长度计算：

$$L=\frac{Q_{max}}{\pi DK\Delta T_m}\times 1.4 \qquad (6-4-5)$$

式中，L 为热交换管总长度，m；Q_{max} 为消化池最大耗热量，W；D 为热交换内管的外径，m；一般采用防锈钢管，流速采用 1.5～2.0 m/s；K 为传热系数，约 698 W/(m^2·℃)。

K 值按式(6-4-6)计算：

$$K=\frac{1}{\frac{1}{\alpha_1}+\frac{\delta_1}{\lambda_1}+\frac{1}{\alpha_2}+\frac{\delta_2}{\lambda_2}} \qquad (6-4-6)$$

式中，α_1 为加热体至管壁的热转移系数，一般为 3373 W/(m^2·℃)；α_2 为管壁至被加热体的热转移系数，一般为 5466 W/(m^2·℃)；δ_1 为管壁厚度，m；δ_2 为水垢厚度，m；λ_1 为热交换内管的导热系数，W/(m^2·℃)，钢管为 45～58 W/(m^2·℃)，一般用平均值；λ_2 为水垢的导热系数，W/(m^2·℃)，一般选用 2.3～3.5 W/(m^2·℃)；当计算新换热器时，δ_2/λ_2 可不计，而对该式乘以 0.6 进行修正；

ΔT_m 可按式(6-4-7)计算：

$$\Delta T_m=\frac{\Delta T_1-\Delta T_2}{\ln(\frac{\Delta T_1}{\Delta T_2})} \qquad (6-4-7)$$

式中，ΔT_m 为平均温差的对数，℃；ΔT_1 为热交换器入口处的污泥温度(T_S)和出口热水温度(T_W')之差，℃；ΔT_2 为热交换器出口污泥温度(T_S')和入口热水温度(T_W)之差，℃。

如果污泥循环量为 Q_S(m^3/h)，热水循环量为 Q_W(m^3/h)，则 T_S'和 T_W'可按下式计算：

$$T_S'=T_S+\frac{Q_{max}}{Q_S\times 1000} \qquad (6-4-8)$$

$$T_W'=T_W+\frac{Q_{max}}{Q_W\times 1000} \qquad (6-4-9)$$

式中，T_W 为入口热水温度，采用 60～90℃。

当为全日供热时所需热水量为

$$Q_W=\frac{Q_{max}}{(T_W-T_W')\times 1000} \qquad (6-4-10)$$

式中，Q_W 为所需热水量，m^3/h。

6. 污泥厌氧消化池容积计算

（1）消化池容积按污泥投配率设计。为了防止检修时全部污泥停止厌氧处理，消化池数量应为两座或两座以上。消化池有效容积按照每天加入污泥量及污泥投配率进行计算，可表达为

$$V=\frac{V'}{P}\times 100 \tag{6-4-11}$$

式中，V 为污泥厌氧消化池的有效容积，m^3；V' 为新鲜污泥量，m^3/d；P 为污泥投配率，%，对中温消化一般取值为 5%～8%。

（2）消化池容积按有机负荷计算。消化池单位容积每日分解的有机物量称为消化池的有机负荷。根据定义，消化池的容积计算式（6-4-12）：

$$V=\frac{S_V}{S} \tag{6-4-12}$$

式中，V 为消化池有效容积，m^3；S_V 为每日投入的新鲜污泥量中有机物质量，kg/d；S 为消化池有机负荷，$kg/(m^3 \cdot d)$，一般取 1.6～3.2。

美国水污染控制联合会和美国国家环保局提出了对中温消化的有机负荷率及水力停留时间设计参数建议范围见表 6-4-3，低负荷传统消化池有机负荷率取值范围为 0.64～1.6 $kgVS/(m^3 \cdot d)$，高负荷消化池的有机负荷率取值范围为 2.4～2.6 $kgVS/(m^3 \cdot d)$。

表 6-4-3　中温消化的有机负荷率及水力停留时间设计参数

消化池类型	美国国家环保局		美国水污染控制联合会	
	有机负荷率 /[$kgVS/(m^3 \cdot d)$]	水力停留时间 /d	有机负荷率 /[$kgVS/(m^3 \cdot d)$]	水力停留时间 /d
低负荷	0.64～1.6	30～60	0.5～1.1	30～60
高负荷	2.4～2.6	10～20	1.6～6.4	11～15

（3）消化池容积按消化时间计算。消化池的容积是每日投加的新鲜污泥体积、消化池每日产生污泥体积（即排出消化池的熟污泥体积）和需要消化时间的函数，假设产生的上清液立即从消化池排出，则消化池的容积和消化时间呈抛物线关系，消化池容积可按下式计算：

$$V=\left[Q_1-\frac{2}{3}(Q_1-Q_2)\right]\times T \tag{6-4-13}$$

式中，V 为消化池有效容积，m^3；Q_1 为每日投入的新鲜污泥体积，m^3/d；Q_2 为每日排除的熟污泥体积，m^3/d；T 为消化时间，d。

用上式计算出的消化池容积还应该考虑上清液的容积、气体容积和污泥贮存容积，消化池还应设置上清液排出设施。

6.4.2　沼气利用系统

沼气利用系统包括沼气净化、沼气安全利用和压力安全防护装置等，沼气利用系统见

图 6－4－5。

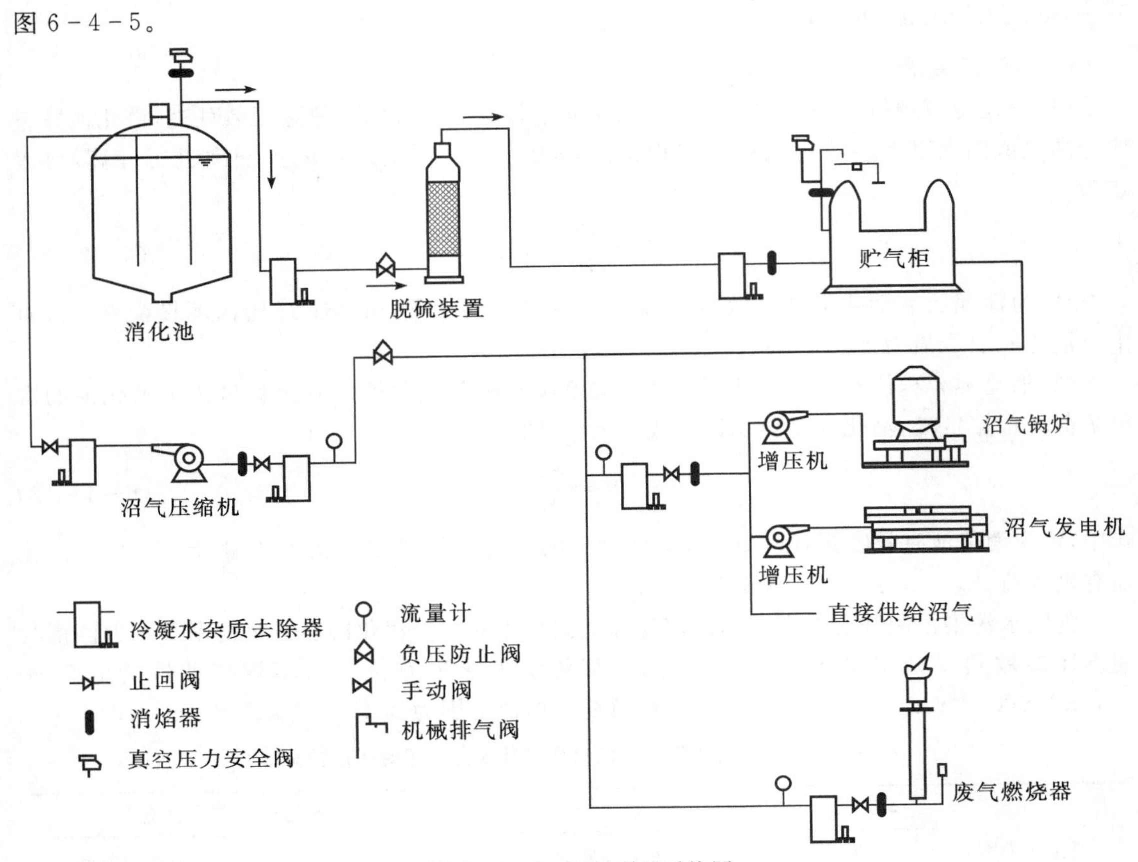

图 6－4－5　沼气利用系统图

1. 沼气净化

沼气从消化池流入管道，首先经过冷凝水去除罐和脱硫装置，其目的是净化沼气。

(1)冷凝水及杂质的去除。沼气自消化池进入管道时，温度逐渐降低，管道中会产生大量含杂质的冷凝水。如果不从系统中除去，容易堵塞、破坏沼气利用系统。

最靠近消化池的沼气管道，沼气温降值最大，产生的冷凝水最多，需要设置冷凝水去除罐。在沼气利用系统中，管线一般都设计为1%左右或更大的坡度，低点设置冷凝水去除罐。沼气管道较长时需考虑一定的距离设置冷凝水去除罐。另外，在沼气压缩机、沼气锅炉、沼气发电机、废气燃烧器、脱硫塔等重要设备沼气管线入口，干式气柜的进口和湿式气柜的进出口处都需设置冷凝水去除罐。有时在某些设备如沼气压缩机出口处也需要设置冷凝水去除罐。当构筑物和设备检修时，还可以向冷凝水去除器中注水，作为水封罐。

(2)硫化氢的去除。由于沼气中含有大量的水蒸气，水与沼气中的 H_2S 共同作用，加速金属管道、阀门和流量计的腐蚀和堵塞。另外，H_2S 燃烧后生成的 SO_2 与燃烧产物中的水蒸气结合成亚硫酸，使设备的金属表面产生腐蚀，并且还会造成对大气环境的污染，影响人体健康。因此，在使用沼气之前，需通过脱硫装置脱除其中的 H_2S。

2. 沼气安全利用

(1)火焰消除及爆炸防护。沼气净化后进入贮气柜,贮气柜对整个系统具有气量调蓄和稳压的作用,在贮气柜进口管线上设置消焰器,此外,在所有沼气系统与外界连通部位(如与真空压力安全阀、机械排气阀连接处)以及沼气压缩机、沼气锅炉、沼气发电机等设备的进出口处、废气燃烧器沼气管进口处应安装消焰器。消焰器内部填充金属填料,当火焰通过消焰器填料间缝隙时,热量被吸收,气体温度降低到燃点以下,达到消焰目的。沼气与空气一定的混合和遭遇明火是沼气爆炸或燃烧两个条件。消焰器的设置有效地防止了外部火焰进入沼气系统及火焰在管路中传播,进而防止系统产生爆炸。处理厂操作人员可以测量记录沼气通过不同部位消焰器的压力变化以确定检查清洗填料的周期,实际运行中经常会由于消焰器清洗不及时出现系统压力波动和运行问题。设计时,在消焰器的前后一般设置阀门以便维护。

(2)沼气利用。净化后的沼气从贮气柜进入后续沼气利用系统,一般有三个分支:

①沼气搅拌系统。沼气由沼气压缩机送回消化池用以对消化污泥进行搅拌。

②沼气利用系统。沼气利用系统一般有使用沼气锅炉直接为消化池或其他建筑物提供热能;使用沼气发电机发电供处理厂内部使用,余热可为消化池或其他建筑物提供热能;沼气还可直接作为可燃气体使用。

③废气燃烧系统。当沼气利用设备不能完全消耗消化池产生的沼气时,为防止沼气量不断增加致使系统压力超出正常范围,多余的沼气被废气燃烧器烧掉。

(3)压力安全防护装置。沼气利用系统是一个压力系统,如果沼气收集和使用不平衡,系统压力可能升高超过允许值,污泥从消化池或沼气从气柜过快地排出可能引起构筑物内部的真空状态,为防止系统超压或处于真空状态对构筑物和设备可能造成的破坏性影响,保证系统的操作压力,使沼气不会经常排放到空气中,在消化池和气柜顶部都需设置真空压力安全阀。

真空压力安全阀安装在沼气系统与外界大气连通的部位,需要与消焰器同装,以避免外部的火焰进入沼气系统。在真空压力安全阀和消焰器与消化池连接处设置了常开的阀门,便于检修设备。

根据系统工作压力值与构筑物间的管路损失设置压力安全阀的允许值。此外,操作人员需要定期清理压力安全阀的超压排气口和真空进气口的密封面。

在沼气压缩机和脱硫装置的入口处安装负压防止阀,防止阀门前部系统沼气量不够的情况下,后部使用系统依然继续抽吸气体。

6.5　污泥厌氧消化工艺控制

6.5.1　污泥厌氧消化工艺过程控制

新建的消化池需要培养污泥,根据污泥特性有两种培养过程:逐步培养过程和一次培养过程。

逐步培养过程是将每天排放的初沉池污泥和浓缩后的活性污泥投入消化池,然后加热,使每小时升温 1 ℃,当温度达到消化温度时,维持温度,然后每日加入新鲜污泥,直至设计泥面,停止加泥,维持消化温度使有机物水解酸化,约 30～40 d 后,待污泥成熟、产生沼气,方可正常运行。

一次培养过程是采用池塘污泥或消化池污泥,经过 2 mm×2 mm 孔网过滤后投入消化池,投加量占消化池容的 1/10,以后逐日加入新鲜污泥至设计泥面。然后加温,使每小时升温 1 ℃,达到消化温度,污泥产生酸化,pH 值下降时,应加碱(重碳酸盐、石灰等)调节 pH 值达到 6.5～7.5,维持消化温度并稳定一段时间,一般应为 3～5 d,等污泥大量产生沼气时消化池即可正常运行。

消化池正常运行对应的指标:产气率正常、沼气成分(CO_2 与 CH_4 所占百分比)正常、投配污泥含水率 94%～96%、有机物含量 60%～70%、有机物分解程度 45%～55%、脂肪酸(以乙酸计)为 2000 mg/L 左右、总碱度(以重碳酸盐计)大于 2000 mg/L、氨氮为 500～1000 mg/L。

pH 值的控制对于厌氧污泥消化系统的控制非常重要。在厌氧消化过程中有机物在水解酸化菌和产氢产乙酸菌的作用下,系统 pH 值会降低,而产甲烷菌分解有机酸时产生的重碳酸盐使得系统的 pH 值有所升高。因此系统的酸碱平衡十分重要。对各个不同的厌氧消化菌群来说,产甲烷菌对 pH 变化非常敏感,特别是 pH 值稍降低就会影响其生长,产甲烷菌最适宜的 pH 值范围在 6.8～7.2。对于厌氧过程,pH 值应保持在 6～8。

厌氧消化池一旦发生酸化,就会有很臭的味道,产生大量泡沫和污泥上浮。在实际运行中,对挥发酸的控制比控制 pH 值更重要,因为当挥发酸积累量足以降低 pH 的时候,厌氧处理效果已显著下降。在正常运行的消化池中,挥发酸(以乙酸计)一般在 200～800 mg/L,如果超过 2000 mg/L,产气率就会下降。有研究认为如果系统有足够的缓冲能力并使 pH 值保持在甲烷菌最适宜范围内,该值可以达到 6000～8000 mg/L 而系统不致恶化。这是因为挥发酸本身不毒害产甲烷菌,而 pH 值下降则会抑制产甲烷菌生长。因此保持厌氧消化系统的缓冲能力,使其在适宜的 pH 下运行是十分重要的。

消化池中的污泥/水系统中含有重碳酸盐(HCO_3^-)和碳酸(H_2CO_3),具有缓冲作用。碳酸与消化池中的 CO_2 含量有关,而 HCO_3^- 与消化液的碱度有关。在厌氧消化系统中存在如下平衡:

$$H^+ + HCO_3^- \rightleftharpoons H_2CO_3 \tag{6-5-1}$$

$$[H^+] = \frac{[H_2CO_3]}{K_1[HCO_3^-]} \tag{6-5-2}$$

式中,K_1 为离解系数。

方程两边取对数,则:

$$pH = \lg\frac{[H_2CO_3]}{[HCO_3^-]} - \lg K_1 \tag{6-5-3}$$

在消化系统中,应保持碱度在 2000 mg/L 以上,使其有足够的缓冲能力,以有效防止 pH 值下降。此外消化液中的脂肪酸是甲烷发酵的基质,其浓度也应保持在 2000 mg/L 左右。

提高系统的 pH 值和缓冲能力的合理办法是投加重碳酸盐。投加其他碱性物质,如苛性钠、纯碱、石灰等,如不吸收气相中的二氧化碳是无法提高消化系统碱度的。因此采用重碳酸盐调节系统的缓冲能力效果最好。加碱的限度是阳离子的浓度不能达到毒化系统的程度。当 pH 值超过 6.3 时,石灰会和重碳酸盐反应生成不溶性碳酸钙,产生结垢现象。值得说明的是，当厌氧消化城市污水厂的污泥时，除启动阶段外，一般不必投加任何碱性物质，这是因为污泥中有较多的有机氮，通过氨化作用后会转化成氨氮，在系统中形成 NH_4HCO_3，起到缓冲作用。

6.5.2　有毒物质的控制

排入城市排水系统中的工业废水含有毒有害物质和金属离子。但有毒有害是相对的概念，一些金属离子(阳离子)在低浓度时对厌氧消化过程有刺激作用，在一定浓度下开始产生抑制作用，在高浓度时会产生严重的抑制和毒害作用。在污泥中同时含有多种有毒物质时，常常对细菌产生两种毒性效应，即协同效应和拮抗效应。一种物质的存在会增强另一种有毒物质毒性的现象称为毒性协同效应，例如多数有机毒物同时存在时常会产生这种效应。一种物质的存在会缓解另一种有毒物质毒性的现象称为毒性拮抗效应，例如碱金属离子 K^+ 和 Na^+ 之间，K^+、Na^+ 和碱土金属离子 Ca^{2+} 和 Mg^{2+} 之间的作用就属于一种典型的拮抗效应。一般当消化液中 Na^+ 浓度为 7000～8000 mg/L 时，就会严重抑制细菌的生长，但当加入 300 mg/L K^+，这种抑制作用会下降 60%，而当再加入 200 mg/L Ca^{2+} 后，Na^+ 的抑制作用就会完全消失。

当溶解性的硫化物浓度超过 200 mg/L 时会导致微生物中毒。系统中的溶解性硫化物的浓度取决于污泥中的硫化物、pH 值、产气量和重金属浓度，投加铁盐可降低硫化物浓度。

在厌氧消化池中溶于水的 NH_3 和 NH_4^+ 处于动态平衡：

$$NH_4^+ \rightleftharpoons NH_3 + H^+$$

两者对微生物的毒性来说，在低 pH 值时，平衡向左移动，NH_4^+ 的毒性是主要的问题。当 pH 值升高，平衡向右移动，抑制的主要原因是 NH_3 造成的。当氨氮浓度为 1500～3000 mg/L 而 pH>7.4～7.6 时，则会产生抑制。此时可加酸调节 pH 值达到 7.0～7.2，以减轻抑制。但氨氮浓度达到 3000 mg/L 以上，调节 pH 值也无济于事。表 6－5－2 中列出了氨氮浓度对厌氧消化的影响。

表 6－5－1　氨氮对厌氧微生物的影响

氨浓度(以 N 计)/(mg/L)	影响
[50,200)	有利
[200,1000)	无不利影响
[1500～3000)	在 pH>7.4 时有抑制作用
≥3000	有毒

6.5.3　污泥上清液的控制

厌氧消化虽然可以完成污泥的稳定化，但是由于污泥中的有机物被溶解而使得上清液中的有机物的含量很高。表 6－5－2 列出了不同污泥厌氧消化上清液的水质特点。从表中可以看出上清液污染物浓度很高，通常是回送到污水处理厂进行处理。

表 6-5-2 厌氧消化上清液的水质特点

上清液水质	一级处理污泥/(mg/L)	生物滤池腐殖污泥/(mg/L)	活性污泥法剩余活性污泥/(mg/L)
SS	200～1000	500～5000	5000～15000
BOD_5	500～3000	500～5000	1000～10000
COD_{Cr}	1000～5000	2000～10000	3000～30000
NH_4^+-N	300～400	300～400	500～1000
TP	50～200	50～200	300～1000

6.5.4 产气量的控制

污泥消化产生的气体以甲烷为主，在正常运行的情况下，CH_4 占 50%～75%，CO_2 占 20%～30%，其他痕量气体包括 H_2S、H_2 等。对于污泥消化，可以根据挥发固体的分解率和单位重量挥发固体被分解所产生的气体来估算。每 1 kg 挥发性固体全部转化后可产生 0.75～1.1 m^3 的沼气，污泥中挥发性固体的转换率一般为 40%～60%。

温度很大程度上会影响到产气量，保证污泥的整体温度在最适范围，中温消化时保证在 34～35 ℃，最佳 35 ℃；高温消化时保证在 52～55℃，最佳 54.4 ℃。

污泥的类型也会影响产气量，剩余污泥、初沉污泥及混合污泥在污泥厌氧消化时消化性能、产气率及产气量都有不同。不同的污泥其理论产气量不同，实际产气量差别更大，如图 6-5-1 所示。

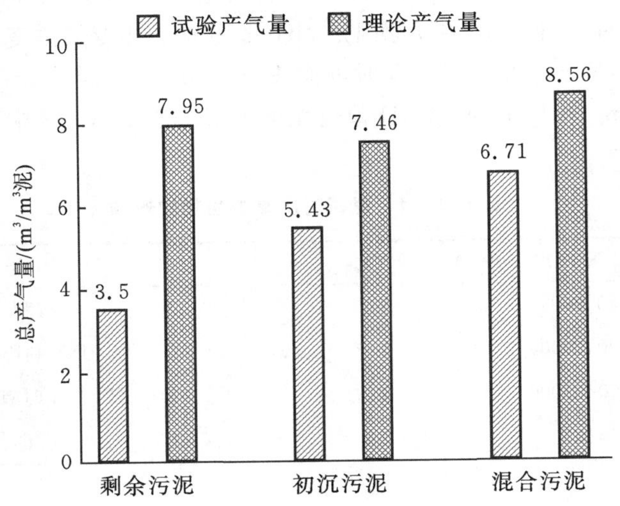

图 6-5-1 不同污泥的实验产气量和理论产气量

由此可以看出，剩余污泥、初沉污泥及混合污泥在污泥厌氧消化时总产气量分别为 3.50 m^3/m^3 泥、5.43 m^3/m^3 泥和 6.71 m^3/m^3 泥，根据厌氧消化前后碳的物料平衡估算出三种污泥的理论产气量分别为 7.95 m^3/m^3 泥、7.46 m^3/m^3 泥和 8.56 m^3/m^3 泥。通过计算，在相应的试验条件下，三种污泥试验产气量分别达到理论产气量的 44.02%、72.79%和 78.39%。

剩余污泥、初沉污泥和混合污泥厌氧消化后的泥质与产气量分析结果见表 6-5-3。厌氧消化稳定运行时污泥的 pH 范围一般为 6.5～7.5，碱度一般大于等于 2000 mg/L，由此可见，三种污泥的厌氧消化试验基本达到了稳定运行的条件。同消化前污泥泥质相比，污泥含水率、pH 和碱度均有不同程度的升高。从分解单位污泥的产气量分析，不同污泥表现出的相互关系是混合污泥大于初沉污泥大于剩余污泥。

表 6-5-3 厌氧消化后的泥质与产气量

指标	含水率/%	VS/%	COD_{cr}/(g/L)	pH 值	碱度/(g/L)	消化效率/%	COD_{cr}降解效率/%	单位 VS 产气量/(L/g)	分解单位 VS 产气量/(L/g)
剩余污泥	97.5	59.4	23.33	8.0	1.87	29.8	16.1	0.27	0.68
初沉污泥	97.1	35.7	25.01	8.3	1.92	35.2	24.5	0.18	0.95
混合污泥	97.4	37.1	27.29	8.3	2.19	36.8	23.0	0.21	1.01

在确定城市污水处理厂污泥处理方式时，初沉污泥（或混合污泥）比单独的剩余污泥更适宜于采用厌氧消化工艺。

6.5.5 C/N 的控制

污泥中有机物的碳氮比（C/N）对消化过程也有影响。C/N 值高，则组成细菌的氮量不足，污泥中的 HCO_3^-（以 NH_4HCO_3 形式存在）浓度低，缓冲能力差，pH 值容易下降。如果碳氮比太低，铵盐会大量积累，pH 值会上升到 8 以上，这两种情况都会造成产甲烷菌生长抑制。为保证污泥消化的正常运行，碳氮比宜控制在（10～20）：1。

第7章　污泥的好氧消化技术

污泥好氧消化是指污泥在好氧条件下，微生物有机体通过内源代谢进行氧化分解。其目的是降低污泥中的有机质含量、除臭、杀灭并减少病原菌与抑制蚊蝇滋生，稳定污泥同时减少污泥量。当污泥量不大时，宜采用好氧消化。污泥好氧消化操作简单，建设费用相对较低，具有良好灭除病原菌的效果，消化后的污泥便于后续处理。

7.1　污泥好氧消化原理及动力学

7.1.1　污泥好氧消化原理

污泥好氧消化是基于微生物的内源呼吸原理，即微生物处于内源呼吸阶段，以其自身生物体作为代谢底物获得能量并合成有机物。由于代谢过程存在能量和物质的散失，使得细胞物质被分解的量远大于合成的量，通过强化这一过程达到污泥减量的目的。通过好氧消化，污泥中的有机物及微生物细胞组织最终被氧化或分解为二氧化碳、水、氨氮和硝态氮等小分子产物。其反应式如下：

有机物氧化

$$C_xH_yO_z+\left(x+\frac{y}{4}-\frac{z}{2}\right)O_2 \longrightarrow xCO_2+\frac{y}{2}H_2O+\text{能量} \qquad (7-1-1)$$

细胞合成

$$nC_xH_yO_z+nNH_3+\left(nx+\frac{ny}{4}-\frac{nz}{2}-5n\right)O_2 \longrightarrow (C_5H_7NO_2)_n+n(x-5)CO_2+\frac{n(y-4)}{2}H_2O+\text{能量} \qquad (7-1-2)$$

细胞质的氧化

$$(C_5H_7NO_2)_n+5nO_2 \longrightarrow 5nCO_2+2nH_2O+nNH_3+\text{能量} \qquad (7-1-3)$$

$$(C_5H_7NO_2)_n+7nO_2 \longrightarrow 5nCO_2+3nH_2O+nH^++nNO_3^-+\text{能量} \qquad (7-1-4)$$

式中，x，y，z 随有机物组成不同而异。

7.1.2　污泥好氧消化动力学

好氧消化池常采用完全混合型，微生物处于内源呼吸阶段，属一级反应，即污泥中可生物降解的挥发性固体(用 VSS 表示)的分解速度与污泥剩余的 VSS 浓度成正比关系：

$$-\frac{dX}{dt}=K_dX \qquad (7-1-5)$$

式中，$-\frac{dX}{dt}$ 为可生物降解的挥发性固体的分解速率，g VSS/(L · d)；X 为在 t 时刻可生物降解的挥发性固体浓度，g VSS/L；K_d 为内源呼吸速率常数，d^{-1}，和温度有关。

$$K_d=(K_d)_{20℃}\times\theta^{T-20℃} \tag{7-1-6}$$

式中，$(K_d)_{20℃}$ 为 20℃时好氧消化内源呼吸速率常数值；θ 为温度常数，θ 取 1.02～1.10，平均为 1.05。

表 7-1-1　20℃时好氧消化内源呼吸速率常数 $(K_d)_{20℃}$ 值

污泥种类	$(K_d)_{20℃}$ 值/(d^{-1})	污泥种类	$(K_d)_{20℃}$ 值/(d^{-1})	测定依据
剩余活性污泥	0.12	腐殖污泥	0.04	TSS
剩余活性污泥	0.10	腐殖污泥	0.05	VSS
延时曝气污泥	0.16	初沉污泥与腐殖污泥混合	0.04	TSS
延时曝气污泥	0.18	初沉污泥与活性污泥混合	0.11	VSS

$$\int_{X_0}^{X}\frac{dX}{X}=\int_0^t -K_d dt \tag{7-1-7}$$

$$\ln\frac{X}{X_0}=-K_d t \tag{7-1-8}$$

式中，X 为在 t 时刻可生物降解的挥发性固体浓度，g VSS/L；X_0 为污泥中可生物降解的挥发性固体浓度，g VSS/L；t 为水力停留时间，d。

7.2　污泥好氧消化影响因素

影响污泥好氧消化的因素包括温度、pH 值、供氧与混合、污泥特性和停留时间等。

7.2.1　温　　度

在一定的温度范围内，好氧消化时间随温度的升高而缩短，去除率随着温度的升高而增加。污泥好氧消化为放热反应，反应后生成化合键更稳定的简单产物（CO_2、H_2O、NH_3 和硝酸盐等）。其反应本质是微生物分解和利用自身有机质的酶促反应，温度对好氧消化的影响是极为复杂的，同时涉及氧的转移效率、酶反应动力学、微生物生长速率以及菌体的溶解等。从化学动力学的角度看，酶的参与改变了反应的历程，降低了活化能。温度的升高，提高了参与反应分子的能量水平，从而提高了微生物内源呼吸的速率；从化学热力学角度看，在一定的温度范围内，酶催化反应速率常数中的 k（酶-底物复合物生成产物反应速率常数，该步是整个酶反应的控制步骤）与温度的关系符合 Arrhenius 方程，即

$$k=Ae^{-\frac{E_a}{RT}} \tag{7-2-1}$$

式中，A 为指前因子，min^{-1}；E_a 为反应活化能，J/mol；R 为摩尔气体常数，J/(mol·K)；T 为热力学温度，K。

由于酶反应的 E_a 通常是正值，上式表明温度升高，生成产物的速率增大，因此较高环境温度有利于好氧消化。表 7-2-1 所示为污泥好氧消化中几种细菌所适应的温度范围和最适温度。

表 7-2-1　污泥好氧消化中几种细菌所适应的温度范围和最适温度

微生物	假单胞菌	硫氰氧化杆菌	维氏硝化杆菌	硝化球菌属	亚硝化球菌属	动胶菌属
温度范围/℃	25～35	27～33	10～37	15～30	2～30	10～45
最适范围/℃	30	30	28～30	25～30	20～25	28～30

7.2.2　pH 值

在污泥好氧消化过程中，pH 值会影响微生物的正常生理活动。有机氮的氨化作用使 pH 值上升，而氨态氮的硝化作用会消耗碱度，导致 pH 值下降。若发生反硝化作用则可以补充由于硝化反应而消耗的一部分碱度。当不能保持在适宜 pH 值时，可投加石灰等碱性物质使 pH 值维持在适宜范围。微生物的生命活动、物质代谢与 pH 值有密切关系，不同微生物适宜的 pH 值不同，见表 7-2-2。

表 7-2-2　几种微生物的生长最适 pH 值

微生物种类	pH 值		
	最低	最适	最高
放线菌	5	7	10
霉菌	2.5	5	8
酵母菌	1.5	5	10
依赖热丝菌	4	6	6.7

污泥好氧消化 pH 值应为 6.5～8.5。

7.2.3　供氧与混合

剩余活性污泥中含有大量的微生物，微生物要生长繁殖及维持生命活动都需要能量。污泥在进行好氧消化处理时，污泥中的微生物主要通过氧化分解能源物质(溶液中残余有机物和细胞组成物质)维持生命活动，其实质是生物的好氧呼吸过程。在好氧呼吸过程中，能源物质氧化释放出的电子(H^+)通过电子传递体系进行转移，最后转移给最终电子受体 O_2，并生成 H_2O。环境中存在最终电子受体氧，能源物质氧化成 CO_2 和 H_2O 成为好氧消化顺利进行的关键条件，好氧消化过程中溶解氧不应低于 2 mg/L。同时还要考虑物料的混合，以保证微生物、有机物和氧气的充分接触。

7.2.4　污泥特性

污泥的成分不同，会影响污泥的稳定速率。当污水处理过程中采用较长的 SRT 会导致污泥中可生物降解组分比例下降，污泥消化时污泥的 VSS 去除率不高。活性污泥系统的进水性质也会影响污泥的可生物降解性，当进水是生活污水则污泥的可生物降解性高，当进水是工业废水则污泥的可生物降解性低。污泥来源不同，可生物降解组分的性质也不同。

进泥浓度对好氧消化设计和运行影响较大。污泥好氧消化中初始污泥浓度高，高初始浓度污泥由于其单位池容内生物量多，表现出单位池容内的降解能力较强，即耗氧速率(单位时间内消耗氧量，也称 OUR)比低浓度污泥高，VSS 去除量大，但 VSS 去除率低；而低初始浓度污泥的微生物活性虽然较高，但由于其单位池容内生物量少，表现出单位池容内的降解能力较低(OUR较低)，VSS去除量小，但VSS去除率较高。

7.2.5　停留时间

根据要求达到的VSS分解率所需停留时间可以确定污泥好氧消化池容积。通常在温度20 ℃左右时，去除40%～45% VSS需要10～12 d的停留时间。当延长停留时间，VSS继续分解，但分解速率会显著降低。

7.3　污泥好氧消化工艺

污泥好氧消化工艺包括传统污泥好氧消化工艺(Conventional Aerobic Digestion，CAD)、缺氧/好氧消化工艺(Anoxic/ Aerobic Digestion，A/AD)、自动升温高温好氧消化工艺(Auto-heated/ Autothermal Thermophizie Aerobic Digestion，ATAD)、两段高温好氧/中温厌氧消化工艺(AerTAnM)和深井曝气污泥好氧消化工艺(VERTADTM)。

7.3.1　传统污泥好氧消化工艺(CAD)

传统污泥好氧消化工艺(CAD)简单，构造及设备类似于传统活性污泥法。在曝气时，微生物通过自身的氧化分解使污泥减量。常用的运行工艺根据进泥方式不同分为连续式和间歇式两种，工艺流程如图7-3-1所示。连续进泥方式多用于大、中型污水处理厂的污泥好氧消化池，其运行方式与活性污泥法的曝气池相似。消化池后设置浓缩池，浓缩污泥一部分回流到消化池中，另一部分进行污泥处置，上清液被送回至污水处理厂进水口与原污水一同处理。间歇进泥方式多应用于小型污水处理厂的污泥好氧消化，在运行中需定期进泥和排泥。

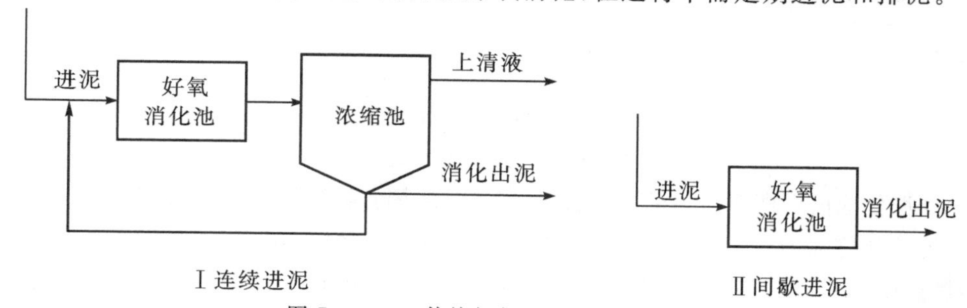

图7-3-1　传统好氧消化工艺流程图

CAD中需为微生物提供充足的氧源，同时使污泥处于悬浮状态，曝气方式可采用射流曝气、鼓风曝气和机械曝气。

CAD池的SRT与污泥浓度、污泥来源及反应温度有关。其中，温度对好氧消化的影响较大，温度高时微生物代谢能力强，即比衰减速率大，达到要求的VSS去除率所需的SRT短。当温度降低时，为达到污泥稳定化则需延长SRT。在一定温度下选择合适的SRT，既可保证VSS的去除率，又可避免SRT过长造成基建费用提高。如在温度为20 ℃时，消化池进泥为剩余污泥，污泥浓度为$(1.25\sim1.75)\times10^4$ mg/L时，SRT为12～15d；如进泥为初沉污泥和剩余污泥的混合污泥，污泥浓度为$(1.5\sim2.5)\times10^4$ mg/L时，SRT为18～20 d；如进泥为初沉污泥，污泥浓度$(3\sim4)\times10^4$ mg/L时，SRT需适当延长。

7.3.2 缺氧/好氧消化工艺(A/AD)

1. 工艺简介

由于大部分的CAD工艺中都要添加化学药剂来调节pH，硝化作用又需要消耗氧气，致使运行费用提高，为解决这类问题，研究人员提出了缺氧/好氧消化工艺(A/AD)。

A/AD工艺分连续式和间歇式进泥两种方式。图7-3-2(a)为间歇进泥工艺流程，消化池可根据间歇式CAD消化池改造，曝气装置间歇开启和关闭，使消化池交替形成好氧阶段和缺氧阶段，达到硝化、反硝化目的，无需单独增设缺氧池。缺氧运行时采用搅拌器以保持污泥呈悬浮状态，促进污泥反硝化。图7-3-2(b)和(c)均为连续进泥工艺流程，连续式A/AD工艺在CAD工艺的前端加一段单独的缺氧区，混合液从好氧区内循环至缺氧区，利用污泥在缺氧区发生反硝化反应产生的碱度来补偿好氧区硝化反应中所消耗的碱度。

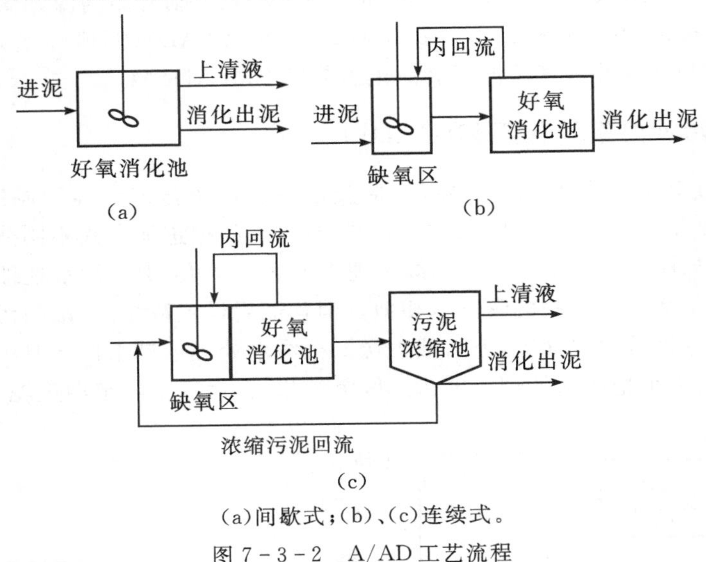

(a)间歇式;(b)、(c)连续式。

图7-3-2 A/AD工艺流程

A/AD消化池内污泥停留时间、污泥浓度、VSS的去除率等都与CAD工艺类似，但TN去除率远高于传统的好氧消化工艺。由于A/AD工艺在缺氧段是以NO_3^--N替代O_2作为最终电子受体，需氧量比CAD工艺要少，可节省18%左右的氧源，同时可缩短好氧消化池的停留时间。

2. 工程进展

国外对A/AD工艺中的DO、ORP、pH等控制参数开展了较多研究。对比A/AD消化系统中ORP和pH这两个控制参数的作用，研究人员发现以pH作为系统控制参数效果较好，可减少45%的曝气量，达到48%的VSS和49%的TN去除率。此外，对A/AD消化系统的运行观察发现，在自然条件(14～17 ℃)下，MLVSS去除率可达26%。

国内研究了超声波强化污泥A/AD消化工艺的作用效果，超声频率28 kHz，超声密度0.1 W/mL，超声时间15 min，超声间隔12 h作用于A/AD工艺中，消化10 d后的污泥VSS去除率达到40.14%，高出对照污泥20%，表明超声波强化对污泥消化效率有明显促进作用。将超声波预处理引入污泥A/AD工艺中，可缩短污泥稳定时间，提高污泥的消化效率。

7.3.3　自动升温高温好氧消化工艺(ATAD)

1. 工艺简介

A/AD 工艺的主要缺点是运行费用高、污泥停留时间长、对病原菌的去除率低。为了提高对病原菌的去除率，需将温度提高到高温范围(50～70 ℃)。20 世纪 60 年代，美国研究人员基于堆肥工艺的设计思想开发了 ATAD 工艺，该工艺主要是以活性微生物降解有机物为主，通过自身氧化分解释放的热量维持系统内部的高温状态，降解自身生物体进行新陈代谢，从而获得能量并合成新的细胞物质，有机质总的合成量小于分解量，系统中可被微生物降解的有机质最终被分解成二氧化碳等无机物，从而实现污泥的稳定化和减量化。

ATAD 工艺又被称为液态堆肥，是利用污泥好氧生物降解过程中产生的热量，使反应器温度升高的同时进行保温处理，以维持好氧反应所需的高温(45～60 ℃)，整个过程不需外加热源，有机物去除率达到 50%。相较于与 CAD、A/AD 厌氧工艺，ATAD 工艺对有机物的降解速率相对较高，消化时间较短，处理设施占地面积小，投资低，同时可以消灭病原菌。

在 ATAD 工艺中，曝气是工艺设计的关键。曝气量过大会导致热损失过多使反应器温度降低，曝气量太小又会降低处理效率，因此采用高效的氧转移设备尤为重要，实践证明，氧转移效率要达到 10%以上。ATAD 反应器内污泥需适当混合以保持污泥处于悬浮状态，若混合不够易造成污泥沉淀，使反应器的有效容积利用率降低，沉淀的污泥内部会形成厌氧状态，美国环境保护局(EPA)推荐 ATAD 工艺需要的混合能量为 86～105 kW/100m^3，因此有效的曝气设备既可供给污泥内源代谢足够的氧，也能促进污泥有效的混合。

图 7－3－3 即为 Fuchs 公司 ATAD 反应器的曝气装置。除中央设置的机械曝气装置以外，反应器两侧各安装一个螺旋曝气器，并以一定的倾斜角度浸没于污泥中，可促进物质垂直向下混合。螺旋曝气器上的推进器产生环流至池子底部，空气经空心转轴被吸入，由于高度的湍流作用，微泡曝气效果明显，充氧效率高。ATAD 也可采用射流曝气，因射流曝气器可使反应器内的空气循环，在保证曝气量达到运行要求的前提下，减少空气逸散而引起的热量损失，同时达到较好的搅拌效果。

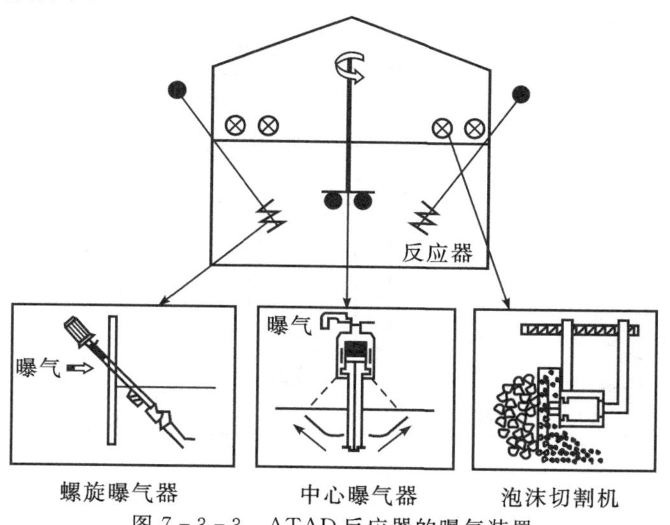

图 7－3－3　ATAD 反应器的曝气装置

典型的射流曝气器构造原理如图 7－3－4 所示，其主要由喷嘴、气室、混合管、扩散管四部分组成，具有一定压力的污泥可通过喷嘴高速喷出，在喷嘴出口区域形成真空，从而将空气吸入，污泥和空气在混合管内进行混合并且能量交换。独特的混合气室设计和强劲的射流作用，使泥气搅拌均匀，产生的气泡多而细小，提高了氧传递效率。射流曝气器的类型根据供气方式的不同，可分为压力供气和自吸供气；按工作压力分类可分为高压型和低压型。

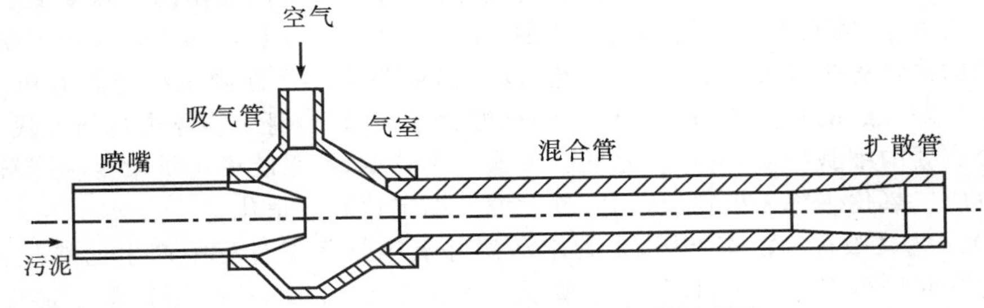

图 7－3－4　单级单喷嘴射流曝气器原理图

为保证能在污泥降解过程中提供足够的热量以达到升温的目的，进入 ATAD 的污泥需预浓缩，使 MLSS 达到 $4\times10^4\sim6\times10^4$ mg/L，通常污泥的 VSS 至少为 2.5×10^4 mg/L。当污泥中不易生物降解组分所占比例过大，释放热量有限，会导致反应器不足以升高到预定温度。

ATAD 反应器采用高效率的曝气系统，高浓度的入流污泥以及良好的操作条件，可使反应器温度达到 45～60 ℃，甚至在冬季仍可保持较高温度。反应器采用密封式，并在外壁采取绝热措施减少热损失。ATAD 装置也可设置热交换器利用排出的热污泥预热入流污泥以维持反应器处于较高温度，热交换器有水—水、泥—水和泥—泥螺旋式双管交换器等。

ATAD 消化工艺一般由两个或多个反应器组成，其基本工艺流程如图 7－3－5 所示。

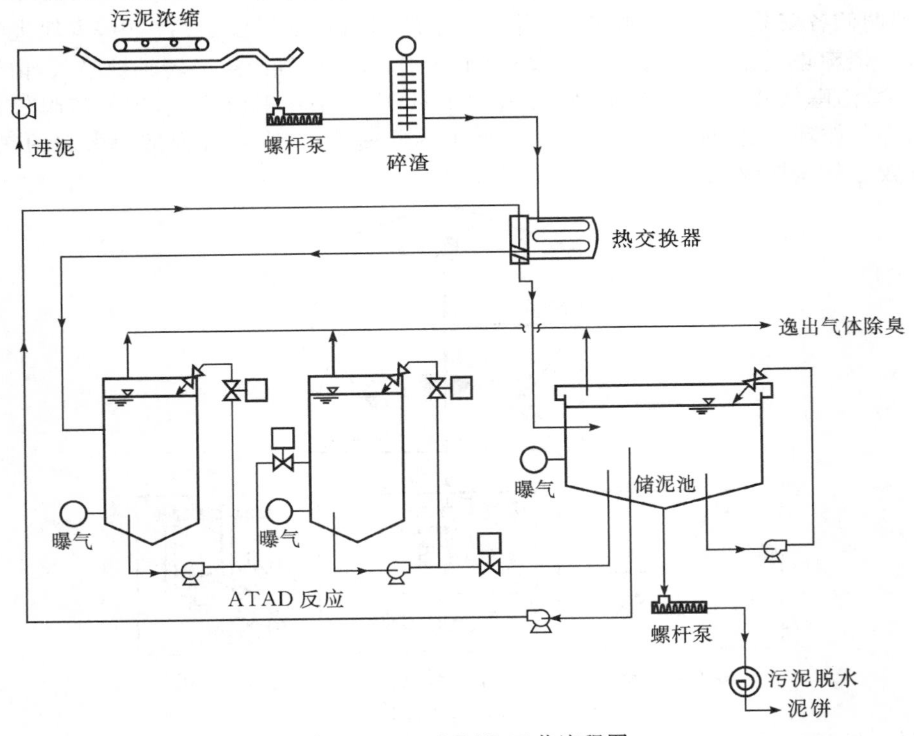

图 7－3－5　ATAD 工艺流程图

污泥首先进入预浓缩，增设粉碎机对污泥粉碎处理，以防对后续的管道、泵等设施造成堵塞。浓缩、粉碎后的污泥进入 ATAD 反应器，ATAD 运行方式有间歇式、半间歇式、连续式和半连续式。间歇式是交替将两个反应器一次性充满，储泥池运行完一个 HRT 周期后，交替进行全部的换泥；半间歇运行指每天进行螺杆泵一次进泥、出泥，进泥（出泥）量由 SRT 决定；连续式是连续地、不间断地进泥和出泥；半连续式是将第二个反应器内的泥排出一部分，然后第一个反应器的污泥进入第二个反应器至装满，最后浓缩池向第一个反应池进泥，是瞬间充满、部分排放的操作方式。连续式和半连续式的操作简单，而间歇式和半间歇式的操作相对复杂，但半间歇式应用最广，而且通过操作上的控制可以实现与其他工况之间的转换。消化和升温主要发生在第一个反应器内，温度通常控制在 45 ℃左右，一般不超过 55 ℃，pH≥7.2；第二反应器温度通常控制在 55～60 ℃，一般不超过 65 ℃，pH≈8.0。经 ATAD 反应器处理后的污泥经热交换器预热入流污泥后，用泵输送到储泥池中冷却。一般经 ATAD 工艺消化后污泥较难脱水，需适当增加混凝剂的投加量，这也是在工艺选择中需要重点考虑的问题之一。

ATAD 反应器系统组件主要有隔热保温反应器、搅拌设备（包括回流泵）、曝气设施、泡沫控制设施（喷射法或机械法）、气体排放设备（尾气处理设施）、臭味控制设施、温度和液位的监测器、自动阀门（小型的 ATAD 可以采用手动阀门）。另外，可以应用可编程逻辑控制器（PLC）加计算机系统实现自动控制。

2. 工程应用

图 7-3-6 为爱尔兰基拉尼（Killarney）水厂采用的 ATAD 工艺流程示意图，该工程人口当量为 20000～51000，处理污泥量为 24 m^3/d（冬季和春季）和 36 m^3/d（夏季和秋季），水力停留时间 5～9 d，年平均固体产量约 500 t。反应器采用福斯（Fuchs）曝气装置，在第一阶段，螺旋曝气器功率为 5.5 kW，第二阶段的螺旋曝气器功率为 4.5 kW，第一阶段曝气功率大是因为混合污泥的加入（5.5% TS）导致更大的曝气需求和混合需求。污泥经处理后可用于农业土地。

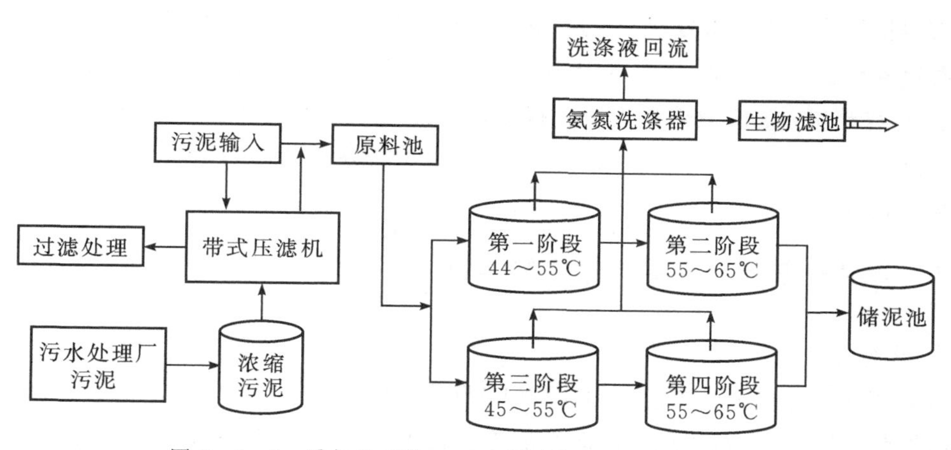

图 7-3-6　爱尔兰 Killarney 水厂 ATAD 工艺流程示意图

7.3.4 两段高温好氧/中温厌氧消化工艺(AerTAnM)

1. 工艺简介

两段高温好氧/中温厌氧消化工艺，是以ATAD作为中温厌氧消化的预处理工艺，AerTAnM工艺最大特点是结合了好氧消化和厌氧消化工艺的优点，在提高污泥消化能力及对病原菌去除能力的同时还可达到回收生物能的目的。

预处理ATAD段的SRT比较短，为24 h，有时采用纯氧曝气，DO(溶解氧)维持在1.0±0.2 mg/L，且反应温度达到50～60 ℃，后续厌氧中温消化温度为37±1 ℃。

ATAD中的高温可以迅速灭活病原体，同时，ATAD反应器在微氧和碳源充足的条件下可以产生大量的短链挥发性脂肪酸(VFA)，大量的VFA可以提高后续的中温厌氧消化的产甲烷速率。在ATAD中消化过后，由于蛋白质脱氨反应导致污泥碱度大大提高(1.6 g/L上升到3.0 g/L，以$CaCO_3$计)，这样产出的污泥具有高VFA、高碱度的性质，使得后续的中温厌氧消化反应器运行更加稳定，其工艺流程图如图7-3-7所示。

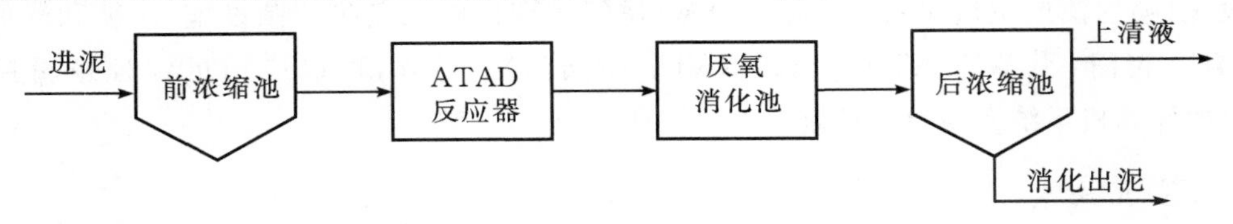

图7-3-7 AerTAnM工艺流程图

该工艺的特点是将快速产酸反应阶段和较慢的产甲烷反应阶段分离在两个不同反应器内进行，有效地提高了两段的反应速率，同时，可利用高温好氧消化产生的热量维持中温厌氧消化的温度，进一步减少了能源费用，另外，该工艺还具有VSS的去除率高、出泥脱水性能较好，病原体杀灭效果好的优点。但该工艺污泥消化停留时间较长，占地面积较大。

2. 工程进展

欧美等国已有许多污水处理厂采用AerTAnM工艺，运行经验及实验室研究表明，该工艺可显著提高对病原菌的去除率和后续中温厌氧消化运行的稳定性。不同的研究者将AerTAnM工艺与单相中温厌氧消化工艺进行了比较发现：AerTAnM工艺对有机物(VSS)的去除率可提高6%，产甲烷量轻微提高，消化气中H_2S含量降低，同时工艺消化出泥脱水性能好，污泥处置费用低。

7.3.5 深井曝气污泥好氧消化工艺(VD)

1. 工艺简介

深井曝气污泥好氧消化工艺又称VERTADTM(VD)工艺，由NORAM工程与建筑公司开发，该技术也是一种自热式高温污泥好氧消化技术，工艺流程见图7-3-8，该系统主要包括均质池、深井反应器、气浮池、储泥池及后续带式脱水机，深井反应器供气系统包括螺杆空压机和储气罐。工艺的核心是基于地下式高压反应器，反应器深度达 110 m，井的直径一般为 0.5～3 m，占地面积相比 CAD 工艺大大减少。初沉污泥及剩余活性污泥经 VD 工艺处理后，可达到 EPA 规定的 A 级标准。

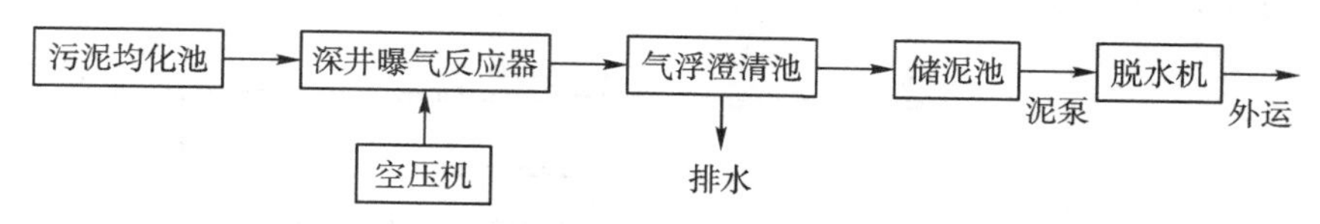

图 7-3-8　深井反应器自热高温好氧消化工艺流程图

VD 工艺构造简图如图 7-3-9 所示。VD 反应器包括氧化区、混合区和深度氧化区。氧化区在反应器的上部，中间设置同心导流筒。紧接反应区的下部是混合区，曝气装置设于该区域，为氧化区提供充足的氧气，同时为污泥循环提供动力。深度氧化区位于反应器底部，减少短流并维持高温状态以杀死致病菌。污泥由混合区进入，与部分回流的消化污泥混合，同时与空气扩散装置释放的气泡接触，随空气由导流筒外环上升，并在导流筒内部形成降流，产生污泥循环，增加压力和深度可大大提高氧转移速率，从而保证混合区内的混合溶液中含有较高的溶解氧，提高氧化区内污泥好氧消化速率。循环污泥沿着井筒的竖壁到达上段时，微生物呼吸作用产生的气态产物被释放到大气中，可以避免产生的废气重新回到系统内影响空气动力效率，小部分循环污泥从混合区进入深度氧化区(下部推流区)，这个区域内溶解氧含量极高，停留时间较长，所以，污泥中剩余的有机物在此被高度氧化，此过程的特点是随着有机物的氧化，污泥温度不断升高，并利用周围良好的保温环境使反应器的温度得到稳定，从而灭活病原菌。消化后污泥通过中心管由反应器底部迅速排至气浮澄清池。

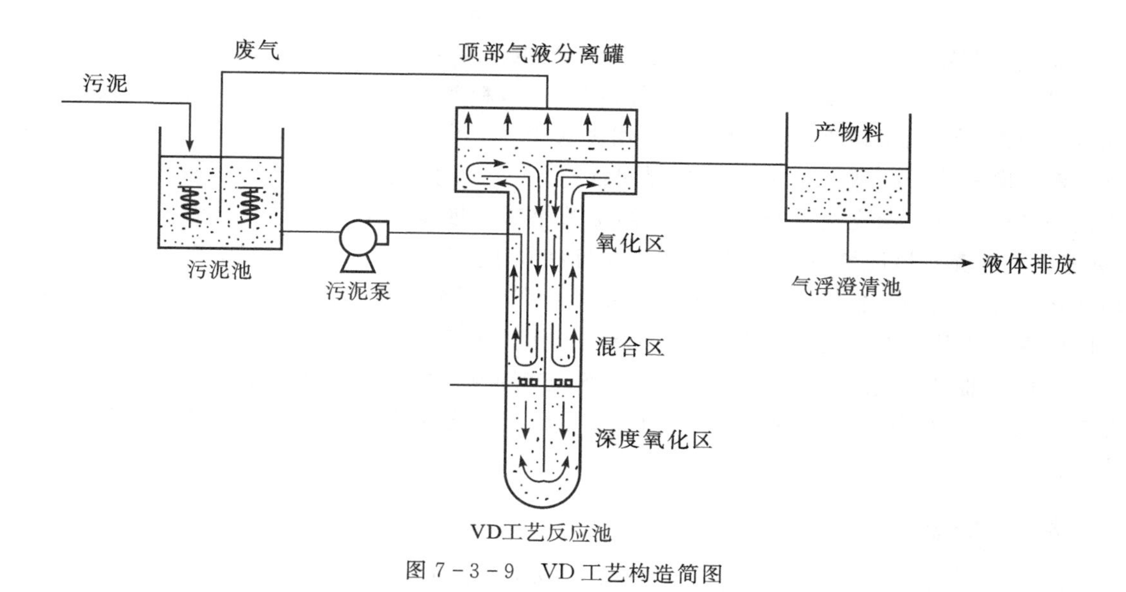

图 7-3-9　VD 工艺构造简图

2. 工程应用

位于华盛顿兰顿南方处理厂采用了 VD 工艺，如图 7-3-10 所示。该工程人口当量为 2500～7500，设施主体部分是一个直径 50 cm、深 107 m 的地下立式反应器。反应器管通过双气缸旋转钻钻井方法的常规钻井技术安装。

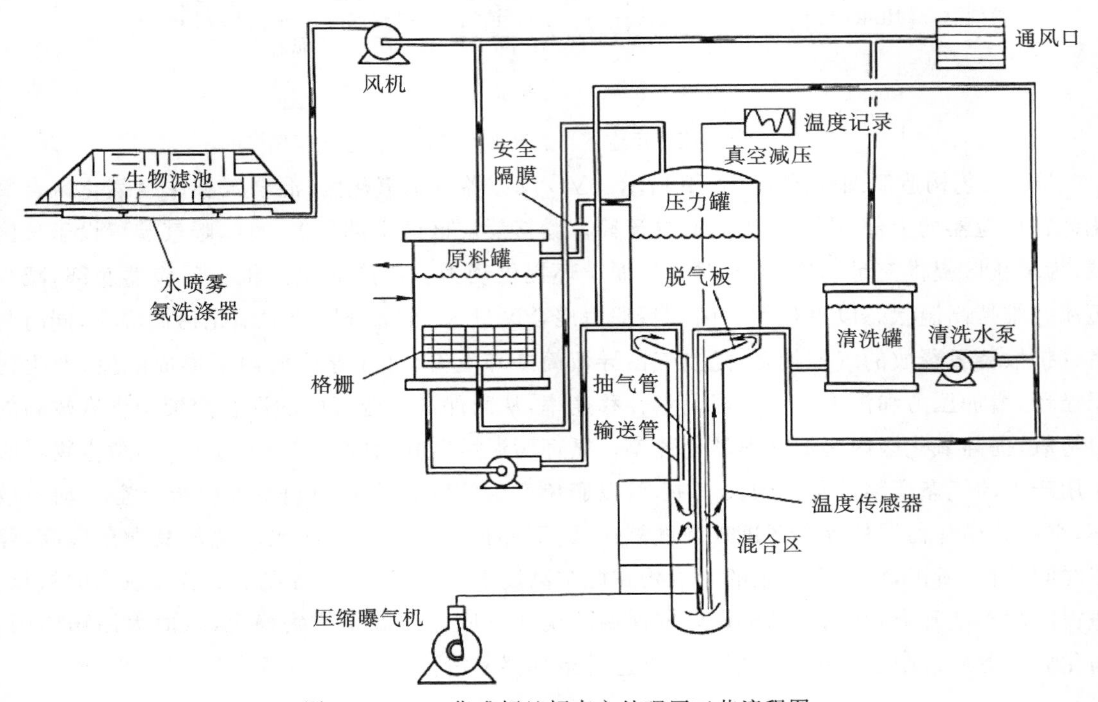

图 7-3-10　华盛顿兰顿南方处理厂工艺流程图

立式反应器分为三个独立的处理区。反应器的上层区域(地表到 44 m 深)包含一个中心同心导流筒用于循环。浅层曝气头设在导流管下方，释放的压缩空气可以促使污泥在环形空间流动起来并且向下导流，从而使压缩污泥进入中间完全混合区。这个区域由导流管下方延伸到深层曝气头(44～96 m 深)。该区域可保持 5～10 个大气压，大大提高了氧转移速率。上部区域和该区域逐渐完全混合大概需要经历数小时。推流区由深层曝气头到反应器的底部(96～107 m 深)，该区域不曝气，从水力学角度独立于上部曝气区域(由示踪实验证实)。最终消化产物由空气提升管排出，并严格遵守 A 类污泥灭活病原菌停留时间要求，保证足够的间隔时间序批排放。空气提升管直径 7.6 cm，末端设于距反应器底部 0.5 m 以内。

除反应器以外，装置还包括污泥供给管路、进料储罐、变频进料泵、冲洗系统、空气压缩机、热交换系统、可编程逻辑控制器(PLC)以及用于废气处理的生物滤池，由 PLC 控制进泥和排泥。

7.3.6　好氧消化工艺的比较

CAD、A/AD、ATAD、AerTAnM、VD 污泥好氧消化工艺优缺点见表 7-3-1。

表7-3-1 污泥好氧消化工艺优缺点对比

工艺	优点	缺点
CAD	工艺成熟，机械设备简单，操作运行简单；能够在一池中同时实现浓缩和污泥稳定；上清液BOD含量低	运行费用高，对病原菌的灭活率低；需要相当长的SRT，相当大的反应体积；硝化作用使pH值下降；消化污泥的脱水性能差
A/AD	可不补偿碱度，维持pH，其他同CAD	工艺条件要求，运行费用较高，其他同CAD
ATAD	对病原菌的杀灭效果好；能耗低，污泥脱水性能优于CAD及A/AD	泡沫问题；新工艺，经验少；动力费用高；需增加浓缩工序；进泥应含有足够的可降解固体
AerTAnM	显著提高对病原菌的去除率；总停留时间短，VSS去除率和产气量都有所提高	该工艺尚处实验阶段，其中的一些机理尚未清楚
VD	占地面积小；成本低；处理效果好；出泥脱水性能好；对环境影响小	运行管理难度大、要求高；承受环境突变能力差

7.4 污泥好氧消化系统设计计算

污泥好氧消化设施主要由消化池和曝气系统组成，污泥好氧消化系统设计包括好氧消化池设计和曝气系统设计。好氧消化池设计包括池型选择、容积与尺寸的确定，曝气系统设计包括需氧量计算与供氧设备选择。

7.4.1 好氧消化池系统设计

1. 设计参数

(1)消化池的池型。池数以两座以上为宜。池型可以建成矩形池或圆形池。消化池的有效水深通常取3～4 m。采用底坡为1∶12～1∶4，因好氧消化易形成较厚的泡沫层，因此超高至少为0.9～1.2 m。

(2)好氧消化池设计参数见表7-4-1。

表7-4-1 推荐设计参数

序号	设计指标	数值
1	最低溶解氧含量/(mg/L)	2
2	温度/(℃)	>15
3	有机负荷/[kgVSS/(m^3 · d)]	0.38～2.24
4	机械曝气所需功率/(kW/m^3)	0.02～0.04
5	污泥含水率/(%)	<98
6	污泥需氧量/(kgO_2/去除 kgVSS)	3～4

续表

序号	设计指标	数值
7	挥发性固体去除率/(VSS)(%)	45～55
8	VSS/SS值/(%)	60～70
9	污泥水力停留时间/(d)	
	活性污泥	10～15
	初沉污泥、混合污泥	15～20
10	需气量/[鼓风曝气 $m^3/(min \cdot m^3)$]	
	活性污泥	0.02～0.04
	初沉污泥、混合污泥	0.04～0.066

2. 好氧消化池容积计算

(1)剩余活性污泥好氧消化池容积。来自二沉池的剩余活性污泥，其好氧消化池容积可根据式(7-4-1)计算得出。

$$V = Qt = \frac{Q(X_0 - X_e)}{k_d X_e} \tag{7-4-1}$$

式中，V 为好氧消化池有效容积，m^3；Q 为进入消化池的平均污泥流量，m^3/d；t 为水力停留时间，即好氧消化时间，d，通常为 10～15 d；X_0 为进泥中可生物降解 VSS 浓度，$kgVSS/m^3$；X_e 为消化后污泥中可生物降解 VSS 浓度，$kgVSS/m^3$；k_d 为活性污泥微生物中内源呼吸速率常数(以 VSS 计)，d^{-1}。

(2)混合污泥好氧消化池容积。初沉污泥与剩余污泥的混合污泥进行好氧消化，消化池的容积可根据式(7-4-2)计算。

$$V = (Q_p + Q_a) \cdot t = (Q_p + Q_a) \cdot \frac{(X_0)_m + Y_t S_m - (X_e)_m}{k_d[0.77D(X_{0a})_m(X_0)_m]} \tag{7-4-2}$$

式中，V 为好氧消化池有效容积，m^3；Q_p 为初沉污泥平均流量，m^3/d；Q_a 为剩余污泥平均流量，m^3/d；t 为水力停留时间，即好氧消化时间，d，通常为 15～20 d；Y_t 为初沉污泥中的微生物产率系数，一般为 0.5；S_m 为混合污泥中的底物浓度，以 BOD_5 计，mg/L；k_d 为活性污泥微生物中内源呼吸速率常数(以 VSS 计)，d^{-1}；0.77 为经好氧消化，77%的微生物可经内源呼吸被降解；D 为混合污泥中可生物降解的 VSS 被好氧消化污泥带走的比例，一般为 0.1～0.3；$(X_0)_m$ 为混合污泥中的 TSS 浓度，mg/L；$(X_e)_m$ 为混合污泥经好氧消化后污泥(出泥)中的 TSS 浓度，mg/L；$(X_{0a})_m$ 为混合污泥中，微生物所占比例，%。

3. 需氧量计算

(1)碳化需氧量

$$Q_{2c} = [1.42 \times 0.77Q\eta \times (X_{0a})_m \times (X_0)_m + Q_p S_p] \times 10^{-3} \tag{7-4-3}$$

式中，Q_{2c} 为碳化需氧量，kg/d；1.42 为去除 1 mg BOD_5 需氧 1.42 mg；0.77 为经好氧消化，77%的微生物可经内源呼吸被降解；Q 为入流污泥量，m^3/d；η 为好氧消化可降解的活性微生物体去除率，%，一般可达90%；$(X_0)_m$ 为混合污泥中的TSS浓度，mg/L；$(X_{0a})_m$ 为混合污泥中，微生物所占比例，%；Q_p 为初沉污泥平均流量，m^3/d；S_p 为初沉污泥中的底物浓度，以 BOD_5 计，mg/L。

(2)硝化需氧量。硝化需氧量包括活性污泥中的氨氮和细胞质中有机氮的硝化需氧量，以及初沉污泥中有机氮的硝化需氧量。需氧量公式为

$$Q_{2c}=4.57\{Q_a[NH_3-N]+0.122\times0.77Q\eta\times(X_{0a})_m\times(X_0)_m+Q_p[TKN]_p\}\times10^{-3} \tag{7-4-4}$$

式中，$[NH_3-N]$ 为剩余活性污泥中 NH_3—N 的浓度(以N计)，mg/L；$[TKN]_p$ 为初沉污泥中总凯式氮浓度(以N计)，mg/L。

7.4.2　曝气系统设计

1. 曝气系统的确定

(1)间歇式曝气系统。间歇曝气使消化过程处于缺氧好氧交替状态实现污泥缺氧/好氧消化。利用缺氧阶段的反硝化反应产生的碱度来补充硝化过程中所消耗的碱度，可在无外源添加碱度条件下使污泥pH值处于7左右，提高了消化系统的缓冲能力和效果，并减少曝气量。

间歇曝气可减少尾气及尾气中的氨氮，但间歇曝气较连续曝气更易堵塞气体扩散装置，增加维修成本。

(2)循环曝气系统。循环曝气系统是将曝气池的尾气以一定比例与新鲜气体混合进行循环曝气，可显著减少尾气中挥发性有机化合物类臭气成分，从而减少离开曝气池的净废气量。循环曝气系统可显著降低由低降解性有机化合物带来的废气成分，而对于高降解性有机化合物而言，由于更长的停留时间增加了其生物降解率，会增加后期废气中存在的挥发性有机化合物，若在系统后设置废气处理装置，相较于传统曝气方法可显著提高装置的效率。目前该工艺在污泥好氧消化中的研究鲜有报道，但其对于控制臭气成分具有较大优势，具有一定发展前景。

(3)纯氧曝气。纯氧曝气系统是利用纯氧(氧气含量大于80%)较大氧分压来提高氧气在水中的传递速率，从而实现在少量曝气条件下，污泥快速处于好氧状态。

纯氧曝气可以提高好氧消化的效果和速率，其曝气量小同时还可以减少尾气中挥发性化合物类臭气成分，曝气池尾气中由吹脱产生的挥发性有机化合物类臭气成分大量减少。

纯氧由于可以使污泥更快更均匀地处于好氧状态，减少尾气中的臭气成分(如 NH_3 等)，而且其最大的限制因素即生产成本也因为近年来纯氧制备技术的发展而大幅降低，因此在污泥好氧消化中的应用潜力很大。

2. 曝气设备参数的确定

好氧消化池曝气方式有鼓风曝气和机械表面曝气。

(1)好氧消化池采用鼓风曝气时，需气量的参数取值范围。采用鼓风曝气时，好氧消化池的构造与完全混合式活性污泥法曝气池相似。一般为圆形，也可用正方形或矩形。其中曝气系统由压缩空气管和中心导流筒组成，曝气装置多用表面曝气机，置于池中心，污泥进入搅拌中心，立即和全池混合液混合。

好氧消化池采用鼓风曝气时，应同时满足细胞自身氧化需气量和搅拌混合需气量。宜结合试验资料或类似工程经验确定。一般情况下，剩余污泥的细胞自身氧化需气量为0.015～0.02 m^3 空气/(m^3 池容·min)，搅拌混合需气量为0.02～0.04 m^3 空气/(m^3 池容·min)；初沉污泥或混合污泥的细胞自身氧化需气量为0.025 mm^3～0.03 m^3 空气/(m^3 池容·min)时，搅拌混合需气量为0.04～0.06 m^3 空气/(m^3 池容·min)。可见污泥好氧消化采用鼓风曝气时，搅拌混合需气量大于细胞自身氧化需气量，因此以混合搅拌需气量作为好氧消化池供气量设计控制参数。

采用鼓风曝气时，空气扩散装置不必追求很高的氧转移率。微孔曝气器的空气洁净度要求高、易堵塞、气压损失较大、造价较高、维护管理工作量较大、混合搅拌作用较弱，因此好氧消化池宜采用中气泡空气扩散装置，如穿孔管、中气泡曝气盘等。

(2)好氧消化池采用机械表面曝气时，需用功率的取值范围。好氧消化池采用机械表面曝气时，应根据污泥需氧量、曝气机充氧能力、搅拌混合强度等确定需用功率，结合试验资料或类似工程经验确定。当缺乏资料时，表面曝气机所需功率可根据原污泥含水率选用。原污泥含水率高于98%时，可采用14～20 kW/(m^3 池容)；原污泥含水率为94%～98%时，可采用20～40 kW/(m^3 池容)。因好氧消化的原污泥含水率一般在98%以下，因此表面曝气机功率宜采用20～40 kW/(m^3 池容)。

第 8 章　污泥好氧堆肥

污泥堆肥是利用污泥中的细菌、放线菌、真菌等微生物，在一定的人工条件下，有控制地促进可被微生物降解的有机质向稳定的腐殖质转化的生物化学过程。根据堆肥过程中的需氧程度可将污泥堆肥分为好氧堆肥、厌氧堆肥和兼性堆肥。污泥堆肥一般指好氧堆肥。

8.1　污泥好氧堆肥原理

好氧堆肥原理如图 8－1－1 所示。好氧堆肥是在游离氧存在的条件下，利用堆料中好氧微生物的代谢作用对污泥进行生物降解和生物合成。在堆肥过程中，溶解性有机质透过微生物的细胞壁和细胞膜而被微生物所吸收，固体和胶体等有机质先附着在微生物体外，由微生物所分泌的胞外酶分解为溶解性物质，再渗入细胞内。微生物通过自身的生命活动——氧化还原和生物合成过程，一部分有机物氧化成简单的无机物，并释放出微生物生长、活动所需要的能量，另一部分有机物转化合成新的细胞物质，使微生物生长繁殖，产生更多的生物体，而未能降解的残留有机物部分转化为腐殖质。最终将有机废物矿质化和腐殖化。有机物氧化产生的能量一部分以热能形式释放，另一部分用于细胞质的合成。

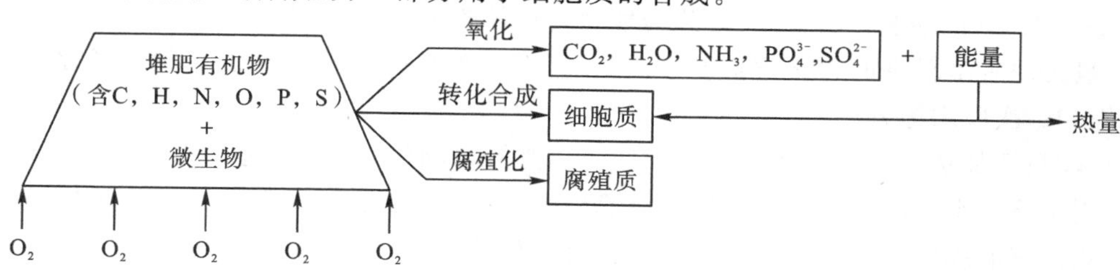

图 8－1－1　好氧堆肥原理图

下列反应式表明好氧堆肥中有机物的氧化、细胞物质的合成与细胞质的氧化原理及反应过程。

1. 有机物的氧化

(1)不含氮的有机物($C_xH_yO_z$)

$$C_xH_yO_z+(x+\frac{y}{4}-\frac{z}{2})O_2\longrightarrow xCO_2+\frac{y}{2}H_2O+\text{能量}\tag{8-1-1}$$

(2)含氮有机物($C_sH_tN_uO_v\cdot aH_2O$)

$$C_sH_tN_uO_v\cdot aH_2O+bO_2\longrightarrow C_wH_xN_yO_z\cdot cH_2O+dH_2O+eH_2O\uparrow+fCO_2+gNH_3+\text{能量}\tag{8-1-2}$$

2. 细胞物质的合成(包括有机物的氧化，并以 NH_3 为氮源)

$$nC_xH_yO_z+NH_3+(nx+\frac{ny}{4}-\frac{nz}{2}-5)O_2\longrightarrow C_5H_7NO_2+(nx-5)CO_2+\frac{ny-4}{2}H_2O+\text{能量}\tag{8-1-3}$$

3. 细胞质的氧化

$$C_5H_7NO_2+5O_2 \longrightarrow 5CO_2+2H_2O+NH_3+能量 \qquad (8-1-4)$$

堆肥成品 $C_wH_xN_yO_z \cdot cH_2O$ 与堆肥原料 $C_sH_tN_uO_v \cdot aH_2O$ 质量之比为 0.3～0.5，这是氧化分解减量化的结果。

8.2 污泥好氧堆肥影响因素

好氧堆肥是一个复杂的过程，在堆肥过程中受到诸多因素的影响，这些因素决定微生物的活性，最终影响堆肥的速度与质量，其中主要影响因素有含水率、含氧量、温度、碳氮比（C/N）、pH 值和有机物含量等。

8.2.1 含水率

堆料的含水率过低，不利于微生物的生长；含水率过高，则会堵塞堆料中的空隙，影响通风，降低堆体含氧量，导致厌氧发酵，温度也会急剧下降。众多研究表明，污泥堆肥初始含水率应调节至 50%～60%，针对不同的系统略有差异。对于条垛系统和反应器系统，堆料含水率不应大于 65%；对于强制通风静态垛系统，含水率不应大于 60%；堆肥系统含水率均需保证不小于 40%。相关研究采用卧式螺旋式污泥好氧堆肥装置，探讨含水率与堆体温度、有机物去除和 pH、TN、有机碳变化的关系，并认为堆肥的最佳含水率为 50%～55%。

一般污泥脱水泥饼的含水率高达 75%～85%。含水率调整的方法有辅料添加、成品回流、干燥和二次脱水等方法。

(1)辅料添加法。辅料添加法由于前处理装置简单，脱水泥饼的通气性得到显著改善，被广泛应用于高含水率的泥饼处理。泥饼与辅料按 1∶1 进行混合，可得到含水率 60%～65%、通气性能良好的堆料。常用的辅料以木屑、米糠、稻草为主。在选择辅料时需注意，木屑等木质材料与米糠、稻草等植物材料相比，难分解成分多，需要进行长时间的二次发酵。

(2)成品回流法。成品回流法不存在辅料供给问题，并且在含水率调整的同时也能调整 pH 值和进行接种，常用于加入消石灰后 pH 值高的脱水泥饼。用这种方法堆料含水率必须调整到 50%左右，所以它适用于含水率较低的泥饼。含水率高的泥饼 1 体积需要加 3～5 体积的成品，这样会使发酵槽过大。成品回流法的堆料中含难分解物质少，可不必进行二次发酵，发酵时间短。

(3)干燥和二次脱水。一般被认为是成品回流方式的辅助手段，由于干燥费用高和二次脱水机性能等方面的问题没有解决，应用较少。

8.2.2 含氧量

堆体的含氧量低于微生物生化活动所需的浓度界限，会导致厌氧发酵产生恶臭，含氧量过低，在降低堆体温度的同时，导致病原菌大量存活。有研究者针对卧式螺旋污泥好氧堆肥装置，进行了通气量对堆肥效果的影响研究，结果表明，装置的最佳通气量为 6.7～8.3 $m^3/(h \cdot t)$，通气量过大或不足都将降低堆体温度，不利于有机物的去除。一般认为，堆体的含氧量保持在

5%～15%的范围比较适宜。

控制含氧量的目的是通过通风供氧以维持好氧微生物的代谢活动。污泥堆肥系统主要有自然通风、定期翻堆、强制通风及被动通风等通风方式。

(1)自然通风：是利用堆料表面与其内部氧的浓度差产生扩散，使氧气与物料接触。仅通过表面接触供氧，只能保证离表层 22 cm 距离内有效供氧。此法供氧存在氧气分布不均匀、发酵不充分、堆肥周期长等缺点，其优点是可以节省能源。

(2)定期翻堆：条垛系统靠自然通风系统进行供氧，由于自然通风供氧能力有限，在堆肥过程中需要翻动堆垛，利用固体物料的翻动把空气包裹到固体颗粒的间隙中以达到供氧的目的。定期翻堆包括人工翻堆和机械翻堆两种操作形式。在堆肥的起始阶段，耗氧速率很大，从理论上说，如果仅靠翻堆供氧，固体颗粒间的氧约 30 min 就被耗尽，需要每 30 min 左右就翻堆一次，在实际生产中很难实施。对于常规条垛系统，在堆肥开始的 2～3 周内，一般每隔 3～4 d 翻堆一次，以后一周左右翻堆一次即可。翻堆还能使堆料混合均匀，促进水分蒸发，有利于堆肥的干燥。

(3)强制通风：是通过机械通风系统对堆体强制性通风的供氧方式。机械通风系统由风机和通风管道组成，通风管道可采用穿孔管铺设在堆肥池底部或设活动管道插在堆肥物料中等布设方式。为实现气体在堆体中均匀流通，需使各路气体通过堆层的路径大致相同，且通风管路的通风孔口要分布均匀。通风方式可选用鼓风或抽风，一般在堆肥化前期和中期采用鼓风，鼓风有利于保持管道畅通，除水蒸气，防止堆体边缘温度下降，有利于堆体温度均衡，后期采用抽风，抽风有利于臭气的排除及尽快降低堆垛的温度，通风量的控制有时间控制、温度反馈控制、耗氧速率控制和综合控制等。

(4)被动通风：被动通风与自然通风方式相似，只是在堆体中加入穿孔管，空气进入穿孔管后以对流方式经过孔眼，热气上升使空气通过堆体，该种方式无需翻堆。被动通风与自然通风相比，可满足堆体对氧气的需求，避免厌氧现象；与强制通风相比，不会因为冷空气的过量鼓入使热量流失而引起堆体温度降低。其不足之处在于不能有效地控制通风量的变化，以满足不同堆肥阶段的需要。

8.2.3　温　度

研究表明，污泥堆肥过程中有机质的分解主要在中温(45 ℃左右)阶段完成，参与反应的微生物以中温菌群为主，同时包括部分耐热菌群。高温阶段(55 ℃以上)可以杀灭绝大部分病原菌，高温菌群的主要作用是分解纤维素等。当堆体温度高于 70 ℃时，就会对微生物的生长活动产生抑制作用，使得发酵变慢，降低堆肥产品质量。堆肥化过程中，堆体温度应控制在 45～70 ℃。

在堆肥过程中，控制温度的目标是尽可能地保证堆肥无害化和稳定化，不同温度有不同的效果：大于 55 ℃无害化效果最好；45～55 ℃生物降解速率最高。影响堆体温度因素包括外界环境温度和堆肥过程中堆体的放热。强制通风的静态仓工艺研究表明，寒冷的气候对堆体中层温度的升温速率有影响，但环境温度对堆体的正常升温影响不大，在操作正常时，堆肥能顺利达到高温(60 ℃以上)，并能维持一段高温期(约 9 d)，而堆体的温度控制针对不同的堆肥系统可采取不同的方式。

(1)条垛系统。温度控制取决于翻动频率,频率越快,翻动次数越多,堆体温度下降越快,这种影响在堆肥早期并不显著,在堆肥后期,增加翻动次数,会引起堆体温度下降。采用翻堆通风方式的堆肥系统可改善堆体温度的分布,使温度分布更均匀。

(2)强制通风静态垛系统。温度控制取决于不同的通风方式和通气量,可以有效控制堆体温度,但它不能避免堆体温度分布的不均匀,采用强制通风方式的堆肥系统可以有效地改善堆体温度的分布,使温度分布更均匀。

(3)反应器系统。温度控制取决于对排气的控制,排气流量和时间是控制中的关键参数。

8.2.4 碳/氮(C/N)

C/N 值过高,微生物由于氮不足,生长受到限制,有机物生物降解速率变缓,从而延长堆肥时间;C/N 值过低,堆肥过程产生氨,不仅影响环境,而且造成肥分氮的损失,导致堆肥产品质量下降。一般 C/N 值控制在(20～30)∶1 之间较适宜。

C/N 值的控制可通过添加辅料来实现,常用的辅料有麦壳、稻壳、木屑及玉米芯等,堆料与调理剂的混合比例,需要通过堆肥原料(污泥)的组成,并根据物料衡算确定,以最佳 C/N 值进行适当调整。调理剂的添加不仅可以有效改善堆料的营养特性,而且对堆料的孔隙率和含水率也是一种有效的控制。在选择调理剂时,主要考虑调理剂的费用和供应能力等因素。

8.2.5 pH 值

脱水污泥通常呈中性,pH 值一般在 6～9,一般不必进行 pH 调整,而微酸性或中性的环境正是微生物适宜的活动条件。即使发酵过程中由于产生有机酸,使 pH 值有所降低,但随着堆肥的进行,有机酸会被进一步分解为 CO_2 和 H_2O,pH 值会重新上升,堆肥结束时 pH 值达到 7～8。

如果污泥脱水时添加消石灰,脱水泥饼的 pH 值达到 11.0～13.0 时,不进行 pH 调整通常不能发酵,常用具有 pH 缓冲能力的成品回流方法来实现脱水泥饼的 pH 调整,并可与含水率一起调整,调整后的 pH 值为 10.0～10.5,压滤机泥饼与回流成品按 1∶1 混合可达到调整 pH 的目的。pH 调整除采用成品回流方式外,还可把二氧化碳吹入发酵槽内,使二氧化碳在发酵槽内循环,达到调整 pH 的目的。

8.2.6 有机物含量

有机物是微生物赖以生存和繁殖的重要因素。大量的研究工作表明,在高温好氧堆肥中,适合堆肥的有机物含量范围为 20%～80%。

当堆体有机物含量低于 20%时,堆肥过程产生的热量不足以提高堆层的温度而达到堆肥的无害化,也不利于堆体中嗜热性微生物的繁殖,无法提高堆体中微生物的活性,最后导致堆肥工艺的失败;当堆体有机物含量高于 80%时,由于高含量的有机物在堆肥过程中对氧气的需求很大,实际供气量难以达到要求,往往使堆体中达不到好氧状态而产生恶臭,导致堆肥工艺的失败。

8.3 污泥好氧堆肥基本工艺流程

堆肥工艺流程主要分为前处理、主发酵、后发酵和后处理四个阶段。

8.3.1 前处理

前处理过程包括待处理污泥的分选、筛分和混合，养分、水分等物理性状的调整以及菌种添加等。污泥干化后或经机械脱水后，其含水率约为 70%，加入辅料，与掺入的辅料混合后，含水率控制在 50%～60%，使混合料具有良好的通风性能。混合料的 C/N 值宜控制在(20～30)：1，碳磷比在(75～150)：1，堆肥粒径宜为 2～60 mm，可以通过破碎的方法使堆肥粒径达到要求。若污泥中的菌种比较单一，还需添加菌种，以满足生物发酵的要求，获得高效的堆肥化过程和高质量的堆肥产品。

污泥前处理需要应用相关机械设备进行处理。前处理设备包括筛分设备、破碎设备及进料设备。筛分设备是将不适宜堆肥的物料如砖瓦、木块、塑料袋和金属材料等分选出去；破碎设备是对堆肥物料进行破碎；进料设备有进料斗、装载起重机及输送机等。

8.3.2 主发酵

主发酵可在露天或发酵装置内进行，通过翻堆或强制通风向堆层或发酵装置供氧，原料和微生物作用进行发酵。我们将堆肥的中温、高温两个阶段的微生物代谢过程称为主发酵或一次发酵，即从发酵初期开始，经中温、高温到达预期温度并开始下降的整个过程。这一阶段是堆肥工艺的核心，主要作用是使堆肥物料初步稳定，以实现污泥稳定化处理。

1. 中温阶段(温度为 15～45 ℃)

在此阶段，以中温、需氧型微生物(如无芽孢细菌)为主，还有一些真菌和放线菌。水溶性单糖类被细菌利用，真菌和放线菌对于分解纤维素和半纤维素物质具有独特的功能。细菌利用堆肥中最容易分解的物质，如淀粉、糖类等，迅速繁殖并释放出热量，使堆肥温度不断升高。此阶段为主发酵前期，常需 1～3 d。

2. 高温阶段(温度大于 45 ℃)

在此阶段，嗜热性微生物逐渐上升成为主导微生物，堆肥过程中残留的和新形成的可溶性有机物继续分解转化，复杂的有机化合物，如半纤维素、纤维素和蛋白质被分解。50 ℃左右进行活动的主要是嗜热性真菌和放线菌；温度上升到 60 ℃时，真菌几乎完全停止活动，仅有嗜热性放线菌与细菌在活动；温度升到 70 ℃以上时，大多数嗜热性微生物也难以适应，微生物大量死亡或进入休眠状态。

8.3.3 后发酵

在主发酵工序，可分解的有机物并非都完全分解并达到稳定化状态，经过主发酵的半成品还需进行后发酵，使有机物进一步分解，变成比较稳定的物质，最终达到完全腐熟的堆肥成品。此阶段，发酵反应速度降低，耗氧量下降，所需时间较长。为了提高熟化的发酵效率，加快腐熟过程，使堆肥充分成熟，有时仍需进行翻堆或通风。

发酵时间的长短，取决于堆肥的使用情况。例如，堆肥用于温床(能够利用堆肥的分解热)时，可在主发酵后直接使用；对几个月不种作物的土地，大部分可以不进行后发酵而直接施用主发酵的堆肥；对一直种植作物的土地，则需要使堆肥进行到不能发生夺取土壤氮的程度(即充分腐熟)。后发酵阶段一般分为降温、腐熟阶段，其发酵时间通常在 20～30 d。

1. 降温阶段

在高温阶段微生物活性经历了对数生长期和稳定期后，开始进入衰亡期。此时，堆积层内开始发生与有机物分解相对应的另一过程，即腐殖质的形成期。在衰亡期(内源呼吸期)后期，只剩下部分比较难分解的有机物及新形成的腐殖质，此时微生物活性下降，发热量减少，温度下降。

2. 腐熟阶段

堆肥进入腐熟阶段，在此阶段嗜温微生物又占优势，对残余较难分解的有机物进一步分解，腐殖质不断增多，堆肥物质逐步进入稳定状态，需氧量大大减少、含水量降低、堆肥物孔隙增大以及氧扩散能力增强。此阶段就是保持腐殖质和氮素等植物养料，充分的腐熟可以提高堆肥的肥效与质量。污泥腐殖质经厌氧消化处理后其稳定程度及氧化程度均会得到提高。

8.3.4 后处理

堆肥后处理包括脱臭和贮存两个部分。

1. 脱臭

由于堆肥会产生臭味，必须进行脱臭处理。去除臭气的方法主要有化学除臭剂除臭法、臭氧氧化法、气体稀释法、点燃法、吸附剂过滤法等，在露天堆肥时，可在堆肥表面覆盖熟堆肥，以防止臭气溢出；采用设备内堆肥时，可对设备进行负压抽气，含臭气体集流后，进行除臭处理后排空。较为常用的除臭装置为堆肥过滤器(一般可以腐熟化堆肥过滤替代)，当臭气通过该装置，恶臭成分被堆肥(熟化后的)吸附并被其中的好氧微生物分解而脱臭，也可用特殊的土壤(如白垩土)作为吸附剂使用。

2. 贮存

堆肥一般在春秋两季使用，在夏冬两季建立 6 个月产量的贮藏设备。储存方式可直接堆放在发酵池中或袋装后堆存，要求包装袋干燥而透气，闭气和受潮一般会影响堆肥产品的质量。

污泥在完成后处理阶段之后，需要对发酵后产品中不宜作为堆肥的物品进一步分离并烘干。后处理设备主要是筛分设备和烘干设备，筛分设备有张弛筛分机和圆筒筛分机等；烘干设备有滚筒烘干机和振动流化床干燥机等。

8.4 污泥好氧堆肥工艺类型

堆肥工艺有多种分类方式。根据物料的状态,可分为静态和动态两种;根据微生物的生长环境,可分为好氧和厌氧两种;根据堆肥技术的复杂程度,可分为条垛式、强制通风静态垛式和反应器系统。条垛式系统通过定期翻堆实现堆体中的有氧状态。强制通风静态垛式系统是在条垛式系统的基础上,不通过物料的翻堆而是通过强制通风向堆体中供氧。反应器系统实际上是密闭的发酵仓或塔,占地面积小,可对臭气进行收集处理。

8.4.1 条垛式系统

1. 发展历程

条垛式系统一般是将污泥和辅料混合并简单堆积成窄长条垛,所需料堆较大,料堆过大,可能会在堆体中心发生厌氧,产生臭味,影响周围环境。条垛式堆肥系统是典型的开放式堆肥,典型特征是将混合好的原料排成行,并通过机械设备或人工周期性地翻动堆垛。印度的艾尔伯特·霍华德于 1925 年提出的印多尔(法)堆肥工艺的实质就属于条垛式堆肥系统,1972 年美国第一次用条垛式堆肥系统处理污泥。条垛式系统实物图,如图 8-4-1 所示。

(a)　(b)

(c)　(d)

(a)、(b)、(c)—棚架式条垛式堆肥系统;(d)—露天条垛式堆肥系统。

图 8-4-1　条垛式系统实物图

2. 工程要点

(1)条垛系统场地必须结实,以便机械设备的出入。常用材料是道路沥青或混凝土,其设计标准与公路相似。

(2)条垛系统的场地必须有坡度,便于排水。当用坚硬的材料(如道路沥青和混凝土)建造场地表面时,其坡度至少应为1%;当用不够坚硬的材料(如砾石和炉渣)建造场地表面时,其坡度应至少为2%。

(3)大部分条垛系统场地需要排水系统,它由两部分组成:①排水沟,重力流常用的是地下排水管系统或具有格栅和人孔的排水管系统。②贮水池,面积大于20 000 m^2 的场地或多雨量地区都必须建贮水池,用以收集堆肥渗滤液和雨水。

(4)条垛系统的堆体适宜规模参数为底宽2~6 m,高1~3 m,长为30~100 m。最常见的料堆尺寸为底宽3~5 m,高2~3 m,条垛的垛断面有梯形、不规则四边形或三角形。一般来说,条垛系统堆料的水分应控制在40%~65%。

3. 优缺点

条垛式堆肥系统具有设备简单、投资成本低、肥料腐熟度高且稳定性好等优点;缺点是需要大量的人力和机械、占地面积大以及易受天气影响等。

8.4.2 强制通风静态垛系统

1. 发展历程

条垛式堆肥系统在处理污泥时会产生强烈的臭味和大量病原菌。因此,爱泼斯坦等人在条垛系统的基础上开发了通风系统,这是强制通风静态垛系统的开端,其中间段强制通风为最理想的通风方式。为克服自然通风静态堆肥堆体内经常出现的供氧不足的缺点,一般在料堆底部沿着长度方向设置通风管或通风槽,根据堆体的发酵状况采用高压强制通风。由于通过控制鼓风量能够对堆体的需氧量和含水量实现一定程度的控制,其发酵周期比自然通风静态堆肥明显缩短。强制通风静态垛系统,如图8-4-2所示。

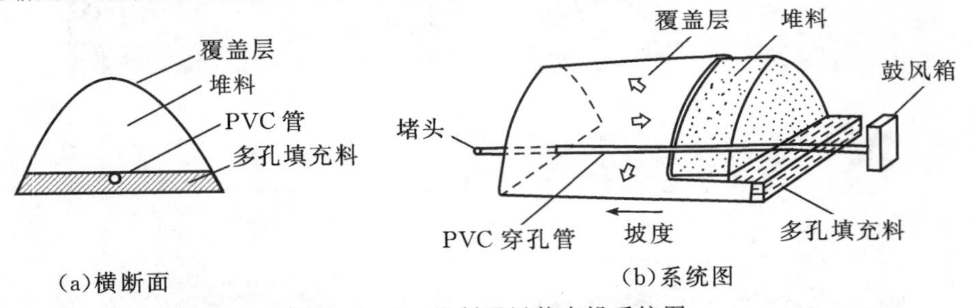

图8-4-2 强制通风静态垛系统图

2. 工程要点

(1)污泥原料和堆肥辅料均匀混合堆放在透气性能良好的基垫上,基垫可由小木块、稻草及其他透气性能良好的物质组成,处理城市污泥时,基垫厚度为整个堆体高度的1/3~1/4。

(2)把永久性通气管或临时多孔通气管埋在基垫底部10 cm处,形成一个透气垫。鼓风机连接到通气管道上,向堆体进行强制通风。

(3)需要在堆体表面铺一层腐熟堆肥,使堆体保湿、绝热、防止热量损失及恶臭气体散发。

(4)通风量的确定十分关键。通风量应根据各系统的具体情况进行调整。大部分堆料所需氧气的理论值是1.2~2.0 gO_2/g挥发性固形物(VS)。

3. 优缺点

优点：与条垛式堆肥系统相比，设备投资相对较低；温度及通风条件得到更好的控制；堆肥时间相对较短，一般为 2～3 周；产品稳定性好，能更有效地杀灭病原菌及控制臭味；占地面积较小；受寒冷气候影响较小。

缺点：强制通风静态垛系统工艺设备投资比条垛式系统高，由于该工艺处理过程不翻堆、单向强制通风特点，堆体不同部位的堆料腐熟程度不均匀，有些部位的堆料难以完全腐熟。

8.4.3　反应器系统

1. 发展历程

20 世纪 80 年代后，世界各地大量研发反应器堆肥系统，反应器堆肥系统也被称为“容器系统”“消化器”或“发酵器”，1983 年美国第一次采用反应器堆肥系统处理污泥。从技术水平而言，近年来反应器堆肥系统发展迅速，反应器堆肥系统技术和设备已日趋完善，已达到规模化和产业化的水平。

2. 系统分类

反应器堆肥系统按物料流向可分为水平流向和竖直流向反应器堆肥系统；按通风方式将反应器堆肥系统分为被动通风和强制通风反应器堆肥系统；按搅拌方式分为有搅拌和无搅拌反应器堆肥系统。常见的堆肥反应器类型有立式堆肥发酵塔、筒仓式堆肥发酵仓以及旋转发酵仓等。

3. 常用的反应器系统

(1)立式堆肥发酵塔。立式堆肥发酵塔通常由 5～8 层组成。进料口在反应器的上部，物料先进入第一层。在各层之间可以有不同的时间停留，通过搅拌使堆料均匀，最后堆料进入最底层，从出料口运走。整个堆肥过程进料是连续的。通气管道位于反应器的下部，由许多支管组成，通气支管位于堆料底部，通气管道外连鼓风机。在反应器的上部设有废气口，产生的臭气可以统一收集处理。一般经过 5～8 d 的好氧发酵，堆肥物即由塔顶移动至塔底完成一次发酵。

主要分为四类，如图 8－4－3 所示。

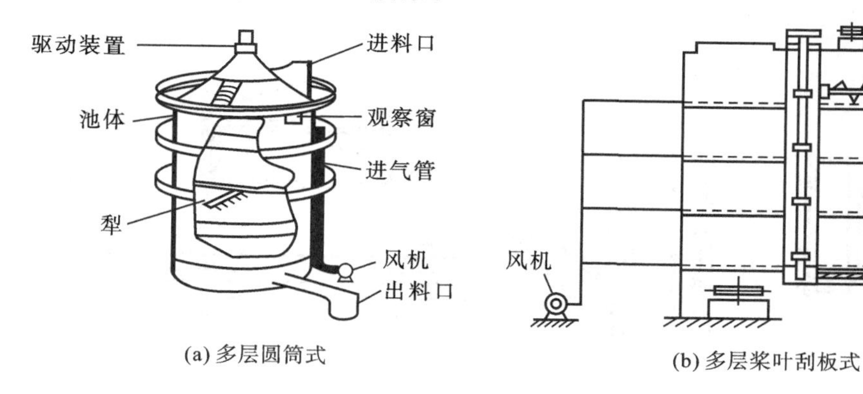

(a) 多层圆筒式　　(b) 多层桨叶刮板式

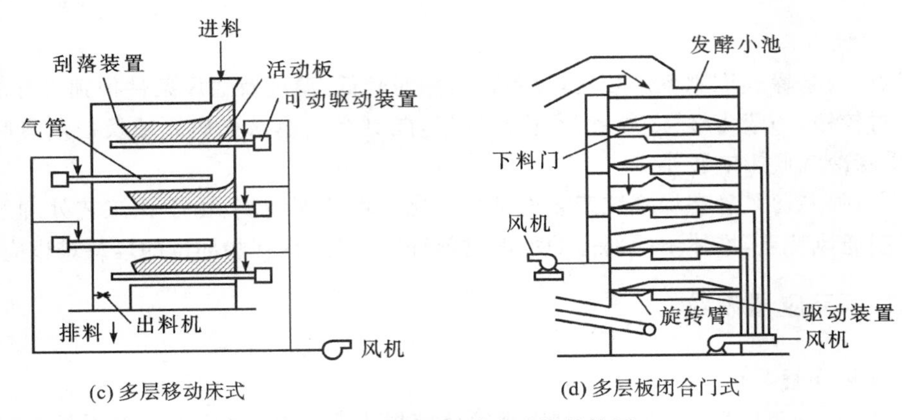

(c) 多层移动床式　　(d) 多层板闭合门式

图 8－4－3　不同类型立式发酵塔结构图

(2)筒仓式堆肥发酵仓。混匀的物料从发酵仓顶部进入并充满反应器，占据整个发酵仓。具有分支管路的通气管道在发酵仓底部，废气由反应器上部的废气管道排出，出口略低于混合物的上表面，通过抽气的方式把废气收集处理。进料和出料可以是间歇式或连续式。堆料由反应器的下部出口运走，物料在反应器内的移动以推流式方式进行。

筒仓式堆肥发酵仓主要分为两类，如图 8－4－4 所示。

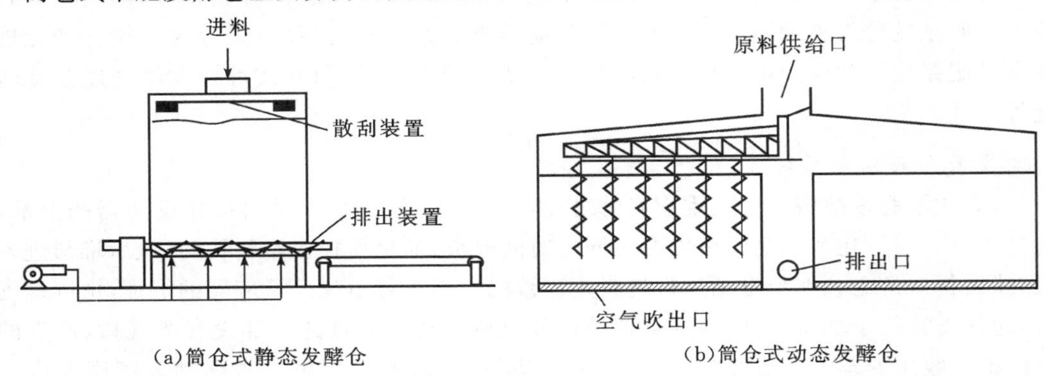

(a)筒仓式静态发酵仓　　(b)筒仓式动态发酵仓

图 8－4－4　筒仓式堆肥发酵仓结构图

(3)旋转发酵仓。旋转发酵仓结构，如图 8－4－5 所示，根据物料在反应器内的移动方式主要分为推流式和分割式。

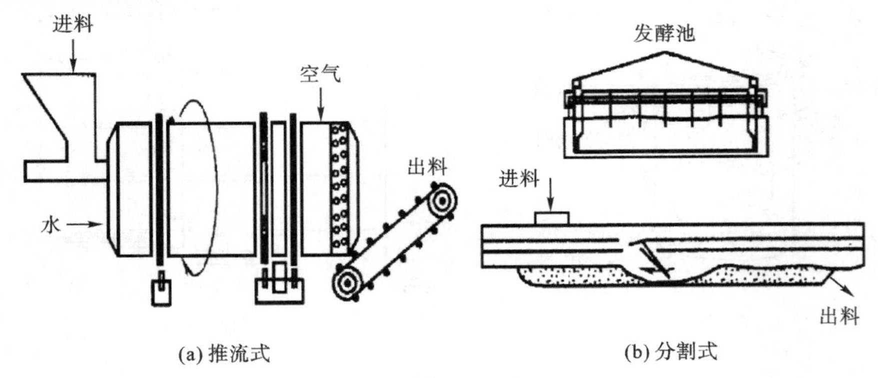

(a) 推流式　　(b) 分割式

图 8－4－5　旋转发酵仓结构图

推流式:物料从仓体的进料口进入,沿仓体移动到反应器末端的出料口,物料通过发酵仓的旋转翻滚而达到混合。空气可以采用正压和负压方式通过流程中的一系列喷口进行分配,通过对温度的监测来调节堆肥过程的通气量。

分割式:沿物料流动方向,反应器被分为很多小室,在不同的小室内,物料可以进行不同时间、不同堆肥条件的堆肥,物料从一室移入另一室,最后进入出料口被移走。物料通过传送带实现移动。在每个小室中,物料通过旋转破碎机械设备而混合。

第 4 篇 污泥热处理技术

第 9 章　污泥干化

污泥干化主要是指通过蒸发等作用，去除污泥中大部分水分的过程。污泥经过机械脱水后，含水率仍有 45%～85%，利用热能对污泥进行干化，水分吸热变为水蒸气。干化后的污泥含水率可降至 10%左右，呈颗粒状或粉状，性质稳定且无臭味、无病原体，可用于焚烧回收热值或用作肥料和土壤改良剂。

9.1　污泥干化原理及过程

9.1.1　污泥干化原理

水在污泥中有 4 种存在形式：间隙水、毛细水、表面附着水和内部水，这些存在形式分别反映了水分与污泥固体颗粒结合的情况，污泥干化时，污泥含水率与干化时间的关系如图 9-1-1 所示。

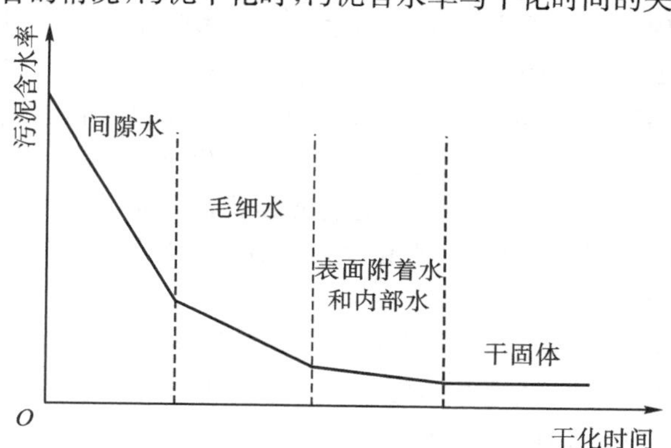

图 9-1-1　污泥含水率与干化时间的关系图

干化速度最大时去除间隙水（污泥颗粒间隙中的水），干化速度第一次下降时去除毛细水（泥饼颗粒间的毛细管中的水分），干化速度第二次下降时去除表面附着水和内部水（通常指吸附或黏附于固体表面的水分）。

9.1.2　污泥干化过程

污泥干化过程可分为三阶段：第Ⅰ阶段是污泥预热阶段；第Ⅱ阶段是恒速干化阶段；第Ⅲ阶段是降速阶段，也称污泥加热阶段，图 9-1-2 为污泥干化速度曲线。

（1）污泥预热阶段。主要进行湿污泥预热，并汽化少量水分。污泥温度很快升到一定值，此时干化速度也达到一定值。

（2）恒速干化阶段。干化介质（蒸汽或者导热油）传给污泥的热量全部用来汽化水分，即干化介质所提供的显热全部消耗在水分汽化所需的潜热上，污泥表面温度一直保持不变，水分按一定速度汽化。

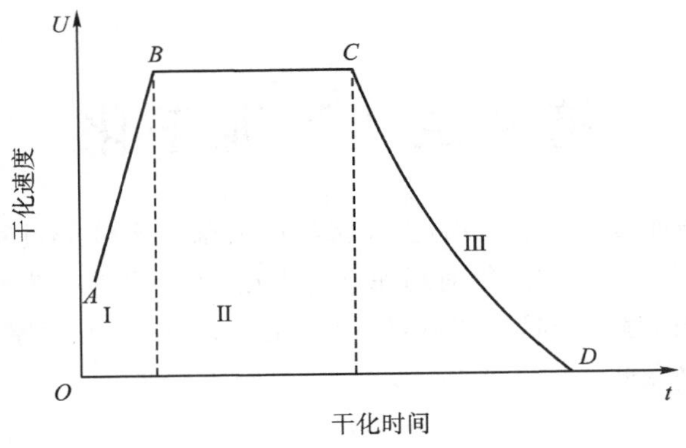

图 9-1-2　污泥干化速度曲线

(3)降速干化阶段。空气所提供的热量，小部分用来汽化水分，大部分用于加热污泥，使污泥表面温度升高。干化速度降低，污泥含水率减少缓慢。

9.2　污泥干化速度影响因素

污泥干化所需时间的长短，首先取决于干化速度。影响干化速度的因素主要有污泥性质、干化介质性质、干化介质与污泥的接触方式和干化设备的类型等。

(1)污泥性质：包括污泥的化学组成、结构、形状、含水率、温度和污泥层堆积方式以及水分的结合形式等。污泥温度、污泥含水率、临界含湿量等都影响干化速度。污泥温度越高，干化速度越快。

(2)干化介质性质：介质的温度越高，干化速度越快。所需干化介质的温度与被干化污泥的质量有关；干化介质的相对湿度越小，干化速度越快；干化介质的流动速度越大，介质与污泥间的传热越强，污泥的干化速度越快。

(3)干化介质与污泥的接触方式：污泥在介质中分布得越均匀，污泥与介质的接触面积越大，干化速度越快。固体流态化技术在污泥干化中的应用就是一个明显的例子。污泥与干化介质相对运动方向，也对干化速度有较大影响。

(4)干化设备的类型：不同类型的干化设备，干化速度不同。

9.3　污泥干化设备

污泥干化设备包括：圆盘干化机、桨叶干化机、流化床干化机、带式干化机和立式间接干化机等。

9.3.1　圆盘干化机

1. 工作原理

圆盘干化机结构如图 9-3-1 所示。圆盘干化机的主体由圆筒形的外壳和一组中心贯穿的中空圆盘组成，盘片组垂直于中空轴。干化介质采用蒸汽或导热油，干化介质从其中流过，把热量通过圆盘间接传输给污泥。污泥从圆盘与外壳之间通过，接收圆盘传递的热量，蒸发水分，污泥的推进通过转子实现。圆盘干化机设置刮泥刀，防止污泥结垢。干化后的污泥经冷凝水冷却后，由出料口排出，污泥水分形成的水蒸气由蒸汽出口排出。

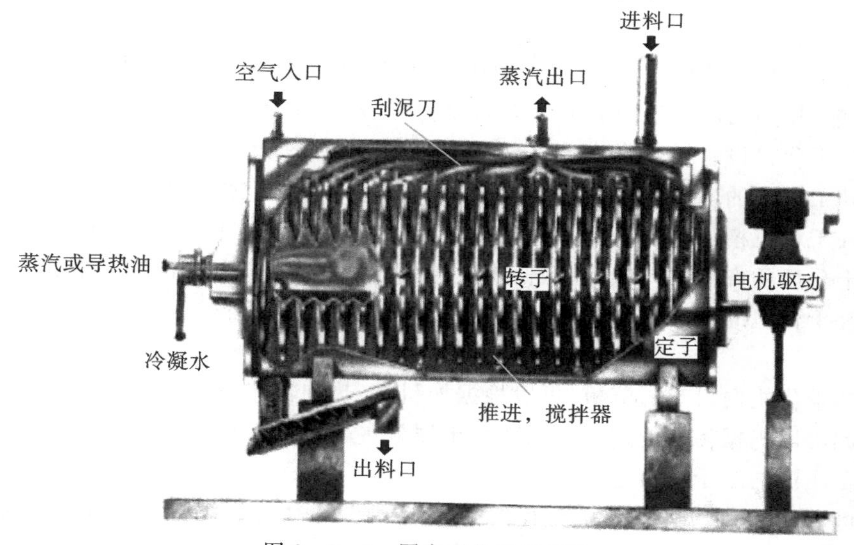

图9-3-1　圆盘干化机结构图

2. 设备特点

(1)圆盘干化机系统简单、占地面积小，热量利用效率较高。

(2)可根据需求，输出不同干度的污泥产品，设备采用可装卸式和固定式叶片送料，可提高设备的适应性。

9.3.2　桨叶干化机

1. 工作原理

桨叶干化机结构如图9-3-2所示。桨叶干化机主体由干化机外机(壳体与上盖)、热轴与楔形桨叶组成，传动装置驱动低压饱和蒸汽由加热介质进口处进入桨叶干化机的楔形桨叶与热轴夹套中，污泥由进料口进入桨叶干化机内，电机及减速器驱动热轴带动桨叶搅拌，污泥一边向前推进一边干化，达到干化要求的污泥呈粉状从出料口排出。干化过程中蒸发出的水蒸气通过排气口排出。

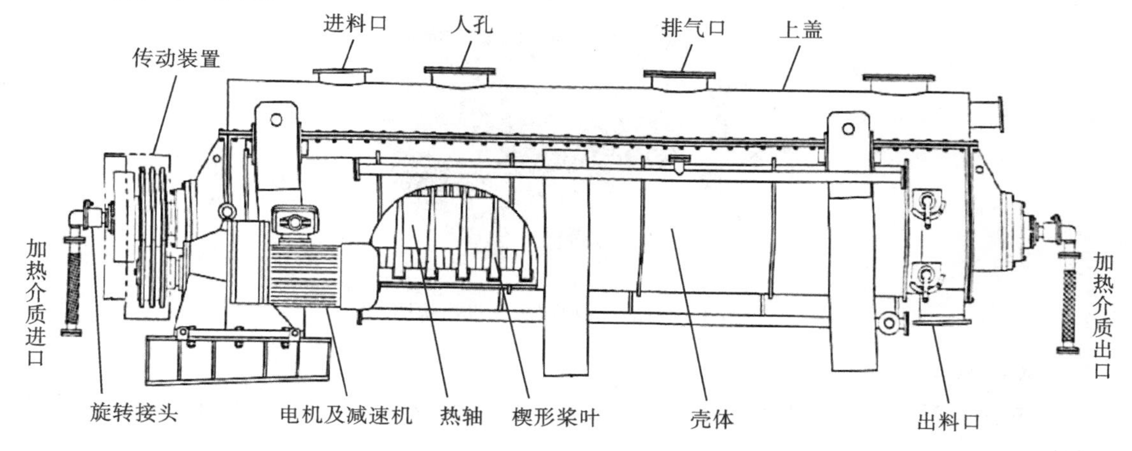

图 9-3-2　桨叶干化机结构图

2. 设备特点

(1)桨叶干化机的热源可以采用低压(0.3～0.5 MPa)饱和蒸汽，干化过程中，蒸汽与污泥没有直接接触，换热后的蒸汽冷凝液可以回收利用，充分节约能源。

(2)桨叶干化机设备结构紧凑，干化机占地面积小，基建投资省。

(3)桨叶干化机的辅助装置少，总体设备投资比较低，运行故障率低。

(4)桨叶干化机楔形桨叶具有自清理功能，可以防止污泥在叶片上的粘结，通过叶片的强制搅拌，使干化后的产品均匀，设备可长期平稳运行，运行成本低不需要定期清理设备。

(5)桨叶干化机的尾气主要是污泥中蒸发出的水汽和少量载气，尾气量小，尾气处理比较简单。

(6)桨叶干化机内设有溢流板，可以根据加料量、热轴转速、热源温度等手段调节污泥的停留时间，因此可以根据污泥的进泥含水率和出泥含水率的要求自由调节，既适合污泥的半干化工艺，又适合污泥的全干化工艺。

(7)桨叶干化机干化过程中没有粉尘飞扬，尾气中夹带粉尘很少，热源温度也较低(200 ℃)，不存在粉尘自燃或爆炸等安全隐患。

9.3.3　流化床干化机

1. 工作原理

流化床干化机结构如图 9-3-3 所示。流化床干化机主体由热交换器、风箱、抽吸罩和机体外壳组成。通过流化床下部的风箱，将气体送入流化床内，气体流过污泥层进行热交换，再由顶部排出。

脱水污泥通过泵直接进入流化床内，湿污泥和干污泥充分混合。由于良好的热量和污泥传送条件，流化床内污泥干颗粒处于流态化状态，湿污泥中的水分很快被蒸发，使其含固率超过 90%。颗粒在流化床内成型，其颗粒直径的分布范围在 1～4 mm。

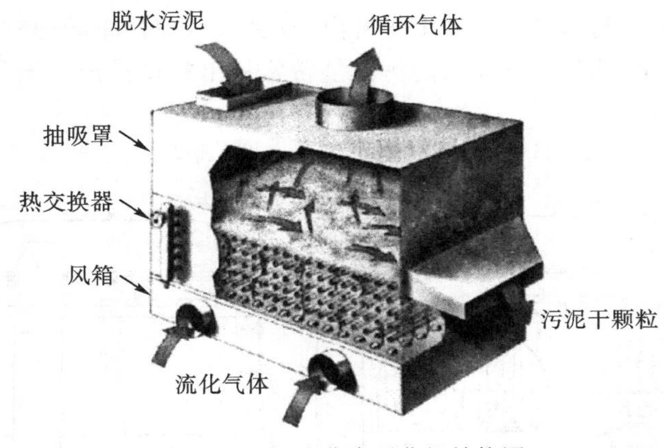

图 9-3-3　流化床干化机结构图

2. 设备特点

(1)对进料湿污泥的特性变化不敏感。湿污泥的特性发生变化，系统本身能自动调节，保持系统的全自动运行，无需人工干涉。

(2)系统的密闭性好，尾气排放量少，对环境影响小，尾气处理的投资和运行成本低。

(3)没有大型的转动部件，保证了较高的运行效率，且运行维护成本较低。

9.3.4　带式干化机

1. 工作原理

带式干化机结构如图 9-3-4 所示。带式干化机主体由成型器、网状传送带和机体外壳组成。成型器是两个相对转动的空心圆筒。圆筒上有相互吻合的一系列宽 5～10 mm、深数毫米的槽沟。圆筒内部通热源(热源可用蒸汽或燃烧重油、煤油或燃气)。圆筒旋转时将经过脱水后的污泥压入槽沟成面条形，落入网状传送带，传送带为模块组装式，其长度与层数可根据干化程度设置。传送带上污泥条由送风机通风干化至要求的含水率后，经斗式输送器输送至储料仓。干化的温度保持在 160～180 ℃，其目的是使污泥保持表面蒸发控制，即在恒速干化阶段，如果温度过高，表面蒸发太快，而内部水分扩散速度慢时，干化表面会产生热分解，使污泥肥分降低，恶臭增加，需增设脱臭装置。蒸发的水分与废气由抽风机抽至烟囱，一部分作为循环加热用，剩余部分经水洗脱臭后排放。

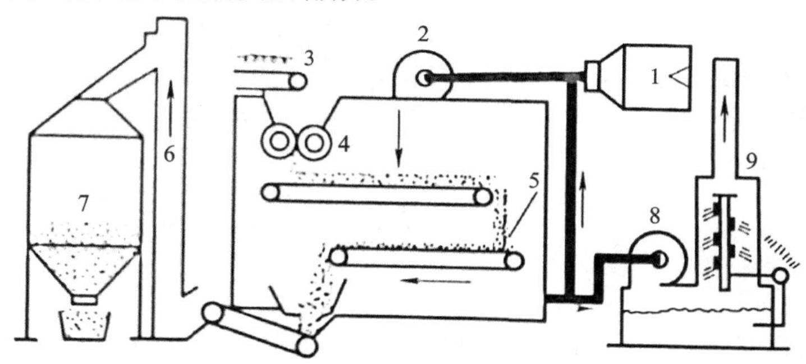

1—干泥；2—送风机；3—皮带输送器；4—成型器；
5—网状传送带；6—斗式输送机；7—储料仓；8—抽风机；9—烟囱。

图 9-3-4　带式干化机结构图

2. 设备特点

(1)操作简单，安全装置启动和停机时间短，不需要额外注入惰性气体。

(2)连续性操作，控制过程简单，整个烘化过程可实现全自动控制。

(3)热源可以自由穿过污泥，无论是污泥烘干过程，还是冷泥换带过程都不会受污泥“黏糊区域”的影响。

(4)可利用废热进行低温烘干处理，在带式干化机中，可利用热水循环或利用低温废热。

(5)出泥含固率可自由设置，可将市政污泥烘干至含水率低于 10%。

(6)装置磨损部件少，运转费用低。

9.3.5　立式间接干化机

1. 工作原理

立式间接干化机结构如图 9-3-5 所示。立式间接干化机主体由内置固定热盘、带刮刀的旋转臂和机体外壳组成。立式间接干化机具有污泥干化和造粒功能，干化机呈立式多级布置，使用热油或蒸汽作为闭路循环中的热传递媒介，可使干污泥产品含固率达到90%以上。脱水污泥滤饼与干污泥混合，从干化机上端污泥进料口进入。干化机配备有若干内置固定热盘，由热传递媒介加热。干化机内部中轴设置带刮刀的旋转臂，刮泥板在两个圆盘间移动的同时翻动污泥，直至底部形成小颗粒状的干污泥，此过程能最大限度避免过细或过大干污泥颗粒形成。清扫空气由干化机中部进入，干化过程中产生的气体（包括水蒸气、空气和一些气态污染物）由顶部排出。

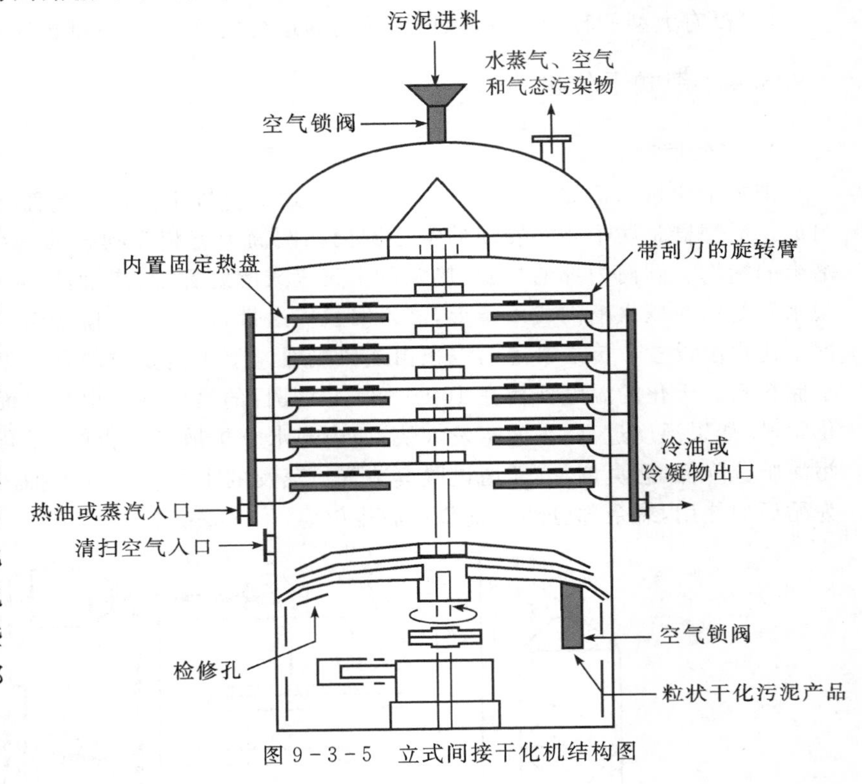

图 9-3-5　立式间接干化机结构图

2. 设备特点

(1)内部采用耐磨、耐热合金铸件，使用寿命长，可减少维护保养的时间，提高设备的运转率。

(2)干化机筒体内部的耐火层可减少筒体的锈蚀和磨损，延长其使用寿命且热损失小。

(3)采用自动控制进料，根据不同性质的污泥，合理控制污泥的通过时间，可充分发挥其烘干能力。

(4)污泥与热气流逆流进行热交换，利于热能的充分利用，节能降耗。

(5)干化机设置空气锁阀，保证工艺过程的正常进行。

9.4　污泥干化技术

污泥干化技术可分为直接干化（对流干化）、间接干化（传导干化）和辐射干化（红外干化），或者这些技术的组合。

9.4.1　污泥直接干化技术

直接干化热传递是通过污泥与干化介质的直接接触完成，进气提供污泥中液体蒸发需要的潜热。

1. 直接加热转鼓式干化技术

直接加热转鼓式干化工艺流程如图9-4-1所示。脱水后的污泥从污泥漏斗进入混合器，按比例与部分已被干化的污泥充分混合，混合后污泥含固率为50%～60%，然后经螺旋输送机运到干化转鼓中，转鼓内通入流速为1.2～1.3 m/s、温度为700 ℃左右的热气流，与混合污泥接触混合并集中加热，经25 min左右的处理，烘干后的污泥被输送至分离器，分离器将干化的污泥和水汽进行分离，其中干化机排出的湿热气体经热能回收后输送至废气处理器，一部分气体被输送到燃烧器内，剩余气体排出。从分离器中排出的干污泥，其颗粒度可控制在1～4 mm，经过筛分器筛选后输送至贮存仓，干化的污泥含固率可达85%～95%。

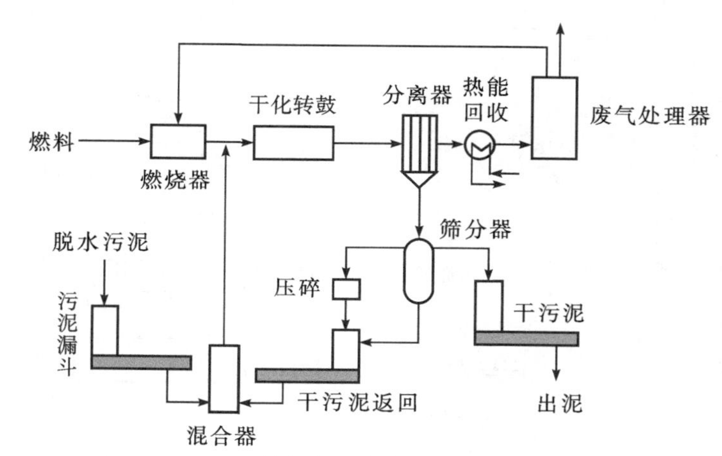

图9-4-1 直接加热转鼓式干化工艺流程图

该干化工艺的特点：工艺在无氧条件下进行，工艺过程中不产生灰尘，可减少对环境的污染；干化后的污泥呈颗粒状，粒径可控制；采用气体循环回用设计，可有效减少尾气的处理成本。

2. 烟气余热污泥低温干化技术

烟气余热污泥低温干化工艺流程如图9-4-2所示。首先，将污泥从污水处理厂运到热电厂或水泥厂内的污泥储存仓。在储存仓入料螺杆泵的作用下，将含水率80%左右的污泥输送至干化机入料口并进入干化机的机腔内，同时热电厂或水泥厂锅炉部分烟道尾气(340 ℃左右余热)的热风在干化机系统风机作用下，经过烟道至干化机上方热风入口，进入干化机的机腔内。该干化系统主要采用热风直接接触式干化。在旋翼片旋转的驱动下，污泥被反复向上抛掷，被旋翼片破碎并与热风直接接触，各单元进行热风循环交换，系统不断通入热风，排出低温、高湿度气体；同时，污泥在旋翼片和风机引风的作用下，跟随热风向回风出口方向移动，实现对流干化；当污泥含水率降至20%以下，干化后污泥呈1～10 mm小颗粒状时，从干化机上方回风出口陆续排入旋风分离器，分离器将干化的污泥和水汽进行分离，污泥成品经低压连续输送泵输送至热电厂或水泥厂，水汽则与剩余热电厂或水泥厂锅炉烟道尾气(经空气冷却器和电除尘器处理后)一同进入脱硫塔，最后通过烟囱排出。

该干化工艺的特点：利用热电厂或水泥厂排放的烟气余热加热污泥，并将污泥蒸发的水分，随烟气一起经过除尘除气处理后排放，工艺具有投资少、运行效率高、运行经济性好等优势。

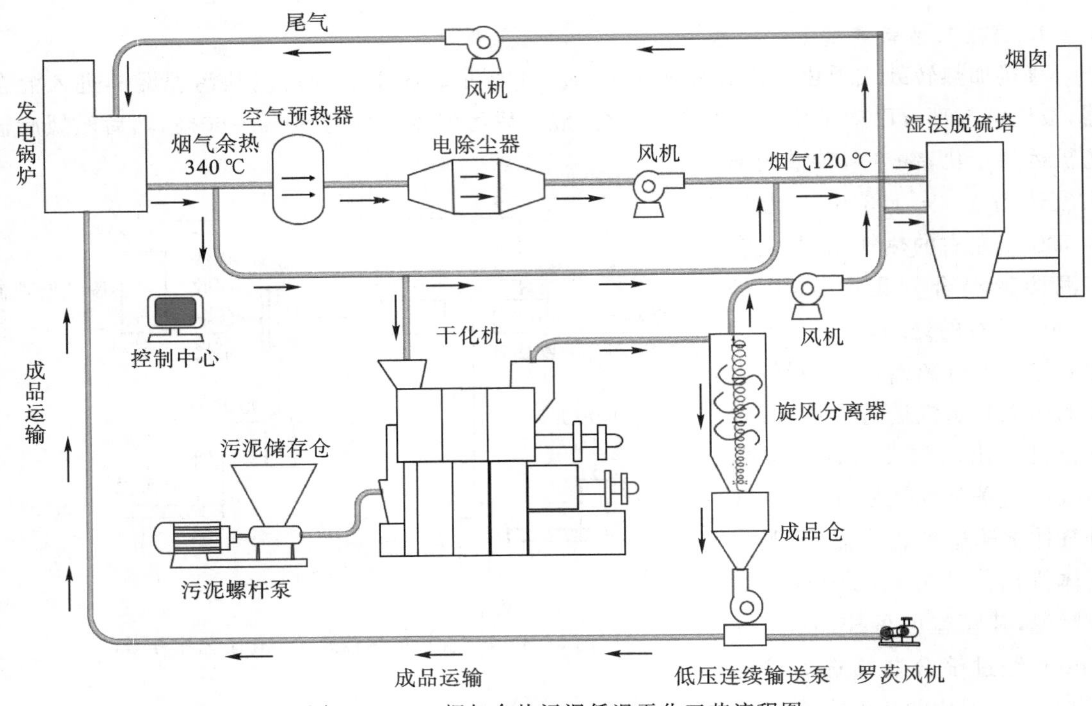

图 9-4-2　烟气余热污泥低温干化工艺流程图

9.4.2　污泥间接干化技术

间接干化技术与直接干化技术的主要区别在于热量是否通过热交换器传递使污泥中的水分蒸发，间接干化热传递是由污泥与热表面的接触来完成。金属壁将污泥和干化介质(通常是蒸汽或者导热油)隔开。城市污泥间接干化技术包括间接加热转鼓干化技术、间接加热多盘干化技术和低温真空干化技术。

1. 间接加热转鼓干化技术

间接加热转鼓干化工艺流程如图 9-4-3 所示。脱水后的污泥由干化机顶部进料口进入干化机内部，干化机由转鼓和翼片螺杆等组成，转鼓最大转速为 1.5 r/min。翼片螺杆通过循环热油传热，最大转速为 0.5 r/min。翼片螺杆内的热油温度接近 315 ℃，转鼓内部为负压环境，可保证水汽和尘埃无法外逸。污泥经转鼓及翼片螺杆加热和推移被逐步烘干并磨成粒状，在转鼓后端由干泥螺杆输送器送至贮存仓，水汽被抽送至冷凝器冷凝。

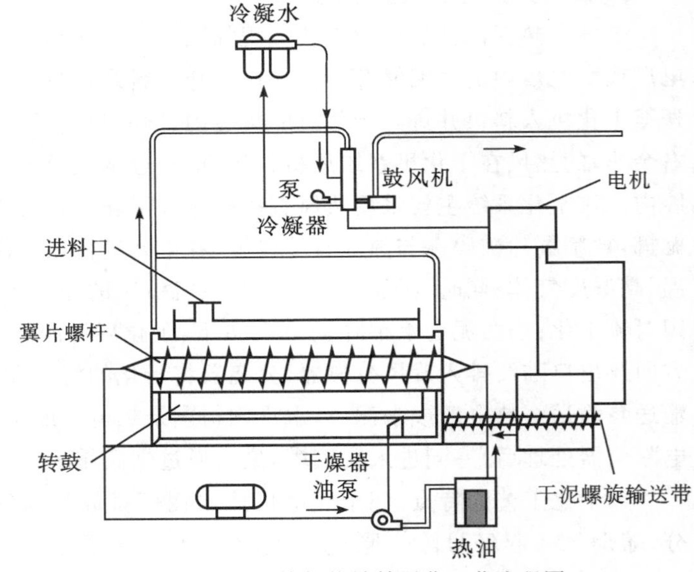

图 9-4-3　间接加热转鼓干化工艺流程图

该干化工艺的特点：工艺流程简单，污泥的干度可控制，可减少热气体带走的热损失，处理过程中所需辅助空气少，尾气处理设备小，能量利用率高。对于同样的干化产量，间接干化机所需的热量是直接干化机的 1/2～1/3，投资成本和运行费用较低，热介质也不会受到污泥的污染，省去后续的热介质与干污泥分离的过程。但热传输效率及蒸发速率均不如直接干化技术，生产能力受到限制。另外，需设置单独的热媒加热系统，设备占地面积较大。转动部件需要定期维护，如外鼓不转，污泥容易在底部沉积燃烧。

2. 间接加热多盘干化技术

间接加热多盘干化工艺流程如图 9－4－4 所示。机械脱水后的污泥与回流的干污泥颗粒一同通过污泥泵输送至涂层机进行混合，回流的干颗粒外层覆盖上一层湿污泥后形成新污泥颗粒。新污泥颗粒被输送至多盘干化机（颗粒造粒机），均匀地散在顶层圆盘上。多盘干化机呈立式布置多级分布，污泥颗粒在上层圆盘上做圆周运动。污泥颗粒从造粒机的上部圆盘由重力作用直至造粒机底部圆盘。污泥颗粒随圆盘干化运动逐渐变大，干化后的污泥颗粒温度接近 90 ℃、粒径为 1～4 mm，离开干化机后由斗式提升机向上送至分离漏斗，一部分颗粒被分离后再循环回涂层机，剩余的颗粒进入颗粒冷却器冷却至 40 ℃后再送入颗粒仓。污泥干化过程中所需的能量由导热油传递，温度为 230～260 ℃的导热油在干化机内中空的圆盘内循环，导热油采用以天然气和污泥消化过程产生的沼气作为燃料的燃烧炉加热。干化过程中产生的水汽由引风机抽至冷凝器冷却后排放。

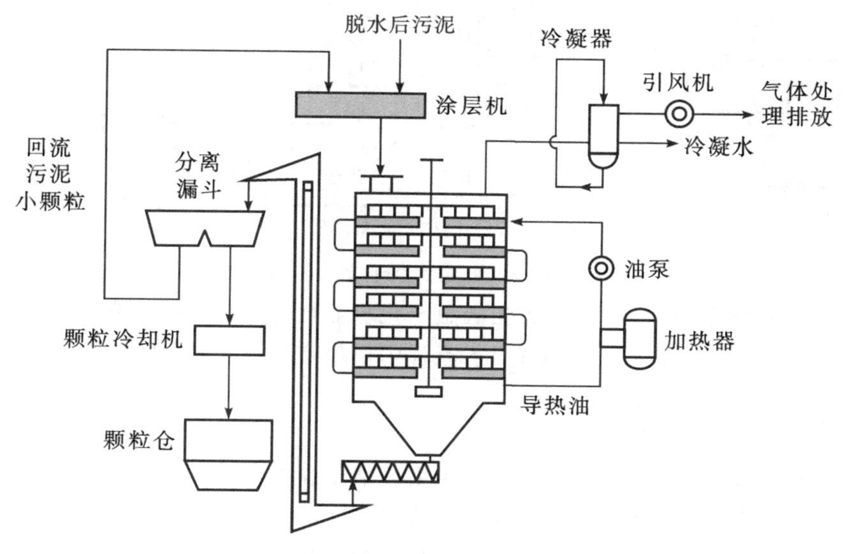

图 9－4－4　间接加热多盘干化工艺流程图

该干化工艺的特点：在污泥干化和造粒过程中，氧气浓度小于 2%，避免了爆炸危险；污泥颗粒呈圆形、坚实、无灰尘且颗粒均匀、具有较高的热值，可作为燃料；油热系统较为复杂，盘片表面需要定期清洗；尾气经冷凝、水洗后送回燃烧炉，将产生臭味的化合物彻底分解，其尾气能满足排放标准，液态冷凝物返回污水处理厂处理。

3. 低温真空干化技术

低温真空干化工艺流程如图 9-4-5 所示。该技术控制真空度在 0.1 atm,对应水的沸点是 40～50 ℃,在此温度下泥饼中的水分就会沸腾汽化。经调理后的含水率为 97%～98%的浓缩污泥经进料螺杆泵送入污泥低温真空干化成套设备系统的密封腔室内,开始压滤过程。压滤结束后,即刻启动低温真空脱水干化系统中的加热系统和真空系统,即在加热板和隔膜板之间通入热水或蒸汽,加热腔室内的污泥,同时开启真空泵,对腔室抽真空,使腔室内部形成负压,降低水的沸点。污泥中的水分随之沸腾气化,被真空泵抽出的汽水混合物经过冷凝器汽水分离后,液态水定期排放,尾气经净化处理后排放。

污泥经过滤、隔膜压滤、强气流吹气穿流以及真空热干化等过程处理以后,污泥中的水分得到充分脱除,污泥含水率降至 30%以下。整个脱水干化过程历时 4.0～4.5 h。

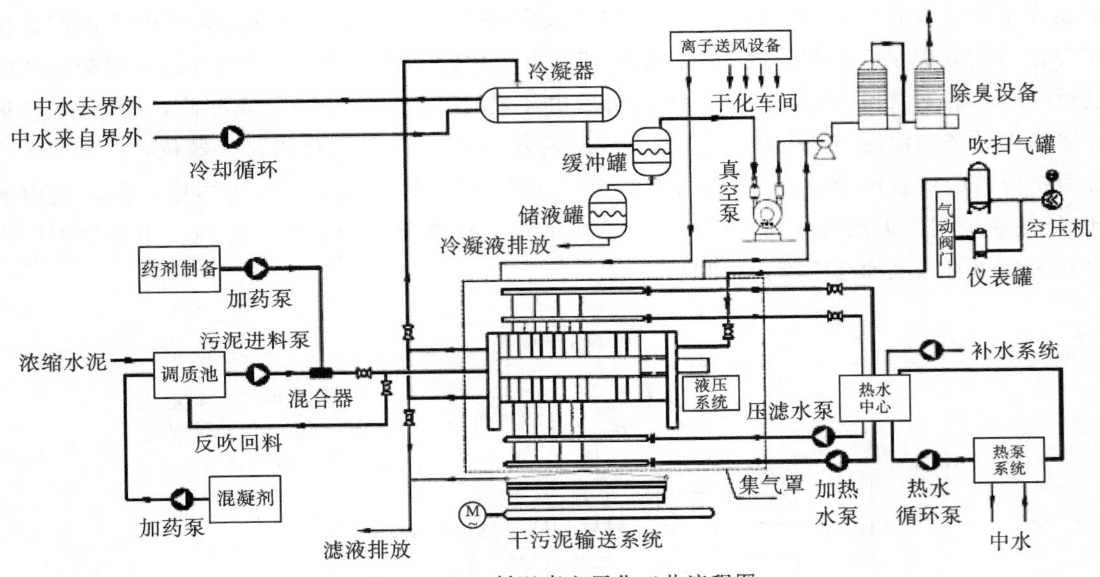

图 9-4-5 低温真空干化工艺流程图

该干化工艺的特点:真空环境下污泥低温干化机能耗低,热损失小;单位容积内传热面大,处理时间短,设备尺寸小,占地面积少;工艺流程中携带空气量少,运行成本低。

9.4.3 污泥辐射干化技术

辐射干化热传递通过辐射能来完成,其中太阳能干化技术较为常见。

太阳能干化工艺流程如图 9-4-6 所示。储料仓内含水率为 75%左右的脱水污泥经污泥仓和中转仓被平铺至场地,然后通过自动摊铺机对泥层进行翻抛,使得泥层表面和底部均受太阳能辐射晾晒均匀,并进行辅助除湿增温。干化污泥通过自动收料机进行收集,收集的干化污泥经输送机输送至干料仓外运。整个干化过程大约需要 2～3 d,污泥含水率可降低至 55%以下。

该干化工艺的特点:利用太阳能蒸发污泥中水分,以实现降低污泥含水率,达到有效利用污泥的目的,拥有能耗低、经济性好等优点,并具有良好的市场应用前景。

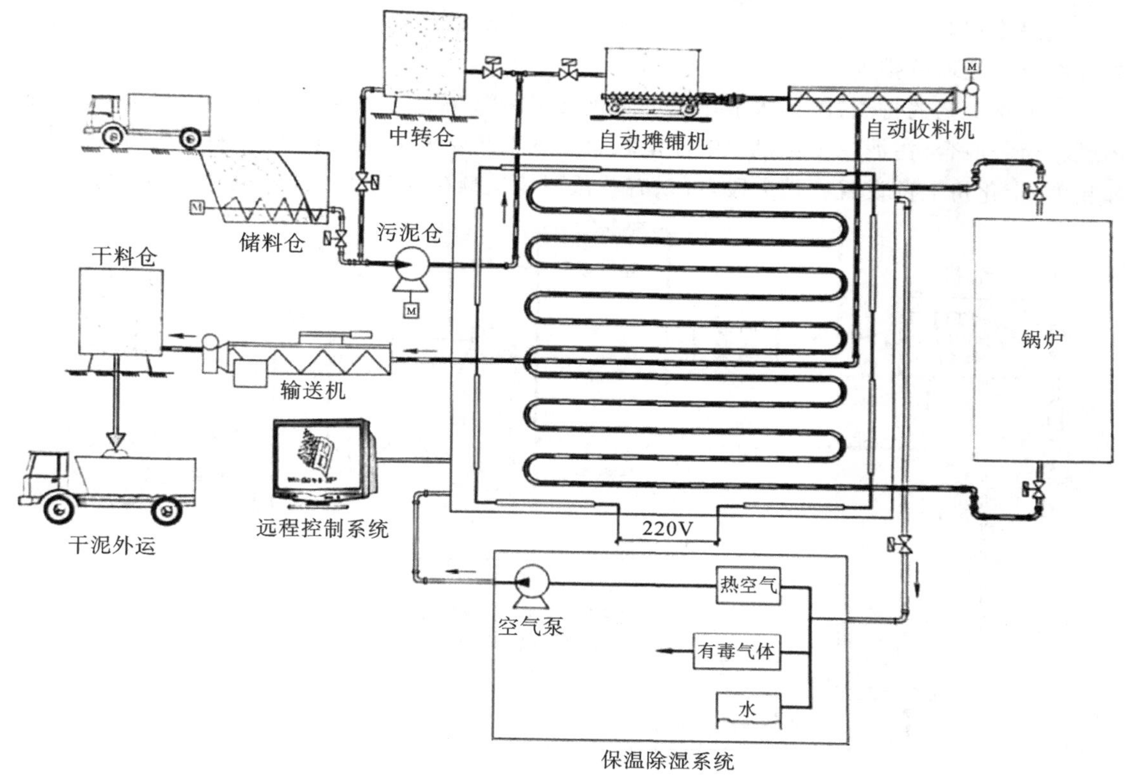

图 9-4-6　太阳能干化工艺流程图

9.4.4　其他污泥干化技术

1. 离心干化技术

离心干化工艺流程如图 9-4-7 所示。湿污泥在离心机内进行脱水，经离心脱水后的污泥呈细粉状并从离心机卸料口高速排出，经热气发生器加热后产生的热气通入离心干化机的内部，短时间内将细粉状的污泥含固率干化至 80% 左右。干化后的污泥颗粒经气动方式以 70 ℃的温度从干化机排出，并与一部分废气一起进入旋流分离器进行分离，分离后的干化污泥经螺旋输送机输送至储料仓，废气进入洗气塔，在洗气塔中，净化后的废气冷凝至 40 ℃后排出洗气塔。

该干化工艺的特点：工艺流程简单，省去了污泥脱水机及从脱水机至干化机的存储、输送和运输等装置，减少了设备投资费用。

2. 流化床干化技术

流化床干化工艺流程如图 9-4-8 所示。流化床内污泥干颗粒处于流态化状态，污泥中的水分很快被蒸发。灰尘与流化气体从流化床干化机顶部排出，在旋风分离器内发生分离，灰尘通过计量螺旋输送机从灰仓输送到混合器，在混合器中灰尘与脱水污泥混合，并通过螺旋输送机再送回到流化床干化机。蒸发的水分在冷却塔内采用直接逆流喷水的方式进行冷凝，通过冷凝方式得到的水离开循环气体外排，冷却塔中冷却后的流化气体循环到流化床冷却机，使干化污泥冷却至 40 ℃。干化颗粒经流化床冷却机冷却后外运，干化系统产生的少量废气被送入洗涤器中处理后排入大气。

该干化工艺的特点：流化床干化机可防止高湿污泥在干化过程中的黏附，有利于流体与固体颗粒充分混合；污泥在干化机内的停留时间可按工艺要求进行调整，可控制干化污泥的水分和粒度；干化机上部设置有扩大段，可以有效截留较粗颗粒，减轻后续捕集系统的负荷。

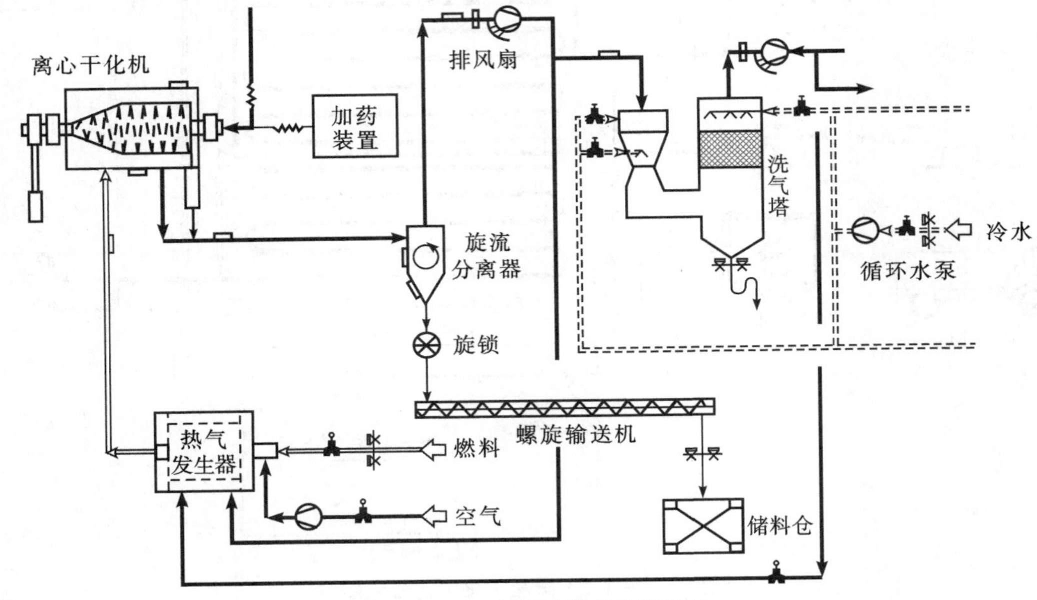

图 9-4-7　离心干化工艺流程图

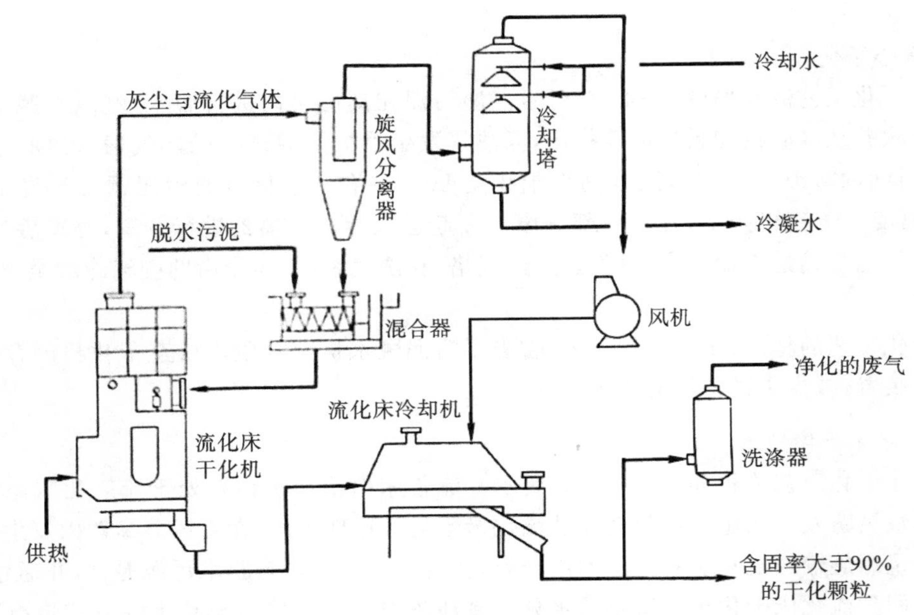

图 9-4-8　流化床干化工艺流程图

第 10 章　污泥焚烧

污泥焚烧是一种常见的污泥处理方法，该方法可破坏污泥中有机质，杀死病原体，并最大限度地减少污泥体积。

10.1　污泥焚烧原理

污泥焚烧是在一定温度、有氧条件下，使污泥中的有机质发生燃烧反应，转化为 CO_2、H_2O、N_2、NO_x、SO_2 等相应的气相物质及性质稳定的固体残渣。污泥焚烧包括蒸发、挥发、分解、烧结、熔融和氧化还原反应。

污泥焚烧工艺目标、空气消耗量、焚烧所需的热量阐述如下。

1. 污泥焚烧工艺目标

污泥焚烧处理的工艺目标由三个方面组成：热量自持；可燃物的充分分解；焚烧产物（炉渣、飞灰、烟气）的无害化。

(1)污泥焚烧的热量自持（自持燃烧），即焚烧过程无需加入辅助燃料，污泥能否自持燃烧取决于其低位热值。污泥的低位热值与其挥发分的含量、含水率和挥发分的热值有关，可以用下式表示：

$$L_{CV}=\left(1-\frac{P}{100}\right)\times\frac{VS}{100}\times CV-2.5\times\frac{P}{100} \tag{10-1-1}$$

式中，L_{CV} 为污泥的低位热值，MJ/kg；P 为污泥的含水率，%；VS 为污泥的干基挥发分含量，%；CV 为污泥挥发分的热值，MJ/kg。

污泥自持燃烧的 L_{CV} 限值约为 3.5 MJ/kg，某污水处理厂不同含水率污泥低位热值如表 10－1－1 所示。一般污水厂污泥（混合生污泥）的挥发分热值为 23 MJ/kg。故对于一定的污泥而言，自持燃烧的决定因素是含水率，其自持燃烧最高含水率约为 65%，此值超出了一般污泥机械脱水设备的水平，因此直接以脱水污泥为燃烧处理对象的焚烧炉，大多需添加辅助燃料（如 1 kg 含水率为 81%的泥饼焚烧需要消耗 0.1～0.3 L 轻柴油）。为使污泥焚烧更易达到能量自持，可采用预干燥焚烧工艺，即利用焚烧烟气热量（直接或间接）对污泥进行干燥预处理，使污泥含水率下降至 50%～60%后再入炉焚烧。

表 10－1－1　某污水处理厂不同含水率污泥低位热值

序号	含水率/%	低位热值/(MJ/kg)
1	80	1.0
2	75	1.9
3	70	2.7
4	65	3.5

续表

序号	含水率/%	低位热值/(MJ/kg)
5	60	4.3
6	55	5.1
7	50	6.0
8	45	6.8
9	40	7.68
10	35	8.48
11	30	9.28
12	25	10.1
13	20	10.9
14	15	11.7
15	10	12.6
16	0	14.2

(2)污泥焚烧的可燃物充分分解与污泥焚烧产物的环境安全性有较大的关系，控制二噁英类物质合成的物质条件(气相未分解有机物)，是改进污泥烟气排放条件的主要方法，同时可燃物充分分解意味着污泥的热值得到充分利用，有利于污泥自持燃烧目标的达成。污泥可燃物充分分解可以通过燃尽率指标 η_s 来表示，燃尽率是指已焚烧的污泥重量与总的污泥重量之比。

$$\eta_s = 100 - \text{OrgR} \tag{10-1-2}$$

式中，η_s 为污泥焚烧燃尽率，%；OrgR 为污泥灰渣中的可燃物含量，%。

(3)污泥焚烧产物。污泥焚烧处理的产物主要有炉渣、飞灰和烟气。

①炉渣。炉渣主要由污泥中不参与燃烧反应的无机矿物质组成，同时也会含有一些未燃尽的残余有机物(可燃物)，炉渣中没有腐败、发臭和含致病菌等产生卫生学危害的因素(即已无害化)。炉渣是污泥焚烧过程中的必然产物，不挥发的重金属是炉渣影响环境的主要因素，如何处理炉渣中不挥发的重金属是污泥焚烧工艺的一大问题。

②飞灰。污泥焚烧的另一部分固相产物是在燃烧过程中，被气流挟带存在于出炉烟气中的固体颗粒，即飞灰。这些飞灰通过烟气除尘设备(如旋风分离器、静电除尘器或袋式除尘器)被分离。飞灰中的无机物，除了污泥中的矿物质外，还包括处理烟气的药剂(如干式、半干式除酸气净化工艺中使用的石灰粉、石灰乳等)，其中无机污染物以挥发性重金属(Hg、Cd、Zn)为主，这些挥发再沉积的重金属一般比炉渣中的重金属具有更强的迁移性，使得飞灰成为毒性超标的有毒废物。10 个焚烧厂污泥焚烧飞灰中的重金属含量，如表 10-1-2 所示。

表 10-1-2　10个焚烧厂污泥焚烧飞灰中的重金属含量

重金属成分	含量/(mg/kg)
Cd	4～900
Cr	350～8360
Cu	1500～7000
Pb	90～4090
Hg	2～9
Ni	270～3900
Zn	900～23800

污泥焚烧飞灰各组成成分见表10-1-3。

表 10-1-3　污泥焚烧飞灰各组成成分

污泥焚烧飞灰成分	质量分数/%		
	资料一	资料二	资料三
CaO	24.2～41.0	21.8	24～25
SiO_2	29.0～31.5	20.3	26～37
Fe_2O_3	10.7～11.8	20.0	3～6
Al_2O_3	4.5～8.7	6.8	6～7
Na_2O	3.0～9.5	0.5	0.4
K_2O	1.4～1.5	1.3	0～3
MgO	0.7～4.0	3.2	2～3
P_2O_5	4.0～12.8	22.5	17～23
SO_3	0.5～3.3	0.5	2

飞灰的化学成分主要有CaO、SiO_2、Fe_2O_3、Al_2O_3等，飞灰中的有机物多为耐热化学降解的有毒有害物质，气相中产生的二噁英(PCDDs/PCDFs)类高毒性物质也可以吸附于飞灰之上。因此飞灰处置是污泥焚烧环境安全性的重要环节。

③烟气。污泥焚烧有大量的烟气产生，每吨污泥产生的烟气体积(O_2约占11%)一般为4500～6000 m^3，其成分为颗粒物质、酸性和其他性质的气体(包括HCl、HF、HBr、HI、SO_2、NO_x、NH_3)、重金属(包括Hg、Cd、Tl、As、Ni、Pb等)、含碳化合物(包括CO、碳氢化合物VOCs、PCDDs/PCDFs、PCB等)及臭气等。

焚烧烟气净化是污泥焚烧工艺的必要组成部分。污泥焚烧的烟气应进行处理，并满足《生活垃圾焚烧污染控制标准》(GB18485)等有关规定。表10-1-4为焚烧炉大气污染物排放限值。

表 10-1-4　焚烧炉大气污染物排放限值

序号	污染物项目	限值/(mg/m^3)	取值时间
1	颗粒物	30	1 h 均值
		20	24 h 均值
2	氮氧化物(NO_x)	300	1 h 均值
		250	24 h 均值
3	二氧化硫(SO_2)	100	1 h 均值
		80	24 h 均值
4	氯化氢(HCl)	60	1 h 均值
		50	24 h 均值
5	汞及其化合物(以 Hg 计)	0.05	测定均值
6	镉、铊及其化合物(以 Cd+Tl 计)	0.1	测定均值
7	锑、砷、铅、铬、钴、铜、锰、镍及其化合物(以 Sb+As+Pb+Cr+Co+Cu+Mn+Ni 计)	1.0	测定均值
8	一氧化碳(CO)	100	1 h 均值
		80	24 h 均值
9	二噁英类	0.1($ngTEQ/m^3$)	测定均值

2. 空气消耗量

污泥焚烧是对污泥中存在的所有有机质的完全燃烧。完全燃烧的需氧量由有机质组成成分决定。污泥中的挥发物质(糖、脂肪、蛋白质)的主要元素有 C、H、O 和 N。假设 C 和 H 都氧化成完全燃烧产物 CO_2 和 H_2O,则燃烧反应为

$$C_aH_bO_cN_d+(a+0.25b-0.5c)O_2=aCO_2+0.5bH_2O+0.5dN_2 \quad (10-1-3)$$

空气消耗量是耗氧量计算值的 4.35 倍,因为空气中氧气的质量分数约为 23%。为了确保完全燃烧,还需要 50%的过剩空气量。

3. 焚烧所需热量

焚烧需要热量 Q 为飞灰和烟气中各种物质焓热 Q_s 加上污泥中所有水分蒸发所需热量 Q_1,减去回收的热量 Q_2。

$$Q=\sum Q_s+Q_1-Q_2=\sum C_p m_s(T_2-T_1)+m_w\lambda-Q_2 \quad (10-1-4)$$

式中,Q 为污泥焚烧所需热量,kJ;Q_s 为飞灰和烟气中各种物质的焓热,kJ;Q_1 为污泥中所有水分蒸发所需热量,kJ;Q_2 为回收的热量,kJ;C_p 为飞灰和烟气中各种物质的比热,kJ/kg·℃;m_s 为各种物质的质量,kg;T_1、T_2 为初始温度和最终温度,℃;m_w 为蒸发水量,kg;λ 为水分蒸发潜热,kJ/kg。

10.2　污泥焚烧过程

污泥的焚烧分为干燥加热阶段、焚烧阶段和燃尽阶段(即生成固体残渣的阶段)三个阶段。

1. 干燥加热阶段

干燥加热阶段指的是从污泥送入焚烧炉起到污泥开始析出水分的阶段。随着污泥送入炉内,污泥温度逐步升高,其水分开始逐步蒸发。不断加热,水分开始大量析出,污泥变得干燥。当水分基本析出完全后,温度开始迅速上升,直到着火进入真正的燃烧阶段。在干燥加热阶段,污泥中的水分需吸收大量的热量以蒸汽形态析出,即水的汽化热。

污泥含水率较高,干燥阶段也就较长。含水率过高,炉温将大大降低,着火燃烧就困难,需投入辅助燃料燃烧,以提高炉温,改善干燥着火条件。也可采用干燥段与焚烧段分开设计的办法,一方面使干燥段的大量水蒸气不与燃烧的高温烟气混合,以维持燃烧段烟气和炉壁的高温水平,保证燃烧段有良好的燃烧条件;另一方面干燥所需的热能取自完全燃烧后产生的烟气,既可以节省燃料,又不影响燃烧段反应。

2. 焚烧阶段

干燥加热阶段后,如果炉内温度足够高,且又有足够的氧化剂,污泥就会顺利地进入焚烧阶段。焚烧阶段包括氧化反应、热解和原子基团碰撞三类同时发生的化学反应。

(1)氧化反应。氧化反应包括产热和发光快速氧化过程。如果用空气作为氧化剂,则可燃元素C、H、S的氧化反应分别为

$$C+O_2 \longrightarrow CO_2 \tag{10-2-1}$$

$$2H_2+O_2 \longrightarrow 2H_2O \tag{10-2-2}$$

$$S+O_2 \longrightarrow SO_2 \tag{10-2-3}$$

在这些反应中间,还包括若干中间反应:

$$2C+O_2 \longrightarrow 2CO \tag{10-2-4}$$

$$2CO+O_2 \longrightarrow 2CO_2 \tag{10-2-5}$$

$$C+H_2O \longrightarrow CO+H_2 \tag{10-2-6}$$

$$C+2H_2O \longrightarrow CO_2+2H_2 \tag{10-2-7}$$

$$CO+H_2O \longrightarrow CO_2+H_2 \tag{10-2-8}$$

(2)热解。热解是在无氧或近乎无氧的条件下,利用热能破坏含碳高分子化合物元素间的化学键,使含碳化合物破坏或者进行化学重组。尽管焚烧时有50%～150%的过剩空气量,但仍有部分污泥没有与氧有效接触,这部分污泥在高温条件下进行热解。

被热解后的组分常是简单的物质,如气态的CO、H_2O、CH_4,而C则以固态形式出现。

对于大分子的含碳化合物而言,其受热后,先进行热解,随即析出大量的气态可燃气体成分,诸如CO、CH_4、H_2或者分子量较小的挥发分成分。挥发分析出的温度区间为200～800 ℃。

(3)原子基团碰撞。焚烧过程出现的火焰,实质上是在高温下,原子基团发生碰撞,富有原

子基团的气流的电子能量跃迁，以及分子的旋转和振动产生的量子辐射，它包括红外线、可见光以及波长更短的紫外线的热辐射。火焰的形状取决于温度和气流组成。通常温度在1000 ℃左右就能形成火焰。气流包括原子态的H、O、Cl等元素，双原子的CH、CN、OH、C_2等，以及多原子的基团HCO、NH_2、CH_3等极其复杂的原子基团气流。

3. 燃尽阶段

污泥在焚烧阶段进行强烈的发热、发光反应后，可燃物质逐渐减少，反应生成CO_2、H_2O、N_2和固态的灰渣增多。

燃尽阶段的特点可归纳为可燃物浓度减少，惰性物增加，氧化剂量相对较大，反应区温度降低。要改善燃尽阶段的工况，常采用翻动、拨火等办法有效减少物料外表面灰尘，增加供应空气量及增加污泥在炉内停留时间等。该过程与焚烧炉的几何尺寸等因素直接相关。

10.3 污泥焚烧影响因素

影响污泥焚烧过程的因素包括污泥性质、污泥预处理、污泥焚烧工艺操作条件及过剩空气系数等。

1. 污泥性质

污泥性质主要包含污泥含水率和污泥中挥发分含量。污泥含水率或污泥本身含有水分的多少直接影响污泥焚烧设备的运行和处理费用。因此，应降低污泥含水率，以减少污泥焚烧设备的运行及处理费用。当污泥能够维持自燃时，可节约燃料。污泥挥发分含量通常能够反映污泥潜在热量的多少，如果污泥潜在热量不够维持燃烧，则需补充热能。

2. 污泥预处理

污泥在焚烧前必须进行预处理，以保证焚烧过程有效进行。将污泥粉碎可使投入炉内的污泥分布均匀，保障污泥燃烧充分。污泥预热也是污泥预处理的一种手段，可降低污泥含水率和污泥焚烧消耗的能源。

3. 污泥焚烧工艺操作条件

污泥焚烧工艺操作条件是影响污泥焚烧效果和反映焚烧炉工况的重要技术指标，主要有污泥焚烧温度、污泥焚烧的停留时间及污泥焚烧的传递条件。

(1)污泥焚烧温度。污泥焚烧温度一般是指污泥焚烧所能达到的最高温度。污泥焚烧温度比其着火温度要高得多。污泥的焚烧温度越高，燃烧速度越快，污泥焚烧得越完全，焚烧效果越好。污泥的焚烧温度与污泥的燃烧特性有直接关系，污泥的热值越高、水分越低，焚烧温度也就越高。通常，提高焚烧温度有利于污泥的燃烧和干燥，并能分解和破坏污泥中有机毒物，但过高的焚烧温度不仅增加了燃料消耗量，而且会增加污泥中金属的挥发量及氮氧化物的数量，引起二次污染，因此不宜采用较高的焚烧温度。污泥焚烧的温度与污泥在焚烧设备内的停留时间相关联，大多数有机物的焚烧温度范围在800～1100 ℃，通常控制在800～900 ℃。

(2)污泥焚烧的停留时间。污泥在焚烧炉内停留时间的长短直接影响焚烧的完全程度，停留时间也是决定炉体容积尺寸的重要依据。为了使污泥能在炉内完全燃烧，污泥需要在炉内停留足够的时间。污泥在焚烧炉停留时间也意味着燃烧烟气在炉内所停留的时间，燃烧烟气在炉内停留时间的长短决定气态可燃物的完全燃烧程度。一般来讲，燃烧烟气在炉内停留时间越长，气态可燃物的完全燃烧程度就越高。

污泥焚烧的气相温度达到 800～850 ℃，高温区的气相停留时间达到 2 s，可分解绝大部分污泥中的有机物。但污泥中一些工业源的耐热分解有机物需在温度为 1100 ℃、停留时间为 2 s 的条件下才能完全分解。

污泥固相中有机物充分分解的温度和停留时间与其焚烧时堆积体或颗粒度决定的传递条件有极大的关系。一般污泥堆积燃烧时固体停留时间应在 0.5～1.5 h；当污泥粒径缩小至数毫米时（如在流化床中），则其停留时间在 0.5～2 min。

(3)焚烧传递条件。污泥焚烧的传递条件包括污泥颗粒度和气相的湍流混合程度，湍流越充分，传递条件越有利。一般采用 50%～100%的过量空气作为焚烧的动力。

4. 过剩空气系数

过剩空气系数(α，%)为实际供应空气量与理论空气量的比值：

$$\alpha = \frac{V}{V_0} \tag{10-3-1}$$

式中，V_0 为理论空气量，Nm^3/kg；V 为实际供应空气量，Nm^3/kg。

过剩空气系数对污泥的燃烧状况有很大的影响，供给适量的过剩空气是有机可燃物完全燃烧的必要条件。合适的过剩空气系数有利于污泥与氧气接触混合，强化污泥的干燥和燃烧，但过大的过剩空气系数既降低炉内燃烧温度，又会加大燃烧烟气的排放量。

10.4　污泥焚烧炉的类型

在污泥焚烧设备中，多膛式焚烧炉和流化床焚烧炉是应用较广的炉型，其他炉型有回转窑式焚烧炉、炉排式焚烧炉、电加热红外焚烧炉、熔融焚烧炉及旋风焚烧炉等。

10.4.1　多膛式焚烧炉

多膛式焚烧炉又称为立式多膛焚烧炉，其结构如图 10－4－1 所示。立式多膛焚烧炉是内衬耐火材料垂直的钢制圆筒，内部有许多水平的由耐火材料构成的炉膛，自下而上布置有一系列水平的绝热炉膛，一层一层叠加。一段多膛焚烧炉可含有 4～14 个炉膛，从炉子底部到顶部设置可旋转的中心轴。

立式多膛式焚烧炉的横截面如图 10－4－2 所示，各层炉膛都有同轴的旋转齿耙，一般上层和下层的炉膛设有四个齿耙，中间层炉膛设有两个齿耙。经过脱水的泥饼从顶部炉膛的外侧进入炉内，依靠齿耙翻动向中心运动并通过中心孔进入下层，而进入下层的污泥向外侧运动并通过该层外侧孔进入再下面的一层，如此反复，使得污泥呈螺旋形路线自上而下运动。铸铁轴内设套管，空气由轴心下端鼓入外套管，一方面使轴冷却；另一方面预热空气，经过预热的部分或全部空气从上部回流至内套管进入最底层炉膛，作为燃烧空气向上与污泥逆向运动焚烧污泥。

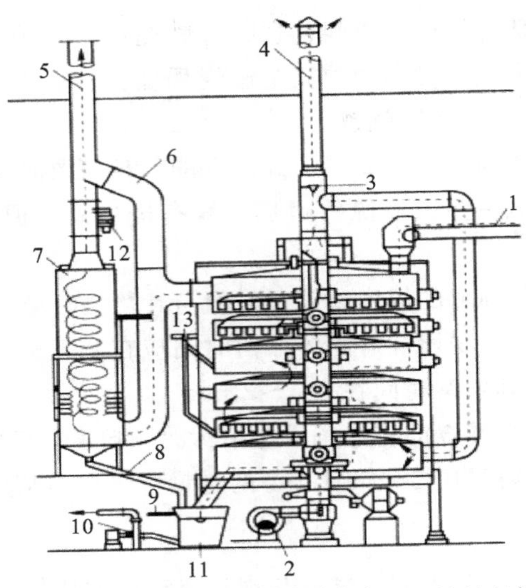

1—泥饼；2—冷却空气鼓风机；3—浮动风门；4—废冷却气；5—清洁气体；6—无水量旁路通道；
7—旋风喷射洗涤器；8—灰浆；9—分离水；10—砂浆；11—灰斗；12—感应鼓风机；13—轻油。

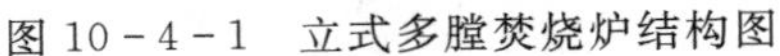
图 10-4-1 立式多膛焚烧炉结构图

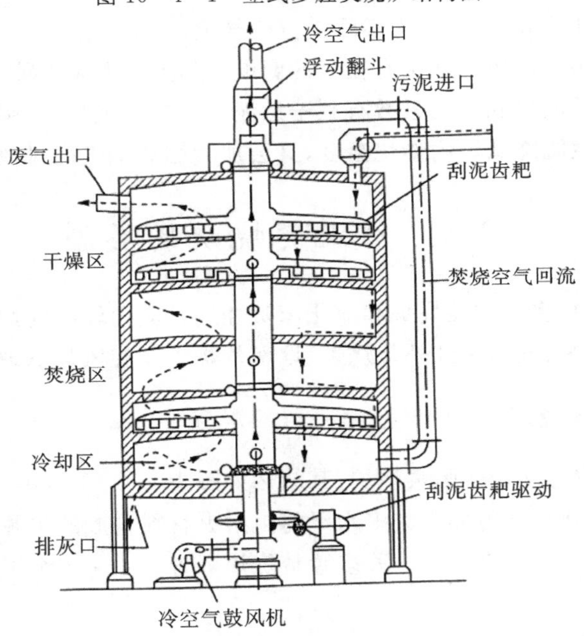

图 10-4-2 立式多膛焚烧炉横截面图

从污泥焚烧过程来看，多膛炉可分为三个工作区。顶部为干燥区，起污泥干燥作用，温度为 425～760 ℃，可使污泥含水率降至 40%以下。中部为污泥焚烧区，温度为 760～925 ℃，焚烧区中上部为挥发分气体及部分固态物燃烧区，下部为固定碳燃烧区。多膛炉最底部为缓慢冷却区，主要起冷却并预热空气的作用，温度为 260～350 ℃。该类设备以逆流方式运行，热效率很高。燃烧气含尘量很低，可用单一的湿式洗涤器把尾气含尘量降到 200 mg/m^3 以下。一般空气量为理论消耗量的 150%～200%。

多膛炉通常会设有后燃室，以降低臭气和未燃烧的碳氢化合物浓度。在后燃室内，多膛炉的废气与外加的燃料和空气充分混合，完全燃烧。有些多膛炉在设计上，将脱水污泥从中间炉膛进入，而将上部的炉膛作为后燃室使用。

多膛炉的主要优点是具有内部热量利用系统，焚烧后的烟气能很好地同污泥进行接触加热。主要缺点是机械设备较多，需要较多的维修与保养；耗能相对较多；为减少燃烧排放的烟气污染，需要增设二次燃烧设备。

10.4.2　流化床焚烧炉

流化床焚烧污泥的载热材料通常为硅砂，它是与干化污泥一起被床底的进气托起呈悬浮状态(流态化)，污泥在床层上部完全燃烧的过程。沸腾式流化床焚烧炉的横断面如图10-4-3所示。

高压空气(20～30 kPa)从炉底部耐火栅格中的鼓风口喷射而上，使耐火栅格上约0.75 m厚的硅砂层与从炉下端加入的污泥剧烈混合而焚烧。流化床的温度控制在725～950 ℃。污泥在沸腾式流化床焚烧炉中的停留时间为数十秒。废气与飞灰从炉顶部排出，经旋风分离器进行气固分离后，热气体用于预热空气，热焚烧灰用于预热干燥污泥，以便回收热量。流化床中的硅砂也会随着气体流失一部分，每运行300 h，应补充流化床中硅砂量的5%，以保证流化床中的硅砂足量。

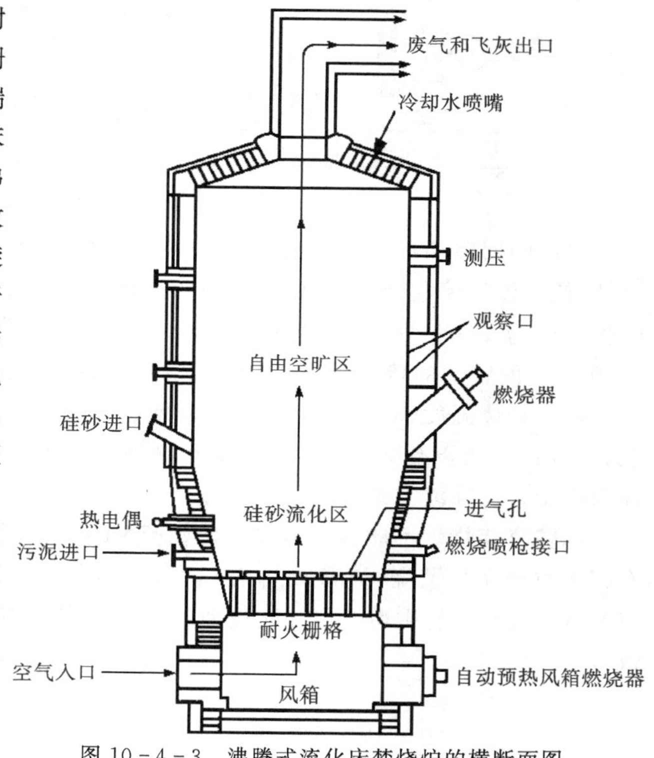

图10-4-3　沸腾式流化床焚烧炉的横断面图

污泥在流化床焚烧炉中的焚烧在两个区完成。第一区为硅砂流化区，在这一区中，污泥中水分的蒸发和有机物的分解几乎同时发生；第二区为硅砂层上部的自由空旷区，在这一区，污泥中的碳和可燃气体继续燃烧，相当于一个后燃室。

流化床优点是以硅砂作为载热体，传热效率高，焚烧时间短，炉体小；流化床焚烧炉结构简单，接触高温的金属部件少，故障也少；干燥与焚烧集成在一起，可除臭；由于炉子的热容量大，停止运行后，每小时降温不到5 ℃，在2 d内重新运行，可不必预热载热体，连续运行；操作可用自动仪表控制并实现自动化。缺点是操作较复杂；运行效果不稳定；动力消耗较大；飞灰量大，烟气处理要求高，采用湿式除尘产生的废水需用专门的沉淀池处理。

10.4.3　回转窑式焚烧炉

回转窑式焚烧炉结构如图10-4-4所示。回转窑式焚烧炉是采用回转窑作为燃烧室的焚烧炉，回转窑采用卧式圆筒状，外壳一般用钢板卷制而成，内衬为耐火材料(可以为砖结构，也可以为高温耐火混凝土预制)，窑体内壁光滑，也可布置内部构件。窑体的一端为螺旋式加料器或其他方式进行加料，另一端将燃尽的灰烬排出炉外。污泥在回转窑内可与高温气流逆向或同向流动，逆向流动时高温气流可以预热进入的污泥，热量利用充分，传热效率高。排气中常携带污泥中挥发出来的有毒有害气体，需进行二次焚烧处理。顺向流动的回转窑，一般在窑的后部设置燃烧器，进行二次焚烧。

回转窑式焚烧炉的温度变化范围较大，为 810～1650 ℃，通过调节窑体端头的燃烧器的燃料量来控制温度。一般采用液体燃料或气体燃料，也可采用煤粉作为燃料或废油本身兼作燃料。

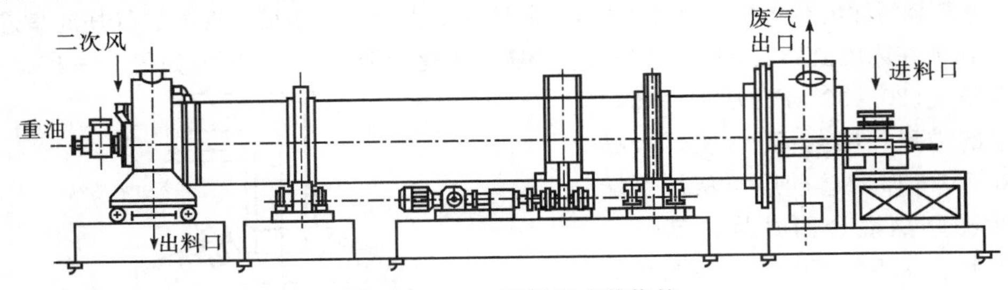

图 10－4－4　回转窑式焚烧炉

典型的回转窑焚烧炉炉膛/燃尽室结构如图 10－4－5 所示。在焚烧过程中，圆筒形炉膛旋转，使污泥不停翻转，充分燃烧。回转窑焚烧炉通常稍微倾斜放置，并配燃尽室。一般炉膛的长径比为 2～10∶1，转速为 1～5 r/min，安装倾斜坡度一般为 1°～3°，操作温度上限 1650 ℃。回转窑的转动将污泥与燃气混合，经过预燃和挥发将污泥转化为气态和残渣态。

炉中焚烧温度(650～1260 ℃)的高低取决于两方面：一方面为污泥的性质，对于含卤代有机物的污泥，焚烧温度应在 850 ℃以上，对于含氰化物的污泥，焚烧温度应高于 900 ℃；另一方面取决于采用除渣方式(湿式或干式)。

回转窑焚烧炉不能有效地去除焚烧产生的有害气体，如二噁英、呋喃等，为了保证烟气中有害物质的完全燃烧，通常设有燃尽室，当烟气在燃尽室内的停留时间大于 2 s、温度高于 1100 ℃时，上述物质均能很好地被消除。燃尽室排出烟气到余热锅炉回收热量，用以产生蒸汽或发电。

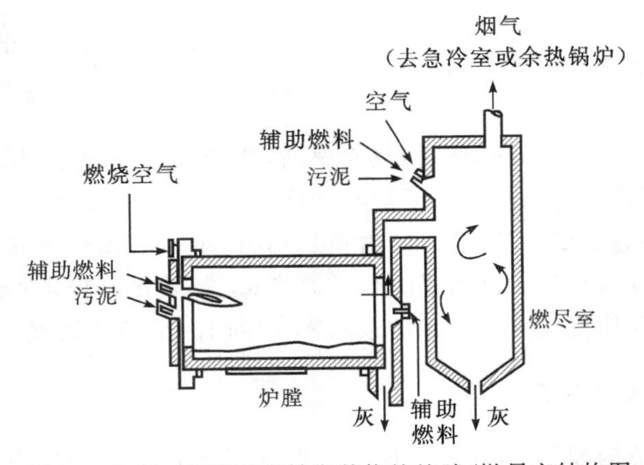

图 10－4－5　典型的回转窑焚烧炉炉膛/燃尽室结构图

10.4.4 炉排式焚烧炉

污泥送入炉排上进行焚烧的焚烧炉简称为炉排式焚烧炉。炉排焚烧炉因炉排结构不同，可分为阶梯往复式、链条式、栅动式、多段滚动式和扇形炉排。污泥焚烧通常采用阶梯往复式炉排焚烧炉。

阶梯往复式炉排污泥焚烧炉结构如图10-4-6所示。该焚烧炉炉排由9～13块组成，固定和活动炉排交替放置，油压装置使可动段前后往返运动，一边搅拌污泥层，一边运送污泥层。前几块为干燥炉排，后为燃烧炉排，最下部为燃烬炉排。活动炉排的往复运动由液压缸或由机械方式推动。往复的频率根据生产能力可在较大范围内进行调节，操作控制方便。

脱水污泥饼(含水率为75%～80%)经过干燥成干燥污泥饼(含水率为40%～50%)进入焚烧炉排炉，最终形成炉渣。

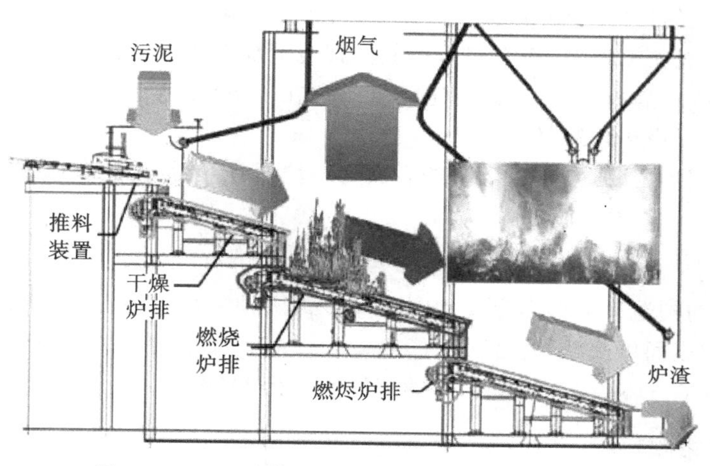

图10-4-6 阶梯往复式炉排污泥焚烧炉结构图

10.4.5 电加热红外焚烧炉

电加热红外焚烧炉结构如图10-4-7所示，其本体为水平绝热炉膛，污泥输送带沿着炉膛长度方向布置，污泥输送带沿着炉膛长度方向布置，红外电加热元件布置在焚烧炉污泥输送带的顶部，通过红外电加热元件的红外辐射对污泥进行加热。

电加热红外焚烧炉由一系列预制件组合而成，可以满足不同焚烧长度的要求。脱水污泥通过输送带一端送入焚烧炉内，入口端布置有滚动机构，使污泥以近12.5 mm的厚度布满输送带。

在焚烧炉中，污泥先被干化，然后在红外加热段焚烧。焚烧灰排入设在另一端的灰斗中，空气从灰斗上方经过焚烧灰层的预热后从后端进入焚烧炉，与污泥逆向而行。废气从污泥的进料端排出。电加热红外焚烧炉的空气过剩系数为20%～70%。

电加热红外焚烧炉的特点是投资小，适合于小型的污泥焚烧系统。缺点是运行耗电量大，能耗高，而且金属输送带的寿命短，每隔3～5年就要更换一次。

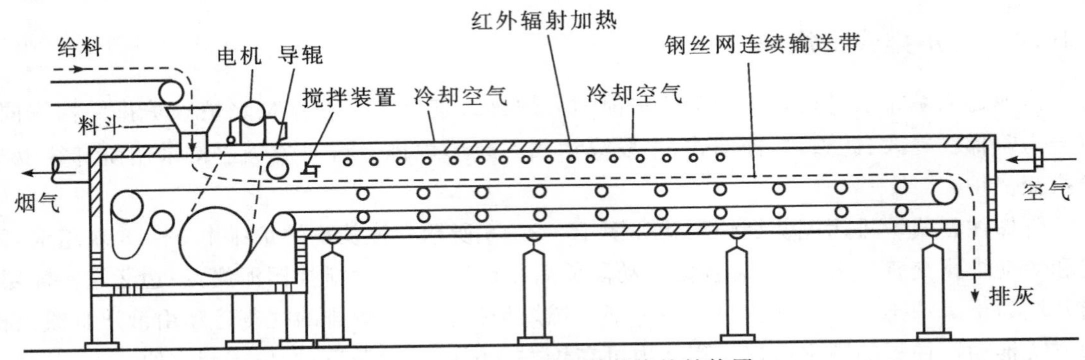

图 10-4-7 电加热红外焚烧炉结构图

10.4.6 熔融焚烧炉

污泥熔融处理的目的主要是控制污泥中有害重金属排放。预先干燥的污泥在超过熔点温度下进行焚烧(一般在 1300～1500 ℃),形成比其他焚烧方式密度大 2～3 倍的融化灰,将污泥灰转化成玻璃体或水晶体,重金属以稳定的状态存在于 SiO_2 等玻璃体或水晶体中,不会溶出而损害环境,炉渣可用作建筑材料。

用于污泥处理的熔融炉有很多种,如表面熔融炉(膜熔融炉)、焦炭床式熔融炉和电弧式电熔融炉等。

1. 表面熔融炉

表面熔融炉的构造有方形固定式和圆形回转式两种。熔融污泥时,有机成分首先热分解燃烧,焚烧灰在炉表面以膜状熔流滴下,形成粒状炉渣。如果污泥的发热量能够自然熔融,主燃烧室温度为 1300～1500 ℃,炉膛出口的烟气温度为 1100～1200 ℃,可以进行热量回收。

2. 焦炭床式熔融炉

焦炭床式熔融炉如图 10-4-8 所示,填充焦炭为固定层,由风口吹入一次空气,床内形成 1600 ℃左右的灼热层。一次风作用是为污泥在燃烧初期提供足够的氧气;二次风为碳的燃烧提供氧气,并能加强气流的扰动,促进高温烟气的回流和可燃物与氧气的混合,为完全燃烧提供条件。含水率为 35%～40%的干燥粒状污泥和焦炭、石灰或碎石交互被投入。灰分和碱度调整剂一起在焦炭床内边熔融边移动,生成的炉渣在焦炭粒子间流下。炉膛出口烟气温度为 900 ℃左右,在回流烟气降至 500 ℃左右时加热空气,然后进一步进行热回收产生锅炉蒸汽,蒸汽被送入桨式污泥干燥机。焦炭的消耗量受投入污泥的含水率、发热量及投入量影响较大,填充的焦炭必须保证一定的量。炉内容易保持较高的温度,同样适用于发热量较低和熔点较高的污泥。对于发热量较高的污泥,需进行热量回收。

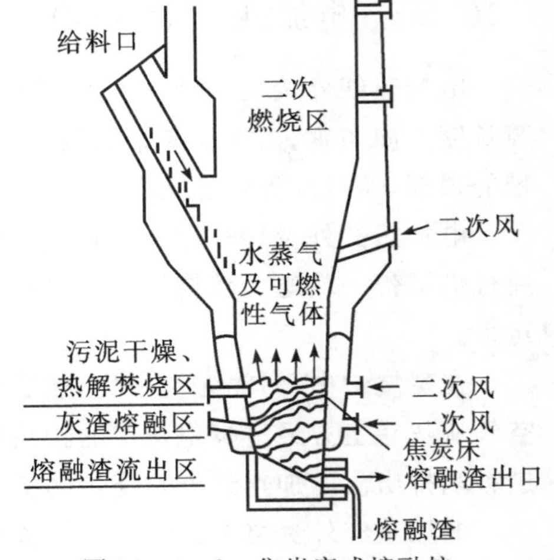

图 10-4-8 焦炭床式熔融炉

3. 电弧式电熔融炉

电弧式电熔融炉需先将污泥干燥到含水率为20%左右。电炉的电弧热使干燥污泥饼中的有机物分解，变成可燃气体，无机物作为熔融炉渣被排出。用高压水喷射流下来的炉渣，使其粉碎后形成人工砂状物。粒状炉渣经沉降分离后由泵送到料斗中贮存。熔融炉中产生的热分解气体在脱臭炉中直接燃烧，干燥机排气在750 ℃左右脱臭，然后经过除尘装置以及排气洗涤塔处理后排放到大气中。这种方式由于使用电能，成本较高。

10.4.7　旋风焚烧炉

旋风焚烧炉结构如图10－4－9所示。旋风焚烧炉是一种室燃锅炉，它的最大优点是熔融灰渣固化了污泥中有害重金属成分，不再污染环境，还能用作建材。其原理是在圆柱形旋风筒内形成稳定的可以控制的高速旋转火焰流，火焰充满了整个燃烧室的空间，污泥和原煤经过混合破碎形成污泥煤粉，输送污泥煤粉的一次风沿圆筒轴向进入旋风筒，二次风切向进入，使污泥煤粉和空气做强烈的螺旋运动，大部分燃料颗粒甩向旋风筒内壁灼热的熔渣膜上，其容积热强度大于一般煤粉炉(旋风筒内壁上布有碳化硅耐火层)，有利于燃料中碳的燃尽。较细的污泥煤粉在旋风筒内呈悬浮状燃烧，由于筒内的高温和高速旋转气流使其燃烧十分剧烈，并使污泥煤粉因高温熔化而粘在筒壁上，形成液态渣膜，液态渣向下经流渣孔从出渣口排出。

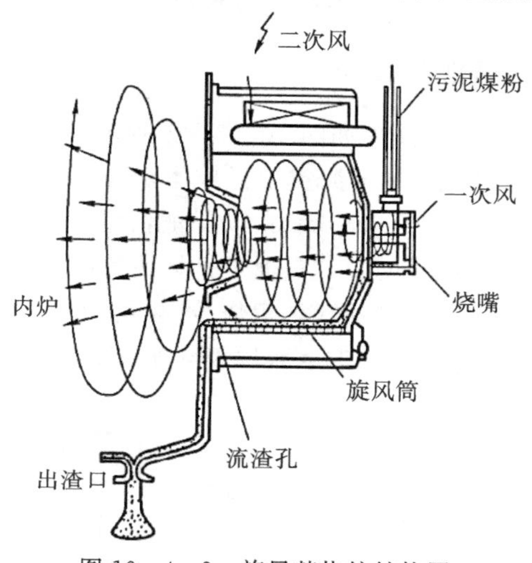

图10－4－9　旋风焚烧炉结构图

10.5　污泥焚烧工程实例

10.5.1　污泥与褐煤混烧

德国莱茵博朗(Rheinbraun)公司在其位于贝伦拉特(Berrenrath)的电厂中进行了将机械脱水污泥同褐煤混烧的试验研究，其焚烧流程如图10－5－1所示，该工作前后持续了一年多。该厂的循环流化床锅炉设计燃料为褐煤，设计燃料消耗量为每小时燃烧93 t。含固率30%的污泥同褐煤一起从分离器的下部返料装置的料腿部分加入循环流化床中。试验表明，SO_2、NO、CO 和微粒在该体系内的排放值都低于燃煤装置和垃圾焚烧装置的限定标准。试验结果还表明重金属的总体浓度相对降低，Hg 的含量增加。为使 Hg 达标排放，他们对位于电除尘器后的烟气 Hg 吸附装置进行了扩容，可除去烟气中 95%的 Hg。通过上述改造，该厂每年可以焚烧 65000 t 污泥。

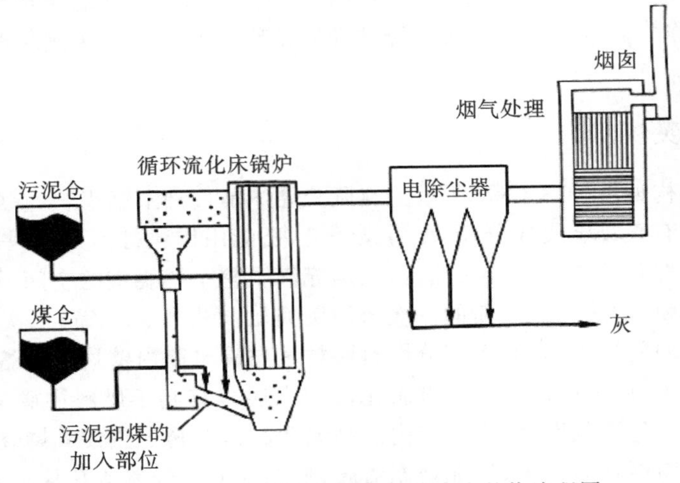

图 10-5-1　污泥与褐煤在流化床中焚烧流程图

10.5.2　污泥与垃圾富氧混烧发电

污泥与垃圾富氧混烧发电工艺流程如图 10-5-2 所示。在湿污泥中加入新型助滤剂后脱水，使污泥含水率降低至 50%左右，污泥实现低成本干化后再与少量的秸秆混合制成衍生燃料，秸秆与污泥掺混比例一般为 1∶5～1∶3，以保证污泥稳定燃烧和焚烧的经济性。衍生燃料和垃圾一起入炉焚烧，将一定纯度的氧气通过助燃风管路送到垃圾焚烧炉内助燃，在垃圾焚烧炉实现生活垃圾混烧、污泥混合物的富氧焚烧，产生的热能通过锅炉、汽轮机和发电机转化成电能。富氧焚烧所需氧气量根据城市生活垃圾含水率、灰土成分的不同和污泥的热值变化而不断调整，助燃风含氧量为 21%～25%。

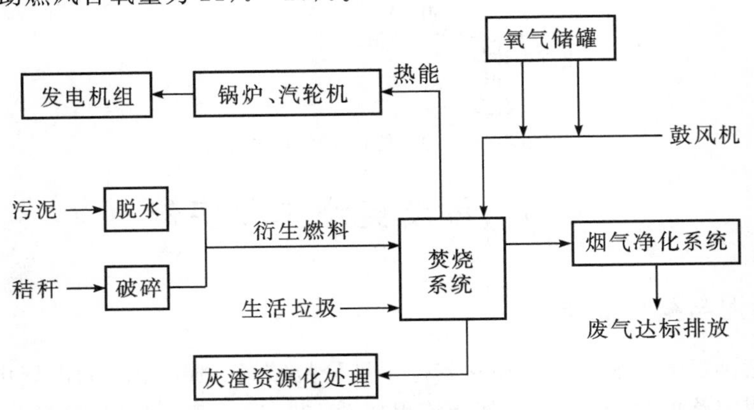

图 10-5-2　污泥与垃圾富氧混烧发电工艺流程图

10.6　污泥焚烧效果评价及污染控制

10.6.1　污泥焚烧效果评价

焚烧效果是污泥焚烧处理最基本、最重要的技术指标之一，以考查焚烧是否达到设计要求和有关规定要求。评价焚烧效果的方法很多，在实践中为了得到较可靠评价结果，常用两种或两种以上方法进行评价。常用的焚烧效果评价方法有目测法、热灼减量法和一氧化碳法等。

1. 目测法

目测法相对简单，就是肉眼观测法，不需要测定各种污泥焚烧产物的量，也不需要计算，主要是通过肉眼观察污泥焚烧产生的烟气颜色（如黑色）程度来判断污泥焚烧效果。通常焚烧烟气的颜色越黑，气量越大，则污泥焚烧的效果越差。该方法准确性不高，需结合其他评价方法进行评价。

2. 热灼减量法

在焚烧过程中，可燃物质氧化、焚烧越彻底，灰渣中残留的可燃成分越少，即灰渣的热灼减量就越小。因此，可以用焚烧灰渣的热灼减量程度评价污泥焚烧效果。

热灼减量法是根据污泥焚烧炉炉渣在(600±25)℃灼烧3个小时后炉渣中有机可燃物的量（未燃尽的碳）来评价污泥焚烧效果的方法，它是指污泥焚烧炉炉渣中的可燃物在高温、空气过量条件下被充分氧化后，单位质量污泥焚烧炉炉渣的减少量。

$$Q_R = \left(1 - \frac{m_d}{m_a}\right) \times 100\% \tag{10-6-1}$$

式中，Q_R 为焚烧效果，%；m_a 为焚烧炉炉渣的质量，kg；m_d 为污泥焚烧炉炉渣在(600±25)℃灼烧3个小时后的质量，kg。

3. 一氧化碳法

一氧化碳是污泥焚烧过程中所含不完全燃烧产物之一，常用烟气中一氧化碳和二氧化碳浓度或分压的相对比例来表示污泥在焚烧过程中氧化程度。烟气中一氧化碳的含量越高，污泥焚烧效果越差；反之，污泥焚烧反应进行越彻底，污泥焚烧效果越好。利用烟气中一氧化碳含量表示的污泥焚烧效率的计算公式如下：

$$E_g = \frac{C_{CO}}{C_{CO} + C_{CO_2}} \times 100\% \tag{10-6-2}$$

式中，E_g 为污泥焚烧效率，%；C_{CO} 为烟气中一氧化碳含量，%；C_{CO_2} 为烟气中二氧化碳含量，%。

10.6.2　污泥焚烧污染控制措施

污泥焚烧有大量的烟气产生，其组成为颗粒物质、酸性气体、重金属、氮氧化合物和二噁英(PCDD/PCDF)等。

1. 颗粒物的控制

在通过洗涤系统前，不同类型的焚烧炉所排放的烟气中颗粒物浓度不一样，流化床焚烧炉最高。多膛式焚烧炉烟气中颗粒物浓度是可变的，但是，一般低于流化床焚烧炉。电加热红外焚烧炉烟气中颗粒物含量最小。

颗粒物的去除按照去除机理可分为湿法（洗涤器）或干法（静电除尘器、布袋除尘器及旋风除尘器）去除。在污泥焚烧中，最常用文丘里洗涤器、袋式除尘器和旋风除尘器。

(1)文丘里洗涤器。文丘里洗涤器结构如图 10-6-1 所示。文丘里洗涤器的除尘包括雾化、凝聚和分离除尘三个过程：含尘气流由收缩管进入喉管，流速急剧增大，气流的压力能转变为动能，在喉管入口处，气速达到最大，一般为 50～180 m/s，洗涤液（一般为水）通过沿喉管周边均匀分布的喷嘴喷入，液滴被高速气流冲击，进一步雾化为更细小的水滴，气体湿度达到饱和，尘粒被水湿润，此过程称为雾化过程。在喉管中，气液两相得到充分混合，粉尘粒子与水滴碰撞沉降，进入扩张管后，气速降低，静压力逐渐增大，以尘粒为凝结核的凝聚作用加快，凝聚成直径较大的含尘液滴，易于在旋风分离器内被捕集，这一过程称为凝聚过程。气体随后进入旋风分离器，实现气液分离，达到除尘目的，这一过程称为分离除尘过程。雾化过程和凝聚过程是在文丘里管内进行的，分离除尘过程是在旋风分离器或其他分离装置中完成的。净化后的气体从旋风分离器顶部排出。从烟气控制和设备大小考虑，一般将排出烟气的温度降低至50℃左右。颗粒物中的水分一般要进行分离，通常采用密封件或挡板，突然改变气流方向，利用惯性去除水滴。含尘废水由旋风分离器锥形底部灰斗排至沉淀池，文丘里洗涤器排水的灰渣脱水可以有多种方法（蓄水池、沉淀池及真空过滤器等）。

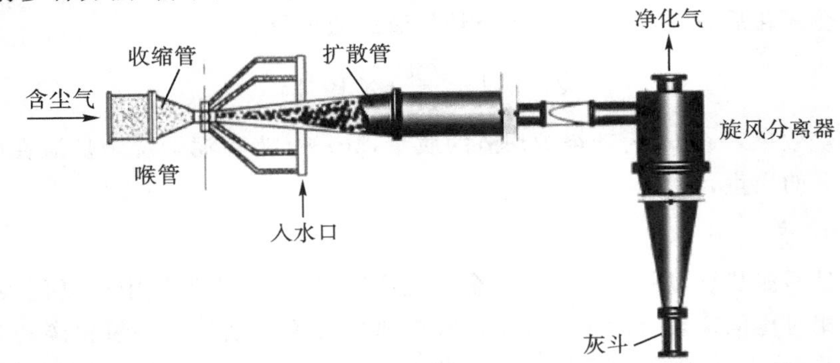

图 10-6-1　文丘里洗涤器结构图

(2)袋式除尘器。袋式除尘器结构如图 10-6-2 所示，袋式除尘器属于过滤除尘器，通过过滤材料将粉尘分离、捕集。袋式除尘器工作原理包括：

①重力沉降作用。含尘气体进入布袋除尘器时，颗粒大、比重大的粉尘，在重力作用下沉降。②筛滤作用。当粉尘的颗粒直径较滤料的纤维间的空隙或滤料上粉尘间的间隙大时，粉尘在气流通过时即被阻留。当滤料上积存粉尘增多时，这种作用就比较显著。③惯性力作用。气流通过滤料时，可绕纤维而过，而较大的粉尘颗粒在惯性力的作用下，仍按原方向运动，遂与滤料相撞而被捕获。④热运动作用。质轻体小的粉尘（1 μm 以下），随气流运动，非常接近于气流流线，能绕过纤维。但它们在受到做布朗运动的气体分子的碰撞之后，使原来的运动方向改变，这就增加了粉尘与纤维的接触机会，使粉尘能够被捕获。当滤料纤维直径越细，孔隙率越小，其捕获率就越高，所以越有利于除尘。

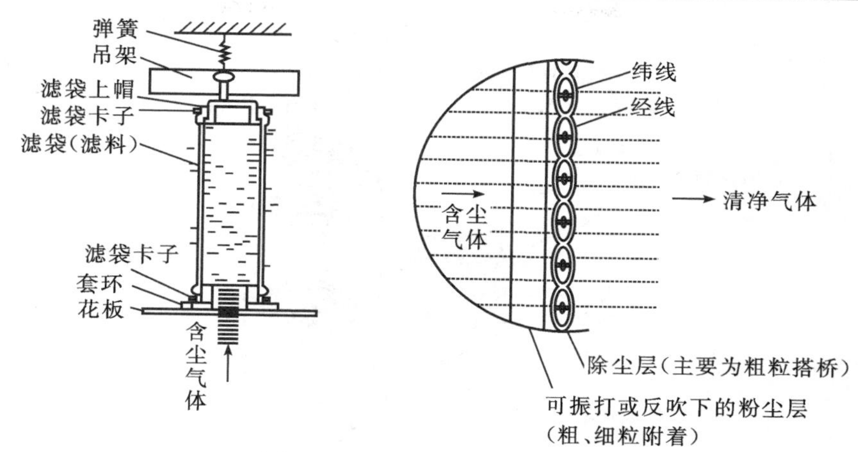

图 10-6-2　袋式除尘器结构图

(3)旋风除尘器。旋风除尘器结构如图 10-6-3 所示,旋风除尘器是污泥焚烧烟气预除尘技术,可去除粗颗粒以降低后续处理设备负荷,在净化设备中应用最为广泛。旋风除尘器工作时,气流从上部沿切线方向进入除尘器,在其中做旋转运动,尘粒在离心力的作用下被抛向除尘器圆筒部分的内壁上,降落到灰斗。旋风除尘器适用于净化大于 5～10 μm 的非黏性、非纤维的干燥粉尘,结构简单、操作方便、耐高温、设备费用低和阻力(780～1560 Pa)小,除尘效率为 70%～90%。

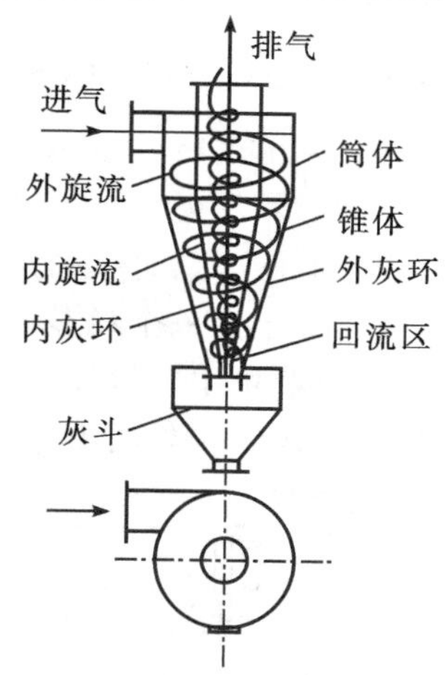

图 10-6-3　旋风除尘器结构图

2. 酸性气体的控制

在污泥焚烧中,燃烧后形成的酸性气体主要有 SO_2、HCl 及 HF,控制酸性气体的方法主要有湿式洗气法、干式洗气法和半干式洗气法三种。

(1)湿式洗气法。在焚烧烟气处理系统中,最常用的湿式洗气塔(见图 10-6-4)是对流操作的填料吸收塔。通过除尘器除尘后的烟气,先经冷却部的液体冷却,降到一定温度后,由填料塔下部进入塔内。在通过塔内填料向上流动过程中,与由顶部喷入(喷淋),向下流动的碱性溶液在填料空隙和表面接触并发生反应,从而去除酸性气体。当以氢氧化钠溶液作为碱性药剂时,其反应式为

$$NaOH + HCl \longrightarrow NaCl + H_2O \qquad (10-6-3)$$

$$2NaOH + SO_2 \longrightarrow Na_2SO_3 + H_2O \tag{10-6-4}$$

$$NaOH + HF \longrightarrow H_2O + NaF \tag{10-6-5}$$

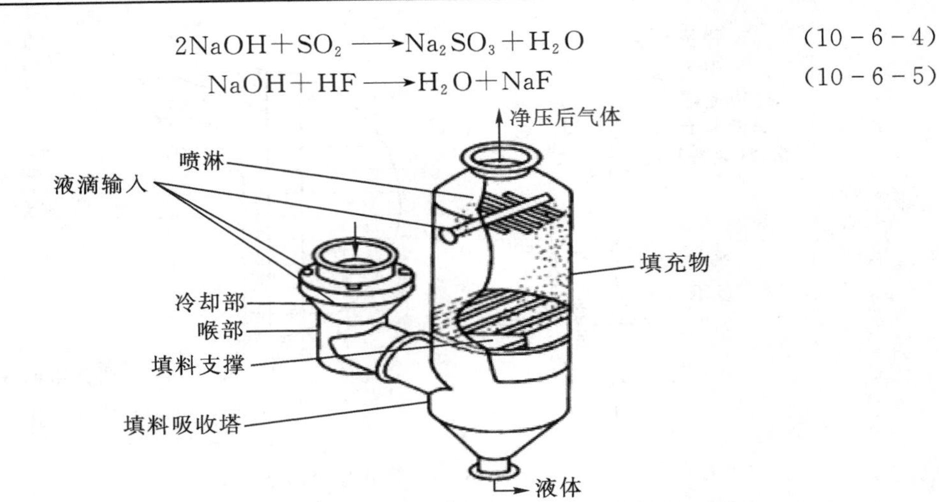

图 10-6-4　湿式洗气塔的构造图

(2)干式洗气法。干式洗气法是用压缩空气将碱性固体粉末(消石灰或碳酸氢钠)直接喷入烟管或反应器内,使之与酸性废气充分接触和发生反应,从而达到中和酸性气体并将其去除的目的。其反应过程如下:

$$2xHCl + ySO_2 + (x+y)Ca(OH)_2 \longrightarrow xCaCl_2 + yCaSO_3 + (2x+y)H_2O \tag{10-6-6}$$

$$yCaSO_3 + \frac{y}{2}O_2 \longrightarrow yCaSO_4 \tag{10-6-7}$$

或

$$xHCl + ySO_2 + (x+2y)NaHCO_3 \longrightarrow xNaCl + yNa_2SO_3 + (x+2y)CO_2 + (x+y)H_2O \tag{10-6-8}$$

实际碱性固体的用量为反应需求量的 3～4 倍,停留时间应在 1 s 以上。

(3)半干式洗气法。半干式洗气塔实际上是一个喷雾干燥系统,利用高效雾化器将消石灰泥浆从塔底向上或从塔顶向下喷入干燥吸收塔中。烟气与喷入的泥浆可以同向流动或逆向流动,充分接触并产生中和作用,半干式洗气塔结构如图 10-6-5 所示。

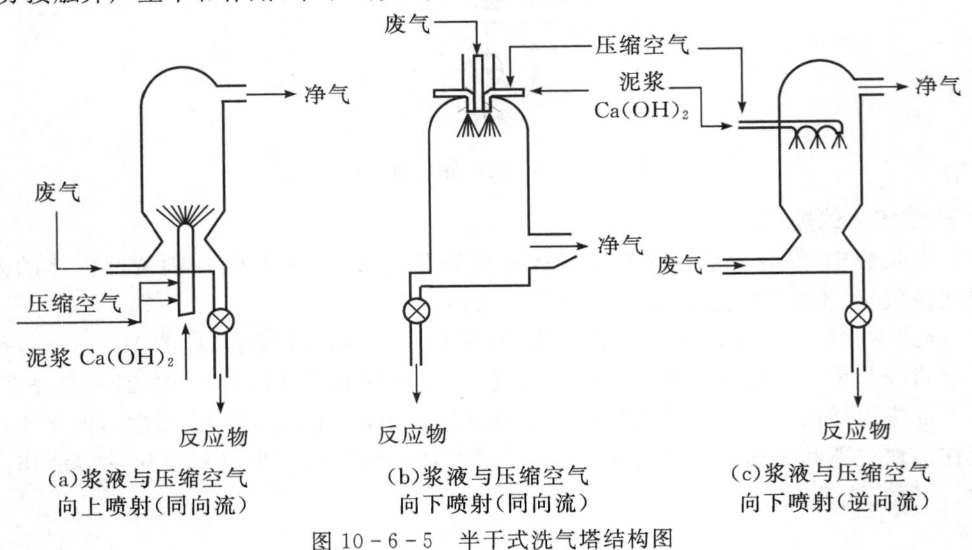

图 10-6-5　半干式洗气塔结构图

其化学方程式为

$$Ca(OH)_2+SO_2 \longrightarrow CaSO_3+H_2O \quad (10-6-9)$$

$$Ca(OH)_2+2HCl \longrightarrow CaCl_2+2H_2O \quad (10-6-10)$$

或

$$SO_2+CaO+\frac{1}{2}H_2O \longrightarrow CaSO_3 \cdot \frac{1}{2}H_2O \quad (10-6-11)$$

半干式洗气塔雾化效果佳(液滴的直径可低至30 μm左右),气、液接触面积大,不仅可以有效降低气体的温度,中和气体中的酸性气体,并且喷入的消石灰泥浆中的水分可在喷雾干燥塔内完全蒸发,不产生废水。

干式法、湿式法和半干式洗气法都是有效的酸性气体控制技术,三种酸性气体洗气塔功能特性见表10-6-1。

表10-6-1　三种酸式气体洗气塔功能特性比较

种类	去除效率/%		药剂消耗量/%	耗电量/%	耗水量/%	反应物量/%	废水量/%	建造费用/%	操作维护费用/%
	单独	配合袋式除尘器							
干式洗气塔	50	95	120	80	100	120	—	90	80
半干式洗气塔	90	98	100	100	100	100	—	100	100
湿式洗气塔	90	—	100	150	150	—	100	150	150

3. 重金属的控制

采用湿法洗涤器除尘或湿式和半干式洗气塔去除酸性气体,烟气处理系统的温度一般会降至重金属(汞除外)的露点温度。此外,净化系统对除汞以外的重金属也具有良好的去除效果,最终排放烟气中的浓度均低于排放标准。所以烟气中重金属的控制主要考虑烟气中金属汞的去除,目前主要有活性炭吸附法和化学药剂法。

(1)活性炭吸附法。汞可以通过活性炭或者木炭的吸附加以除去,掺入硫黄的活性炭具有很强的物理、化学吸附能力。

(2)化学药剂法。在除尘器前喷入能与汞金属反应生成不溶物的化学药剂,可去除汞金属。例如,喷入Na_2S药剂,使其与汞反应生成HgS颗粒,再通过除尘系统去除HgS颗粒。在湿式洗气塔的洗涤液内添加催化剂(如$CuCl_2$),促进更多水溶性的$HgCl_2$生成,再加入螯合剂固定已吸收汞的循环液,汞的去除效果较好。

4. 氮氧化物的控制

氮氧化物的控制主要有以下5种方式:① 通过燃烧方式进行控制,同时采取气体有效混合、控制温度及良好分配一次风和二次风的供给,避免空气过剩系数过高和温度梯度不均匀等必要的措施;② 采用烟气再循环技术,以再循环烟气替代10%～20%的二次风;③ 采用分段燃烧技术,减少主反应区氧气供给,增加后燃烧区的空气供给,使已形成的气体氧化;④ 采用合适的喷水装置将水注入炉膛或直接注入火焰,以降低主燃烧区内的热点温度,减少热力型 NO_x 的形成;⑤ 设置催化还原法(SCR)或非催化还原法(SNCR)的专门脱硝装置。

5. 二噁英的控制

污泥焚烧过程中要严格控制二噁英的排放,通常的做法是在燃料中添加化学药剂阻止二噁英的生成;在燃烧过程中提高混合效果,使燃烧物与氧充分搅拌混合,造成富氧燃烧状态,减少二噁英前驱物的生成;在废气处理过程中采用袋式除尘器或活性焦炭有效抑制二噁英类物质的重新生成和吸附二噁英类物质;通过改进燃烧和废气处理技术,排入大气中的二噁英类物质的量达到最小,被吸附的二噁英类物质随颗粒一起进入灰渣系统中,采用熔融技术处理灰渣,将灰渣送入温度 1200 ℃ 以上的熔化炉内熔化,灰渣中的二噁英类物质在高温下被迅速地分解和燃烧。

第 11 章　污泥热解气化

美国矿业局最早在 1927 年开始对固体废物进行了热解研究。1973 年开始，日本对生活垃圾内的有机物热解气化技术进行了研究。热解气化技术已应用于污泥处理中。

11.1　污泥热解气化的原理

污泥的有机组分可以在高温条件下被分解，根据温度、炉内气氛条件和产物的不同，分为热解和气化。

1. 热解原理

热解在温度为 150～700 ℃、缺氧的条件下进行，反应停留一定时间，污泥中的有机物通过热解转化为气体，经冷凝后得到热解油。污泥热解油主要由脂肪族、烯族及少量其他化合物组成。

2. 气化原理

气化是在高温，氧气不充分的条件下，污泥与空气、水蒸气、氧气和空气-蒸气等气化剂发生部分氧化还原反应而转化为燃气和合成气（例如不可冷凝气体 H_2、CO，轻质碳氢化合物 CH_4、C_2H_2、C_2H_4、C_2H_6、C_3H_8、C_3H_6）。

11.2　污泥热解气化的过程

1. 热解过程

热解过程根据热解温度一般分成三个阶段：第一阶段为脱除表面吸附水阶段，温度为 100～120 ℃；第二阶段为污泥中脂肪类、蛋白质、糖类等有机物质的分解阶段，温度为 150～450 ℃，该温度段为放热过程，320 ℃ 以下主要为脂肪类的分解阶段，320 ℃ 以上为蛋白质、糖类的分解阶段，此阶段的热解产物为液态的脂肪酸类；第三阶段温度为 450～700 ℃，该阶段为第二阶段形成的大分子分解及小分子的聚合阶段，失重速率相对第二阶段慢，主要产物为碳氢类化合物的气态小分子。各种物质的分解温度不同，大致情况如表 11－2－1 所示。

表 11－2－1　各类物质分解温度范围

化合物	羧酸类	酚醛类	醚类	纤维素	其他含氧化合物
温度范围/℃	150～600	300～600	<600	<650	150～900

有机物分解生成气、液、固三种类型的产物，其中热解气体产物中主要有不凝结小分子气体 H_2、CH_4、CO、CO_2 及其他一些浓度较低的气体；液态产物指焦油、乙酸、丙酮、乙醇之类的物质；固态产物为热解残留物（主要是焦炭）。

污泥热解的主要工序包括：脱水、干化、热解、产物分离。

污泥热解工艺流程如图 11－2－1 所示。

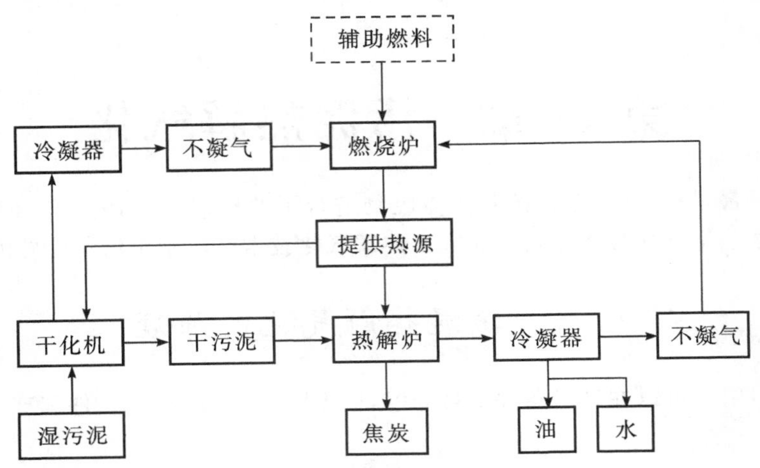

图 11-2-1　污泥热解工艺流程图

(1)污泥热解之前，一般要求干化到含水率 30%以下；

(2)污泥热解系统运行过程中要控制污泥热解的温度。对于城市污泥，其经济、有效热解温度范围为 200～350 ℃；

(3)污泥热解需在无氧惰性气体条件下进行，污泥热解系统运行过程中还要控制系统的密封性。

2. 气化过程

气化过程包括一系列复杂连续的化学反应和热裂解反应。整个工艺能实现能量自供，在稳定运行过程中不需要外界能量。在热解气化过程中，首先是脱除水分，然后干污泥进行热解，热解产生挥发分产物(可冷凝与不可冷凝蒸汽)和焦炭，经进一步的气化反应生成最终的气体产物，污泥气化不需要额外的化石燃料，而且能够减少二氧化硫、氮氧化物、重金属、飞灰以及溴代二噁英等污染物的释放。另外，污泥气化可以产生可燃合成气，用于供热或直接供给燃气机产生电能，还能够通过调整气体组分来合成化学品。

污泥气化工艺流程如图 11-2-2 所示。

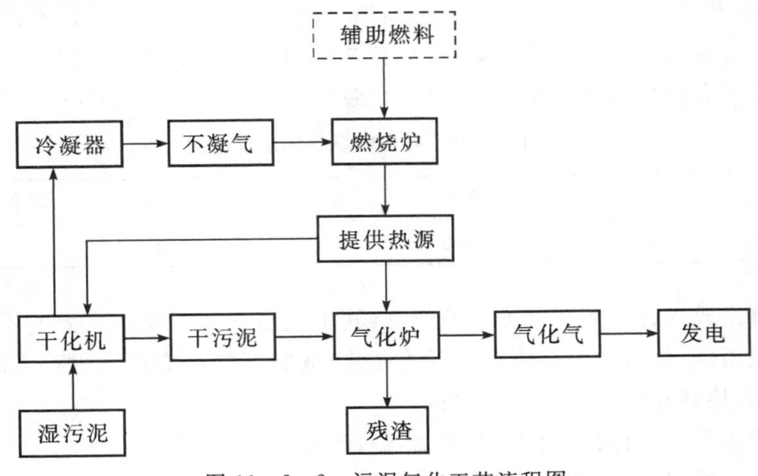

图 11-2-2　污泥气化工艺流程图

（1）污泥气化之前，一般要求干化到含水率 30%以下。

（2）污泥气化系统运行过程中要控制污泥气化的温度和气化所需的氧量（过剩空气系数取 0.3～0.4）。

11.3　污泥热解气化影响因素

11.3.1　热解过程影响因素

热解过程的影响因素包括热解温度、升温速率、停留时间及加热方式等。

1. 热解温度

热解温度在影响产物产率的同时，也会影响各产物的性质和组成，生成的热解油黏度会随热解温度的升高而降低，气体产物成分也会随热解发生变化。

（1）热解温度对液态产物的影响。

①热解温度对产物转化的影响。热解温度为 250 ℃ 时只有少量热解液产出，低温时热解液主要为水分的析出；随着温度升高，热解液产率增加，污泥中有机物的碳链断裂，发生裂解，生成大分子油类，在温度为 550 ℃ 时达到最大值；当温度继续升高时，反应体系中的羧酸、酚醛、纤维素等大分子物质可能发生二次裂解，生成相对分子量较小的轻质油及 H_2、CH_4 等，焦油的产率则相应有所下降。

②热解温度对产物性质的影响。污泥热解过程中不同温度段产生的热解液的组成、颜色及性状有很大差别。当热解温度在 250 ℃ 左右时，热解液以水分为主，低温下生成的少量淡黄色晶体；超过 250 ℃ 以后，开始形成浅黄色的热解油；热解温度达到 300 ℃ 以上时，黑褐色原油类热解油析出；温度达到 400 ℃ 以上时，黑褐色热解油比例超过浅黄色油。污泥裂解后收集的热解液呈明显的分层现象：最下层为水及水溶性有机物；中间为浅黄色没有合成完全的热解油，黏稠状，其相对分子质量相对较高；最上层为黑褐色类似于原油的热解油，分子量较小。

（2）热解温度对固态产物的影响。热解温度在 250～700 ℃ 范围内，半焦产率逐渐减少。250～450 ℃ 范围内变化时，半焦产率减少较快，发生的反应以解聚、分解、脱气反应为主，产生和排出大量的挥发性物质（可凝性气体和不可凝性气体），且温度越高挥发分脱除得越多，剩余的固态物质就越少。450～700 ℃ 范围内，一方面有机质中的可挥发性物质大部分已经脱离出来，另一方面其中间产物存在两种变化趋势，既有从大分子变成小分子甚至气体的二次裂解过程，又有小分子聚合成较大分子的聚合过程，以解聚反应为主，同时发生部分缩聚反应，半焦产率的减少变缓。若以脱除污泥中的挥发分为目的的热解反应，其热解温度控制在 450 ℃ 为宜。

（3）热解温度对气态产物的影响。热解过程中产生的挥发性物质中存在常温状态下仍为气态的物质（即 NGG）。一般而言，热解温度是影响气态产物产率的决定因素。

热解温度为 450 ℃ 时出现转折点，即在 450 ℃ 前后两个温度段内，气体产率的实验数据点均呈很好的线性关系。在 250～450 ℃ 范围内气体产率随温度的变化缓慢，450～700 ℃ 范围内气体产率随温度的变化较快。不同阶段的温度变化规律可分别回归为下式：

$$V=0.2416t-40.72 \tag{11-3-1}$$

$$V=0.4859t+150.58 \tag{11-3-2}$$

式中,V 为热解气产率,L/kg;t 为热解温度,℃。

当热解温度低于 450℃时,半焦产率随热解温度升高而减少,变化明显,此阶段热解气、热解液产率随热解温度升高而增加。

热解温度在 450～700 ℃时,半焦产率随热解温度升高继续减少,大分子有机物发生二次裂解,无论是一次裂解气还是一次裂解焦油都可能会发生二次裂解反应。热解气的产率在持续增加,而热解液产率则持续下降,说明在这一阶段热解液产率的减少是热解气产率增加的主要因素。热解液产率的减少,一方面是由于原料中的大分子有机物在高温下更多地直接断裂为小分子的有机气体,使得生成焦油的产率减少;另一方面作为中间产物焦油中高分子量碳氢化合物在高温下又进一步发生裂解,生成小分子的二次裂解气。

2. 升温速率

在污泥热解过程中,温度在 450～650 ℃时形成的热解液很少,升温过程也很短,因此热解液受到升温速率的影响在低温段较小。但当达到一定温度后,有机物的裂解反应剧烈而复杂,这时升温速率对反应进程的影响较大。

不同升温速率下固体半焦的产率也略有不同。升温速率越慢,固体半焦的产率越低。原因是在热解过程中,升温速率越慢,物料在此反应阶段停留的时间则越长,热解的越完全,剩余的固体半焦量也就越少。

3. 停留时间

污泥热解过程中产生的有机物在高温条件下会发生反应,为减少有机物的二次分解和相互反应,缩短其在高温区的停留时间是有效方式。

热解温度较低时升温速率较慢,热解过程停留的时间较长,产生的挥发性气体较多,这些挥发性物质以长链有机物为主,冷凝后形成的焦油量较大。

热解温度较高(650 ℃以上)时,升温过程中发生强烈的裂解反应,而且温度越高,受升温速率的影响越大。由于温度升高,引起了大分子挥发物的二次裂解,升温速率慢时,有一部分有机物裂解成气态,生成的焦油量略有减少。热解达到完全时,升温速率对固态产物的产率影响较小。

4. 加热方式

研究人员利用微波加热和电加热两种设备对污泥热解特性进行研究,发现微波的加热速率高于电加热,两种加热方式下所得到的气体产物差别很大,电加热产生的热解气中含有大量的碳氢化合物,气体热值较高。两种加热方式所产生的热解油组成有很大不同,微波加热产生的热解油主要由脂肪、脂、羧基和氨基类有机物组成,而电加热产生的热解油主要为芳香族有机物,含有少量的脂肪族、脂和腈类有机物。

11.3.2 气化过程影响因素

气化过程的影响因素包括污泥性质、气化剂、气化温度、加热方式及催化剂等。

1. 污泥性质

在气化反应中,不同性质的有机物开始发生气化的温度以及反应完成所需时间不同,气化产气率、产出氢气的性能也有很大差别。

污泥的粒度大小、均匀程度与热量的传递、气化反应的程度、气化完成所需要的时间密切相关。较小粒度的污泥与较大粒度的污泥相比，其产气率会显著提高。

2. 气化剂

常用的气化剂一般有空气、氧气和蒸汽 3 种；也有些气化过程选用蒸汽与空气或蒸汽与氧气混合气化。

空气气化是最常用的气化方法，主要是利用空气中的氧气作为气化剂，成本相对其他气化剂要低，但因空气中含有大量的氮气，气化后得到的气体组分中 50%～70%是氮气，燃气热值较低，一般空气气化热值仅 4～7 MJ/Nm^3。

氧气是气化中常用的一种气化剂，控制氧气的供给量可以产生高热值的可燃气，一般氧气气化产生的可燃气热值范围在 12～28 MJ/Nm^3，但相对于空气气化成本要高很多。

这两种气化剂都是利用氧气作为氧化剂，控制氧气的量可以得到不同的 CO/CO_2 比，而且气化过程中会有部分燃烧，氧气会在气化炉的进口处。蒸汽气化则是利用蒸汽作为气化剂，这样产生的燃气中的氢含量较高，而且实验发现蒸汽气化产生的焦油量相对较低，燃气热值约在 10～18 MJ/Nm^3。

3. 气化温度

气化是在高温(900 ℃以上)时，发生的剧烈物化反应，所以温度是整个热解气化反应过程的关键控制变量。高温条件对于污泥热解气化效果以及气化产物减容化、无害化等都是有显著的促进作用，应在节约能源的同时，尽量保持在较高的温度。

4. 加热方式

加热方式直接决定着气化反应的反应速度，加热方式包括慢速加热和快速加热。在慢速加热条件下，污泥气化需要经历较长的低温时间，有机分子在低温下容易分解并重新反应生成难以再次分解的稳定性的固体，从而在一定程度上降低了气体产物的产率；在快速加热条件下，很短的时间里就可以达到高温区，这样有机物很容易发生彻底的反复裂解，焦油等副产物也能够很好地发生分解转化，从而产生更多的气体产物。

5. 催化剂

气化过程中催化剂在一定程度上影响着气体产量以及气体成分含量，催化剂需要满足如下条件：必须能够有效促进焦油的裂解和脱除；催化剂必须能够实现烷烃类有机分子的裂解重整；价格低廉，容易再生；有足够的强度，具有一定的抵抗自身失活的能力。

研究人员研究催化剂对污泥气化产物的影响，发现催化剂(如沸石)的加入不会提高热解油产率，但可以降低半焦产率，催化剂的存在有利于生成热解气。

11.4　污泥热解气化技术

常用的污泥热解气化技术包括回转窑热解气化技术和固定床热解气化技术。

11.4.1　回转窑热解气化技术

回转窑热解气化工艺如图 11－4－1 所示。污泥经过稍微破碎分选后直接送至回转窑内低温热解气化，由于在无空气条件下热解气化，其通过热解气化产生的可燃气体热值较高，该类炉型所产生的炉渣较少且成分相对单一，利于炉渣的排除和后处理。其产生的可燃气可用于炉子本身燃烧供热，减少热量的流失，无需外加加热设备，热能利用率高，但是回转窑热解气化炉的体积庞大，投资较大，有效利用面积小。

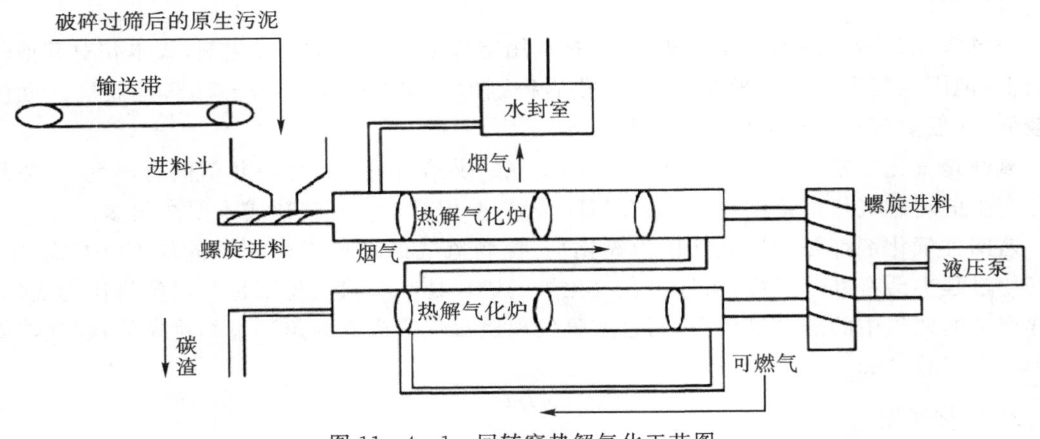

图 11-4-1　回转窑热解气化工艺图

11.4.2　固定床热解气化技术

固定床热解气化工艺如图 11-4-2 所示。固定床热解气化技术处理污泥时，需先将污泥进行预处理：包括分选破碎、压缩成型及降低含水率等。燃烧室温度控制在 1300～1500 ℃，在该温度下，污泥中的有机物开始分解成可燃气体、焦油、半焦。部分蓄热式热解气化炉的燃烧室采用蓄热式燃烧，利用燃烧产生的高温烟气预热空气。产生的气体燃料，可直接用作锅炉的燃料或者混入高热值气体燃料制作城市煤气，产生的灰渣可用作建筑骨料。外热式固定床处理装置较适用于组成复杂、成分变化较大的污泥，可以充分回收各种资源，包括可燃气体、焦油、半焦等，产生的焦油可以制作原料油或作为化工原料，热解气体一部分送入燃烧室提供热量，另一部分作为外供燃气加以利用。烟气中的粉尘含量、二噁英类的含量较低，且产物中 SO_x、NO_x 等产物的生成量少，二次污染小。

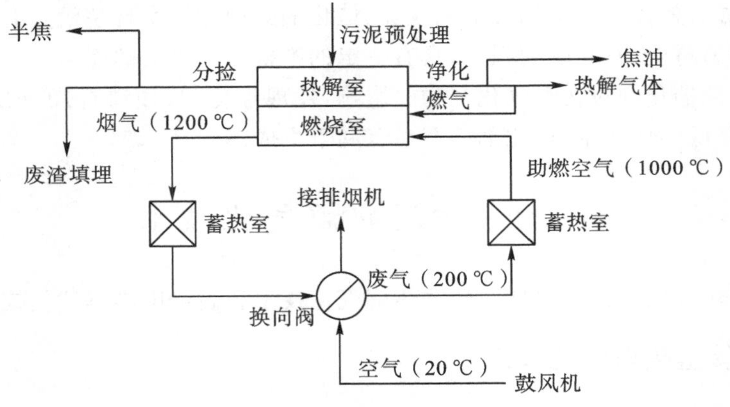

图 11-4-2　固定床热解气化工艺图

污泥热解气化技术是污泥处理的核心技术，是以烘干、造粒、尾气处置及废渣利用为依托的系统工程。主要目的就是在无臭、无污染的前提下使污泥实现大规模的减量化、无害化与资源化。其优点是在减量化的前提下，以较低的成本实现污泥的无害化、资源化，污泥热解气化技术在工艺设计上规避了污染物二噁英类物质的产生条件，系统的高温可解决臭味和病菌问题，并将硫化氢和氨类物质彻底分解。特别是对重金属的稳定化，热解气化技术具有天然优势，系统的高温将污泥中的重金属牢牢地锁在流化的硅酸盐晶体结构中，该晶体异常稳定，在酸碱环境下均不会溢出。热解气化技术对污泥中有机物的利用率高达 70%，在高温缺氧条件下，有机物被热解为一氧化碳、氢气、烷类等可燃气体，可以更方便、清洁地被利用。污泥经热解气化高温处理，体积大幅度下降，气化后有机物以气体形式流出，剩余的无机物经高温硫化，密度更高，强度大幅上升，可用于制作建材重复利用。

11.5　工程应用

1986 年，在澳大利亚的珀斯和悉尼建立起第二代试验厂，试验结果为大规模污泥低温热解气化技术的开发提供了大量的数据和经验。20 世纪 90 年代末，第一座商业化的污泥炼油厂在澳大利亚的珀斯的苏比雅可污水处理厂建成，处理规模为每天处理 25 t 干污泥，每吨污泥可产出 200～300 L 与柴油类似的燃料和 0.5 t 烧结炭。该专利工艺为 Eeslulge 工艺，工艺生产流程如图 11－5－1 所示。

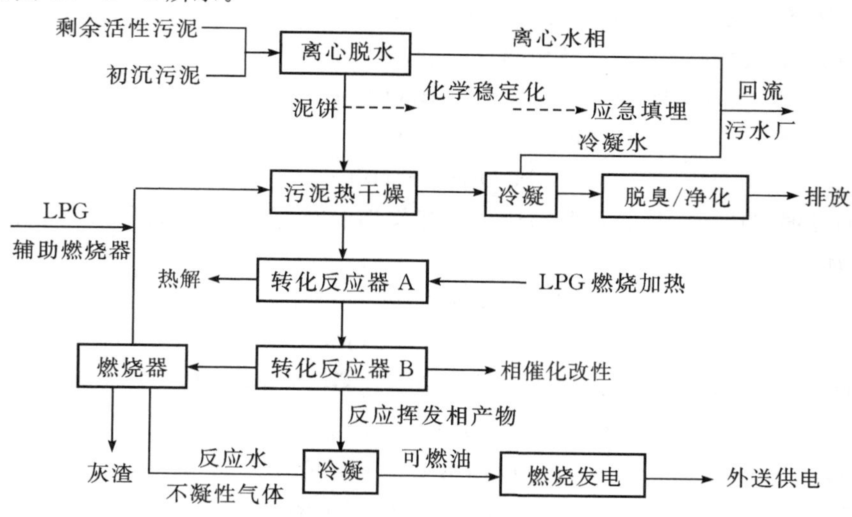

图 11－5－1　Enersludge 工艺生产流程

该工艺采用热解与挥发相催化改性两段转化反应器，使可燃油的质量得到提高，达到商品油的水平。污泥的干燥过程所需的能量主要由热解转化的可燃气体提供。热解后的半焦通过流化床燃烧，尾气处理工艺简单。

第12章　污泥湿式氧化

湿式氧化法(Wet Air Oxidation,WAO)是在一定温度和压力下利用热化学氧化反应对污泥进行处理,将有机物转化为无机物的污泥处理工艺。城市污水厂污泥通过湿式氧化处理,COD_{Cr} 去除率可达70%～80%,有机物氧化程度可达80%～90%。湿式氧化与焚烧在技术机制上具相似性,故又称为部分焚烧或湿式焚烧。

12.1　湿式氧化法原理

湿式氧化工艺主要包括:① 污泥用高压泵送入系统中,空气(或纯氧)与污泥混合后,进入热交换器,换热后的液体经预热器预热后送入反应器内;② 氧化反应在氧化反应器内进行,反应器是湿式氧化的核心设备。随着反应器内氧化反应的进行,释放出来的反应热使混合物的温度升高,达到氧化所需的温度;③ 氧化后的反应混合物经过控制阀减压后送入换热器,与进料换热后进入冷凝器,液体在分离器内分离后,分别排放。

污泥湿式氧化非常复杂,包括水解、裂解和氧化等过程,通常认为湿式氧化反应属于自由基反应,包含链的引发、链的发展及链的终止三个反应。

(1)链的引发。反应分子生成最初的自由基。

$$RH+O_2 \longrightarrow R\cdot+HOO\cdot \text{(RH 为有机物)} \tag{12-1-1}$$

$$2RH+O_2 \longrightarrow 2R\cdot+H_2O_2 \tag{12-1-2}$$

$$H_2O_2 \longrightarrow 2HO\cdot \tag{12-1-3}$$

(2)链的发展与传递。即自由基与分子相互作用的交替过程,此过程易于进行,使自由基数量迅速增加。

$$RH+HO\cdot \longrightarrow R\cdot+H_2O \tag{12-1-4}$$

$$R\cdot+O_2 \longrightarrow ROO\cdot \tag{12-1-5}$$

(3)链的终止。自由基经过碰撞生成稳定分子,消耗自由基使链终止的过程。

$$R\cdot+R\cdot \longrightarrow R—R \tag{12-1-6}$$

$$ROO\cdot+R\cdot \longrightarrow ROOR \tag{12-1-78}$$

$$ROOH+ROO\cdot \longrightarrow ROH+RO\cdot+O_2 \tag{12-1-8}$$

反应中生成的 HO· 、RO· 、ROO· 等自由基氧化有机物 RH,引发一系列的链式反应,生成低分子酸和二氧化碳。

12.2　湿式氧化法影响因素

湿式氧化法对有机物及还原性无机物的处理效果,一般采用氧化度来表示。氧化度即为污泥(或高浓度有机污水)中 COD_{Cr} 的去除率。

$$氧化度=\left(\frac{湿式氧式氧化前、后COD_{Cr}的差值}{湿式氧式氧化前污泥COD_{Cr}值}\right)(\%) \qquad (12-2-1)$$

污泥氧化度的主要影响因素包括反应条件、进气量及污泥性质。

1. 反应条件

反应条件包括反应温度、压力及时间。反应温度是污泥湿式氧化的决定因素。传统湿式氧化法一般在 200～280 ℃，在这个温度范围内，氧化度与温度成正相关。湿式氧化过程中，不同污泥种类，COD_{Cr} 浓度随温度变化如图 12-2-1 所示。

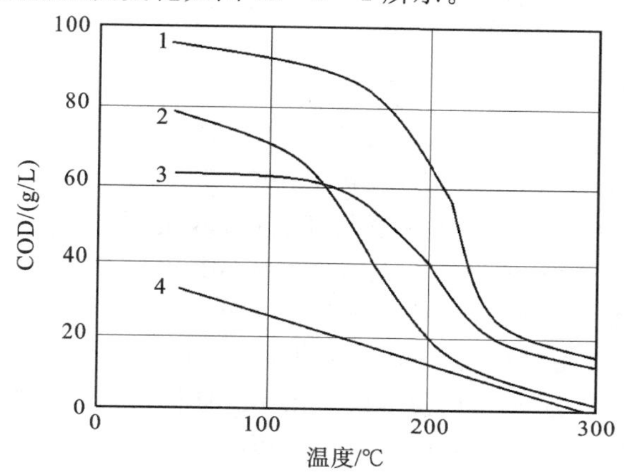

1—初次沉淀污泥干固体浓度 8.9%；2—双层沉淀污泥干固体浓度 11.4%；
3—活性污泥干固体浓度 6.2%；4—初次沉淀污泥干固体浓度 2%。

图 12-2-1　不同污泥种类，COD_{Cr} 浓度随温度变化

在不同温度下，氧化度随氧化时间变化如图 12-2-2 所示。在氧化时间一定时，温度越高，氧化度越高；温度低时，特别在 200 ℃以下，氧化度迅速下降，且达到氧化平衡(曲线趋于水平时)所需时间也更长(数小时之久)。可见，温度是起决定性作用的因素，氧化的时间则是次要的。温度低，即使延长氧化时间，氧化度也不会提高。氧化时间的长短，决定湿式氧化反应塔的容积。

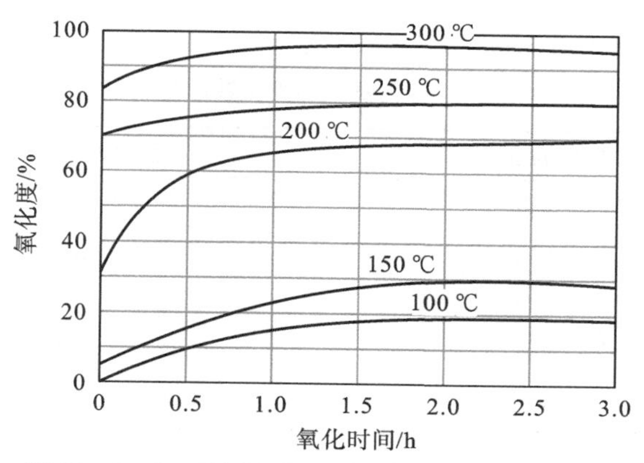

图 12-2-2　不同温度下，氧化度随氧化时间变化

在反应塔内，达到气液平衡时，在不同压力下，温度随水蒸气/空气变化的关系如图 12-2-3 所示。如果水蒸气/空气的比值一定，则随着压力的上升，反应的温度也上升。如果温度相同，

随着压力的上升,水蒸气/空气的比值就会降低。

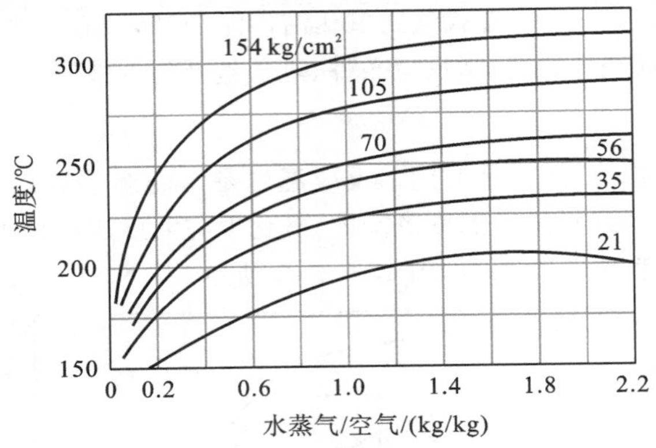

图 12-2-3　在不同压力下,温度随水蒸气/空气变化的关系

增加反应压力,将会从两个方面影响氧化速度:① 反应系统中空气的分压增加,从而提高了氧化速度;② 不仅限制了液相的蒸汽液化,使反应保持在液相的条件下进行,而且还能提高反应温度,加快氧化速度。否则,减少反应压力,大量的反应热将消耗在水的汽化上。

对于高 COD_{Cr} 值的污泥在氧化度高时,发热量大,水蒸气蒸发量也大,造成液相固化(即水分被全部蒸发)的可能性也大,从而使湿式氧化无法进行。预防措施有三种:

(1)采用升高压力的方法提高蒸气压,减少水蒸气/空气的比值,随着比值减少,塔内温度上升,氧化度也随之增加;

(2)如果仅用提高压力的方法不能达到减少水蒸气与空气比值的目的时,可采用加水稀释处理,降低 COD_{Cr} 浓度的方法;

(3)采用控制空气量的方法,增加反应器内空气量,反应器内水分的蒸发量也随之增加。在温度和压力一定的情况下,从图 12-2-3 中可查出水蒸气/空气的重量比,以此比值来核算进入反应器污泥的含水量并考察水蒸气和空气的比值是否低于图中的比值。只有低于图中的比值,才可能避免反应器内的水分完全被蒸发。

反应温度与压力之间的关系相当密切,可由蒸发率和系统的热量平衡来决定。不同反应温度下其反应压力范围参考表 12-2-1。

表 12-2-1　不同反应温度下其反应压力范围

反应温度/℃	反应压力/MPa
230	4.42～5.88
250	6.86～8.34
280	1.03～1.18
300	1.38～1.57
320	1.96～2.00

2. 进气量

湿式氧化过程中需要消耗空气,所需空气量可由降解的 COD_{Cr} 值计算获得。

湿式氧化时所需空气量与污泥中 COD_{Cr} 之间的关系为

$$Q=\frac{COD_{Cr}}{0.232}\times10^{-3}=COD_{Cr}\times4.31\times10^{-3} \tag{12-2-2}$$

式中，Q 为湿式氧化时所需空气量，kg(空气)/L(污泥)；0.232 为空气中氧的重量比。

实际需氧量由于受氧的利用率的影响，通常比理论计算值高出 20%左右。

3. 污泥性质

污泥的性质包括污泥中有机物结构和污泥的反应热。

(1)污泥中有机物结构。污泥在湿式氧化时，复杂有机物降解为小分子有机物，其中以淀粉的降解最快，其次是蛋白质和原纤维，脂类最难降解。降解的速度随着温度的升高和氧化作用的加剧而加速。在温度高于 200 ℃时，脂类降解速度和淀粉降解速度相近。氧化度低时，主要是大量大分子化合物水解为简单的化合物，淀粉和原糖水解为还原糖，蛋白质水解为氨基酸，脂类水解为游离脂肪酸和固醇。氧化度高时，除较稳定的水解氧化产物(如醋酸残留)外，其余均氧化为二氧化碳和水。不同污泥中有机物结构不同，其湿式氧化的难易程度也不相同。

污泥中的有机物必须被氧化为小分子物质后才能被完全氧化。一般情况下，湿式氧化过程中存在大分子氧化为小分子的快速反应期和继续氧化小分子中间产物的慢反应期两个过程。大量研究发现，中间产物苯甲酸和乙酸对湿式氧化的深度氧化有抑制作用，其中乙酸起主要抑制作用，原因是乙酸具有较高的氧化值，很难被氧化，因此乙酸是湿式氧化常见的累积的中间产物，湿式氧化处理污泥的氧化效率很大程度上依赖于乙酸的氧化程度。

(2)污泥的反应热。湿式氧化通常依靠有机物氧化释放的热量来维持反应温度。单位质量的被氧化物质在氧化过程产生的发热值即燃烧值。根据污泥性质的不同，单位质量的被氧化物质在氧化过程中产生的热值也不相同。但是消耗 1 kg 空气时，所能释放出的发热量(以 H 表示)大致相等，一般为 700～800 kcal/kg。例如生活污水初次沉淀污泥为 758 kcal/kg，活性污泥为 706 kcal/kg，污泥的平均发热量为 754 kcal/kg。

相应的反应热为

$$A=Q\cdot H \tag{12-2-3}$$

式中，A 为氧化每升污泥的反应热，kcal/L(污泥)；Q 为湿式氧化时所需空气量，kg(空气)/L(污泥)；H 为消耗 1 kg 空气的发热量，kcal/kg(空气)。

污泥湿式氧化实际运行结果表明，氧化度一般小于 85%，高浓度有机污水的氧化度常为 95%。为保证热量平衡，进行湿式氧化时污泥 COD_{Cr} 范围为 15～200 g/L，最佳 COD_{Cr} 范围为 25～120 g/L。

12.3　湿式氧化法类型

12.3.1　传统湿式氧化工艺

根据反应温度及压力的不同，传统湿式氧化可分为高温、高压氧化法，中温、中压氧化法，低温、低压氧化法三种。

1. 高温、高压氧化法

反应温度为 280 °C,压力为 10.5～12 MPa,氧化度为 70%～80%,氧化后残渣量很少,氧化分离液的 BOD_5 为 4000～5500 mg/L,COD_{Cr} 为 8000～9500 mg/L,氨氮为 1490～2000 mg/L,氧化放热量大,可以由反应器夹套回收热量(蒸汽)发电,但设备费用高。

2. 中温、中压氧化法

反应温度为 230～250 °C,压力为 4.5～8.5 MPa,氧化度为 30%～40%,不需要辅助燃料,设备费较低,氧化分离液的浓度高,BOD_5 为 7000～8000 mg/L。

3. 低温、低压氧化法

反应温度为 200～220 °C,压力为 1.5～3 MPa,氧化度低于 30%～40%,设备费用更低,需要辅助燃料,残渣量多,氧化分离液 BOD_5 高。

12.3.2 湿式氧化工艺的发展

传统湿式氧化工艺设备投资和运行费用高,而且操作困难,且氧化度只能达到 85%。为了解决传统湿式氧化工艺的问题,湿式氧化法得到不断发展,如超临界水氧化法、亚临界湿式氧化法、催化湿式氧化法及部分湿式氧化法等新工艺。

1. 超临界水氧化法

超临界水氧化法(Supercritical Water Oxidation,ScWO)的基本原理是以超临界水为介质(在水的临界温度 374.3 ℃和临界压力 22.1MPa 之上就是超临界区,该状态的水为超临界水),有机物、氧气、二氧化碳等气体完全混合,形成均一相,在很短的反应停留时间内,有机物被迅速氧化成简单的小分子化合物,最终碳氢化合物被氧化成 CO_2 和 H_2O,而有机物中的氮元素被氧化成 N_2 和 N_2O,S 和卤素等则生成酸根离子以无机盐沉淀析出。该方法可基本免除产物的后续处理需要,达到简化技术体系的作用,代价是更高的设备投入与操作技术要求。

2. 亚临界湿式氧化法

将水加热至沸点以上,临界点以下,并控制系统压力使水保持为液态,这种状态的水被称为亚临界水。亚临界水具有超溶解、超电离等特性,能够在数分钟内完成对高分子有机物的分解。亚临界湿式氧化法(Subcritical Water Oxidation,SubCWO)处理城市污泥是利用亚临界水的特性,在数分钟内对城市生活污泥进行改性、除臭、脱毒、降污,具有较高的转化率,可以氧化分解包括多氯联苯在内的有机质,进一步加工成符合国家标准、适合农业生产应用的商品有机肥料。

3. 催化湿式氧化法

催化湿式氧化法(Catalytic Wet Air Oxidation,CWAO)是利用过渡系金属氧化物和盐催化有机物氧化反应,在一定温度和压力下提高氧化反应速率,降低活化能,从而提高污泥氧化度,达到既简化后续处理要求,又不致增加过多投入的目的。从现有的发展情况看,催化剂的可回收性与耐用性将是其实用化发展中应解决的关键问题。

4. 部分湿式氧化法

部分湿式氧化法(Partial wet air oxidation,PWAO)主要是稳定污泥中蛋白质等易腐化降解的有机物，而不是全部氧化。部分湿式氧化法可以通过控制进气量、停留时间、反应温度等方法实现。污泥经部分湿式氧化处理后，污泥的 COD_{Cr} 去除率为 15%～35%，产物中以无机物为主，产物中易降解的有机物如蛋白质含量可小于 1.5%，而粗纤维含量可达 25%以上。

与传统湿式氧化法相比，部分湿式氧化法用于处理污泥主要的优点包括：① 反应的温度、压力较低，相应的反应器造价低；② 氧化程度较低，因此可以减少压缩空气（或其他氧化剂）用量，节省费用；③ 处理后的产物更易于固液分离；④ 产物无毒害、无恶臭，能作为土壤改良剂或堆肥原料等。

12.4　湿式氧化工艺主要设备

湿式氧化工艺主要设备包括高压泵、空气压缩机、热交换器、反应器及气液分离器。

1. 高压泵

可用隔膜泵、旋转螺栓泵或油压置换泵。

2. 空气压缩机

在湿式氧化过程中，为减少费用，常采用空气作为氧化剂。当空气进入高温高压的反应器之前，需要通过压缩机提高空气的压力。通常使用往复式压缩机，根据压力要求来选定段数，一般选用 3～6 段。

3. 热交换器

污泥进入反应器之前，需要通过热交换器进行热交换，升温热交换器需较高的传热系数、较大的传热面积和较好的耐腐蚀性，且必须有良好的保温能力。对于含固率高的污泥常采用立式逆流套管式热交换器，含固率低的污泥常采用多管式热交换器。

4. 反应器

反应器是湿式氧化过程的核心部分，湿式氧化法需要在一定的温度和压力下进行，而且所处理的污泥通常有一定的腐蚀性，因此对反应器的材质要求较高，需要有良好的抗压强度，且内部的材质必须耐腐蚀。

5. 气液分离器

气液分离器是一个压力容器。氧化后的液体经过换热器后温度降低，使液相中的氧气、二氧化碳和易挥发的有机物从液相进入气相而分离。分离器内的液体再经过生物处理或直接排放。

12.5　湿式氧化典型工艺

湿式氧化典型工艺有 Zimpro 工艺、Kenox 工艺、The HydroSolids Process 工艺、Oxyjet 工艺等。

1. Zimpro 工艺

Zimpro 工艺是应用最广泛的湿式氧化工艺，由齐默曼在 20 世纪 30 年代提出，40 年代在实验室开始研究，1950 年工业化。如图 12-5-1 所示，污泥经高压泵增压后在热交换器内被加热到反应所需的温度，然后进入反应器，空气经空压机压入反应器内。在反应器内，污泥中有机物被氧化。反应产物排出反应器后，先进入热交换器，然后进入气液分离器，气相主要为N_2、CO和少量未反应的低分子有机物，可以利用简单的尾气焚烧装置焚烧后排入大气，由于湿式氧化法的COD_{Cr}去除率一般不超过95%，所以还含有大量的小分子酸等易生化的物质，可以利用生物处理系统或排入城市污水厂。

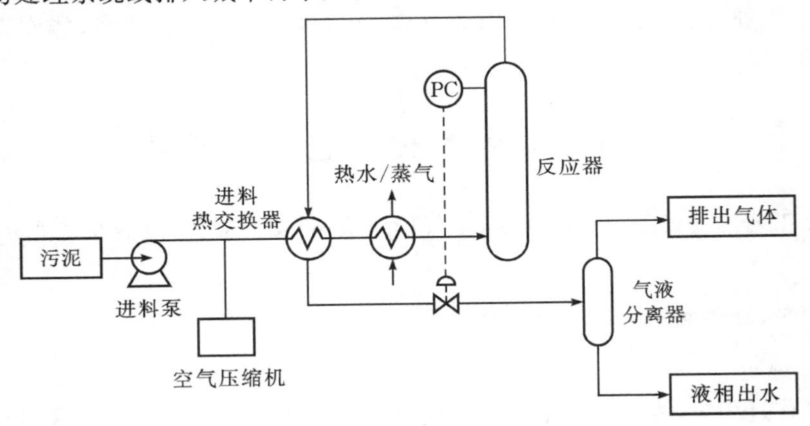

图12-5-1　Zimpro工艺

2. Kenox工艺

Kenox工艺如图12-5-2所示，其新颖之处在于它是一种带有混合超声波装置的连续循环反应器。该装置的主反应器由内外两部分组成，污泥和空气分别从反应器上部和底部进入，并在反应器中进行混合，先在内筒体内流动，之后从内、外筒体间流出反应系统。内筒体内设有混合装置，便于污泥与空气的接触，有机物与氧气充分接触，有机物被氧化。超声波装置安装在反应器的上部，超声波穿过有固体悬浮物的液体，利用空化效应在一定范围内瞬间产生高温和高压，从而可加速反应进行。反应器的工作条件：温度控制在473～513 K，压力控制在4.1～4.7 MPa，最佳停留时间为40 min。通过加入酸或碱，使进入第一个反应器的污泥的pH值在4左右。此工艺的缺点是使用机械搅拌，能耗高，高压密封易出现问题，设备维护困难。

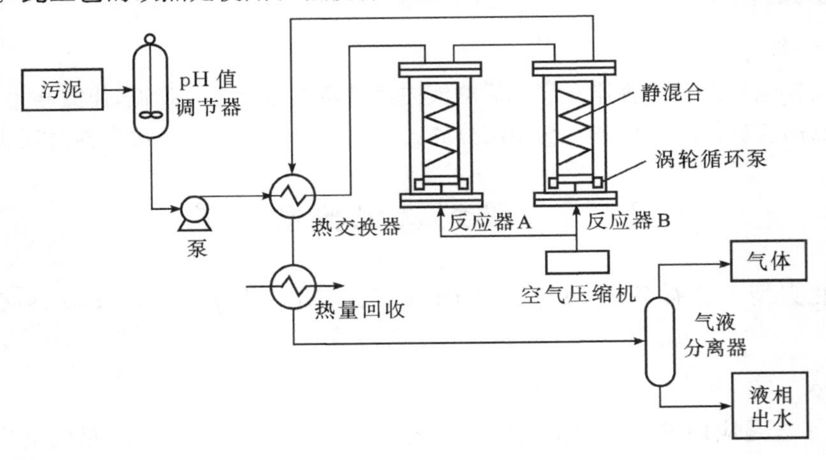

图12-5-2　Kenox工艺

3. The HydroSolids Process 工艺

美国得克萨斯州哈灵根第二污水厂首次大规模采用 The HydroSolids Process 超临界水氧化工艺，如图 12－5－3 所示。该工艺主要包括六个系统：增压系统、能量回收系统、加热系统、反应装置、冷却系统、减压系统。污泥中的水经加热、加压至超临界水状态，作为反应介质的同时，形成自由基状态，直接参与到污泥的降解反应中。该工艺的操作要求极高：① 高温高压条件下启动反应，并需确保反应完成；② 需为反应准备高溶解度的氧；③ 有机物与氧气在超临界水介质中需要高度混合；④ 保证超临界水中存在大量高活性的自由基。

在 592 ℃高温和 23.47 MPa 高压条件下，有机物被氧化成 CO_2 和 H_2O，该工艺对污泥中 COD_{Cr} 的去除效果超过 95%，污泥中的氮化物在反应初期迅速转化为氨氮，最终转化为分子态氮，转化率最高可达 84.6%。

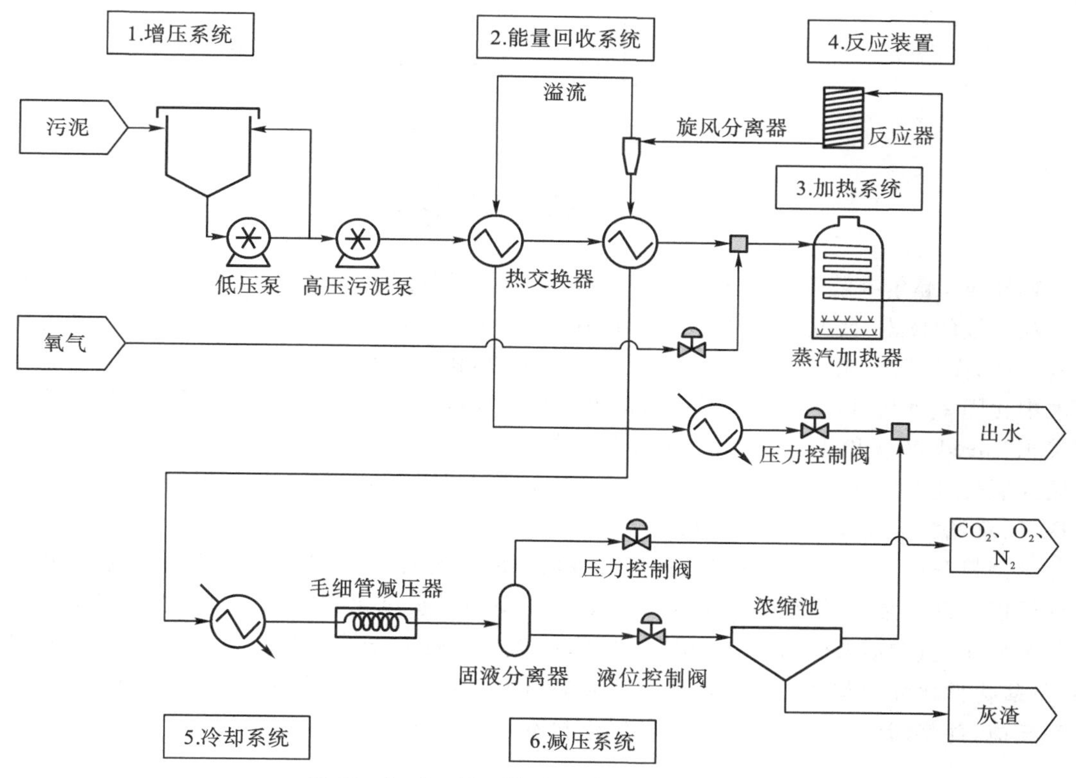

图 12－5－3　The HydroSolids Process 工艺

4. Oxyjet 工艺

Oxyjet 工艺流程如图 12－5－4 所示。此工艺采用射流装置，极大地提高了两相流体的接触面积，因而强化了氧在液体中的传质。在反应系统中气液混合物流入射流混合器内，经射流装置作用，使液体形成了细小液滴，产生大量的气液混合物。液滴的直径仅有几微米，因此传质面积大大增加，传质过程大大强化。此后气液混合物流过反应器，在此有机物快速氧化。与传统的鼓泡反应器相比，该装置可有效缩短反应所需的停留时间。在涡流反应器之后，通过射流反应器，使反应混合物流出反应器。

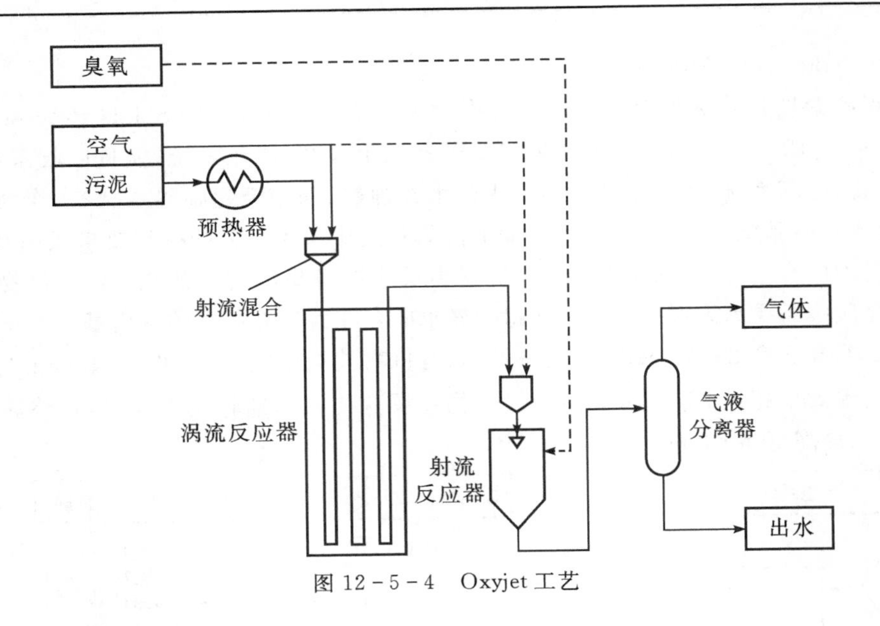

图 12-5-4　Oxyjet 工艺

12.6　湿式氧化技术的应用

1958 年，赫尔维茨等在探索芝加哥污水处理厂污泥处置途径的过程中，提出了湿式氧化是一项有效的技术，研究表明，当反应温度在 100～150 ℃时，反应速度很慢，在几小时内都达不到平衡；而当反应温度为 300 ℃时，反应速度很快，在几分钟内就能达到反应平衡。其次，当污泥中含固率较高时，整个处理系统可向外供热。1977 年松纳等人研究应用湿式氧化技术处理美国 Speed Way 和 Terre Hante 两个污水处理厂的污泥，结果表明，两个污水处理厂的污泥经湿式氧化处理后悬浮固体浓度分别提高 34.8 倍和 6.1 倍，污泥体积缩小 80%以上，上清液中氨氮、总氮和重金属浓度都有增加。

泰莱凯等进行了湿式氧化对污泥中各种成分的影响的研究，研究结果表明，淀粉类物质在任何温度下都非常容易降解；而脂类在 200 ℃以下不易被氧化，在 200 ℃以上时，与淀粉一样容易被氧化；蛋白质及纤维素在 200 ℃以下时，其氧化性介于淀粉与脂类之间，在 200 ℃以上时，其氧化性比淀粉与脂类低。富萨尔等人提出湿式氧化半经验模型，认为污泥的湿式氧化为一级反应，并将污泥中的有机物分成易氧化和不易氧化两种。

第 5 篇 污泥处置技术

第 13 章　土地利用

污泥经过处理,特别是经堆肥等处理后,具有一定的腐殖质等有机物,这些有机物具备土地利用价值,常用作肥料或土壤改良剂,这类肥料称为污泥肥料,施入土壤表面或土壤中,可达到改善土壤的性质,提高土壤综合肥力的目的。所有将污泥归于土地的利用方式均可称为污泥的土地利用。

13.1　污泥土地利用方式

13.1.1　污泥土地利用施用方法

污泥及其复合肥产品在确保污泥以机械方式或自然方式与土壤混合的前提下,根据其物理状态以及施用途径的不同有污泥灌溉、地表施用和地面下施用三种方式。

污泥灌溉适用于浓缩污泥直接利用,但是浓缩污泥的直接利用因环境、安全风险而逐渐被淘汰,因此,这种方式也随之被弃用。污泥地表施用适用于稳定化、无害化污泥或污泥复混肥的施用,仅需使用常规机械均匀撒播即可,无需专用机械。地面下施用主要适用于浓缩污泥和脱水污泥,也适用于稳定化,无害化污泥或污泥复混肥的施用,包括注入、沟施或施用圆盘犁犁地。污泥地面下施用可有效地阻止氨气挥发和蚊蝇孳生,污泥中的水分能够迅速被土壤吸收,减少污泥的生物不稳定性,但增加了投资费用,且难以保证污泥施用的均匀性。

污泥土地利用施用前需:①全面分析和调查可利用的污泥量、脱水效果、营养物质和有害物质的含量,以便确定是否满足控制标准和施用要求;②全面调查和了解拟施用污水处理厂污泥土地的性质、地点、有害物质的底值、种植情况及地下水情况等;③应根据污泥性质和拟施用污泥土地的实际情况,对施用后污泥对施用土地、地下水、植物或者农作物、动物和人体等方面的影响进行全面的分析、预测和评价;④在确定了污泥土地利用后,污水(包括工业废水)的收集系统和污水处理厂的运行必须严格执行有关规定和标准,在满足土地利用污泥标准的前提下,尽可能减少有害物质进入管网。

污泥土地利用的施用方法与土地利用途径有关。污泥城市园林绿化施用时间可根据当地气候条件与植物类型确定,施用一般在绿化种植前,需避开降水期和夏季炎热气温条件下施用。属盆栽的花卉和草坪绿化,其基质可以全部或部分使用污泥,大面积使用前需进行稳定程度测试,没有达到稳定化要求的产品不能直接施用。施用前可将污泥或污泥与土壤混合物堆置一段时间(堆置时间一般大于 5 d)。绿地直接施用时,应在种植前,在土方上方均匀撒上污泥,然后结合整地翻入土中,使污泥和土壤均匀混合,还可在污泥翻入土中后,浇少量水使土壤和污泥充分混合。

污泥土地利用的施用需满足以下规定:①污水处理厂污泥用于土地利用时,污泥性质必须符合有关法规或者规定及实际污泥农用要求;②用于农业的污泥必须按照植物的类型、种植的时间、对营养物质的需要情况、土壤的性质、本身营养物质和有机物质含量情况等施用;③用于农业的污泥及施用的土壤应由有关部门定期进行重金属和其他有害物质的检测；④为防止对地下水的污染，在沙质土壤和地下水位比较高的农田上不宜施用污泥，在饮用水水源保护地区不得施用污泥；⑤用于农业的污泥必须经过消化处理或者高温堆肥处理；⑥出于卫生原因，污水处理厂污泥不宜施用于种植蔬菜和水果的土地。

13.1.2 污泥土地利用方式

污泥土地利用方式包括农田利用、林地利用、园林绿化利用以及退化土地的修复。

1. 农田利用

污泥肥料施入农田后可改善土壤的结构，使土壤的密度下降，孔隙增多，增加田间持水量和通气性能，提高土壤阳离子交换量，改善土壤对酸碱的缓冲能力，并使土壤中氮、磷、钾和TOC等含量显著增加，提高土壤肥力，为作物供应充足的养料并促进作物对养分的吸收，增产效果明显，是非常有价值的有机肥资源，对于改变我国目前土壤有机肥缺乏的现状意义重大。

污泥农田利用的优势包括以下几点。

(1)供给植物肥分，促进植物生长。污泥中含有相当于厩肥的氮和磷，也含有钾、钙、铁、硫、镁及锌、铜、锰、硼等微量元素。因此，污泥能提高土壤的肥分，活化土壤中的肥分，如调节土壤中核酸、维生素及荷尔蒙等植物生长素的含量。

(2) 提高土壤有机物质含量，改善土壤的化学性质。污泥中的有机物质可提高土壤的阳离子交换量，改善土壤对酸碱的缓冲能力，提供养分交换和吸附的活性位点，从而提高对污泥的利用率。污泥中有机质分解产生的某些基团可影响土壤矿物的溶解度，使其更易于被植物所利用，还能增强二氧化碳在土壤中的渗透，调节土壤的酸碱度。

(3)改善土壤的理化性质。污泥施入土壤后，其中的有机质可促使土壤团粒结构的形成，降低土壤容重，提高土壤的孔隙度，改善土壤结构，表现为改善土壤持水能力，提高土壤对雨水和灌溉水的利用率，防止土壤干燥破坏或潮湿时泥泞；为土壤提供更好的供氧条件；保持土壤养分，有利于植物根部对养分的吸收，减少因雨水对土壤表层冲刷所引起的养分损失；减少土壤温度的波动和土壤流失的可能性。

(4)改善土壤的微生物群落。一方面污泥可增加土壤的根际微生物群落，从而增加其生物活性，有利于养分的释放，并能减少某些植物疾病的发生；另一方面，污泥施入土壤之后，可为土壤中的微生物提供充足的能源，加速其生长繁殖，提高微生物及土壤酶的活性，并通过微生物的代谢活动参与和促进土壤中物质循环，从而改善微生物群落结构。土壤理化性质的改善为土壤微生物的生长繁殖提供有利条件，土壤微生物的活动又可进一步促进土壤肥力的提高，两者的关系相辅相成、互为促进。因此，污泥土地利用对于培肥效果明显。

2. 林地利用

污泥林地处理脱离人类食物链，充分利用氮磷钾等营养元素成分，既达到了处理污泥的作用，产生环境效应，同时又可促进林木生长，改善土壤的理化性质，带来经济效益和社会效益。

污泥林地利用的优势包括以下几点。

(1)有利于土壤中原有微生物的活动和繁殖，又因为其本身主要是由微生物群体组成的活性污泥，从而直接极大地提高了土壤中的微生物数量；

(2)污泥中含有丰富的 N、P、K、有机质和植物生长所需要的其他营养物质，土壤肥力随着污泥施用量的增加而增大，可一定程度上减少化肥用量，提升经济效益；

(3)林地具有较大的环境容量和安全系数，污染物不进入食物链，林木对有害物质有一定的吸收净化功能；

(4)改变土壤密度、提高土壤团聚体稳定度和保水能力。

3. 园林绿化

污泥园林绿化包括：草坪绿化、公路绿化和育苗基质。经园林植物种植后，可将污染物向食物链中的传递有效阻隔，避免对人和动物健康构成直接威胁。一些有机污染物能通过植物的吸收利用，降解成无害产物，实现资源的可持续利用。

污泥林地利用的优势包括以下几点：

(1)草坪绿化面积广泛，种植密度大。草坪覆盖不但有效解决了污泥施用的扬尘问题，最大限度地利用污泥中的养分，还能降低污泥中重金属淋滤风险；

(2)公路绿化面积大、远离人群，对人类直接影响较小，且污泥的施用能大大减少有机肥和无机肥的用量；

(3)利用富含大量营养元素的污泥堆肥替代草炭，可缓解园林上基质缺乏的压力，同时实现污泥的综合利用。

4. 退化土地修复

近年来，由于不利的自然条件与人类不合理的活动而导致原有自然生态系统遭到破坏，土地资源不断减少，人多地少的矛盾日益突出。城市污水污泥施入退化土地能迅速改良土壤特性，增加土壤养分，提高其有机质含量，为植物迅速、持久供肥，并有利于提高土壤微生物的数量和活性，保护土壤免受侵蚀，达到改良土壤性质的目的。

退化土地修复的优势包括以下几点：

(1)污泥应用于退化土地的修复，可快速改善土壤结构，促进土壤熟化，为尽快恢复植被奠定较好的物质基础；

(2)该土地利用方式避开了食物链的影响，对人类危害较小，减少环境污染，充分发挥污泥的积极作用，使生态环境得以恢复，具有工艺简单、运行成本低廉等优点。

13.2　污泥土地利用的施用率、施用周期与施用场地

污泥的土地利用，不仅可以消除污泥对环境的污染，也可使其资源化，从而提高作物产量，科学利用污泥，需确定施用量与施用场地。

13.2.1　污泥土地利用的污泥施用率、施用周期

1. 污泥施用率

污泥进行土地利用的关键是确定合适的污泥施用率。在保证污泥中的养分和重金属不污染环境的前提下，充分利用污泥中的营养成分，参照给定的土壤环境质量标准、土壤中重金属的背景含量、重金属年残留率以及污泥限制性重金属含量，污泥施用率计算程序如图 13-2-1

所示。

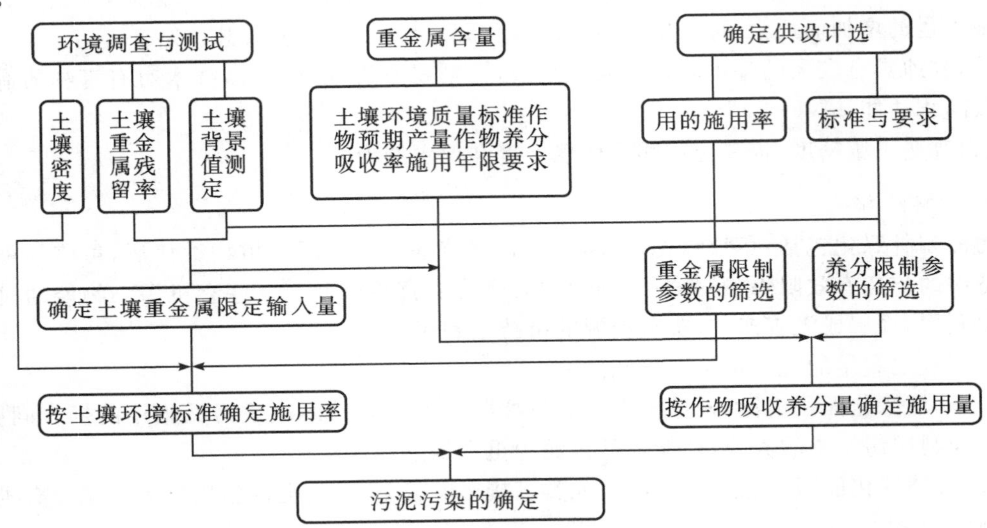

图 13-2-1　污泥施用率计算程序

从利用污泥营养成分的角度，可将污泥施用率划分为一次性最大污泥施用率、安全污泥施用率和控制性安全污泥施用率三种类型。

(1)一次性最大污泥施用率。把污泥作为土壤改良剂，改良有机质和养分含量低的土壤，或复垦被破坏的土地时，通常选用一次性最大污泥施用率(S_1)，以便尽快达到改良的目的。按作物需磷量确定的一次性最大污泥施用率为 S_{P1}[以干污泥计，t/(0.067 hm^2 · 年)]，按土壤重金属环境质量标准确定的一次性最大污泥施用率 S_g[t/(0.067 hm^2 · 年)]，从保护环境的角度出发，S_1 值选用 S_{P1} 和 S_g 中的较低值。

(2)安全污泥施用率。把污泥作为固定肥源或复合肥料添加剂，长期施于农田时，通常选用安全污泥施用率 S_2。按作物需要氮量确定污泥长期施用率为 S_{NL}、安全污泥施用率为 S_a。一般选用 S_a 作为 S_2 值。

(3)控制性安全污泥施用率。根据土地要求，场地使用年限为 20 年，在给定年限内每年施用污泥。此时，采用 S_{NL} 和控制性安全污泥施用率(S_K)中的较低值作为 S_3。

表 13-2-1　污泥施用率计算

污泥施用率类型	代号	施用率
一次性最大污泥施用率	S_1	$S_g=(W_h-B)\cdot T_s/C$
安全污泥施用率	S_2	$S_a=W_h(1-K)\cdot T_s/C$
控制性安全污泥施用率	S_3	$S_k=(KW_h-BK^j)(1-K^j)\cdot T_s/C$

注：表中 W_h 为给定的土壤环境质量标准，mg/kg；B 为该土壤重金属的背景含量，mg/kg；K 为该土壤重金属的年残留率，%；T_s 为耕层土壤干重，t/亩 · 年；C 为污泥限制性重金属含量，mg/kg；j 为给定年限。

2. 污泥施用年限

长期不合理地施用污泥，很可能导致土壤中重金属元素的积累，使作物可食用部分中有害物质超标，因此在污泥土地利用时要严格控制污泥的施用率、施用周期和施用年限。若不考虑土壤中重金属元素的输出，把土壤中重金属的积累控制在允许浓度范围内，那么污泥施用年限就可根据下式计算：

$$n=\frac{C\times m}{Q\times P} \tag{13-2-1}$$

式中，n 为污泥施用年限，年；C 为土壤安全控制浓度，mg/kg；m 为每公顷耕作层土重，kg/hm^2；Q 为每年每公顷污泥用量，kg/hm^2；P 为污泥中重金属元素含量，mg/kg。

污泥土地利用应合理确定污泥施用年限和施用率，但是由于不同土壤条件对污泥污染物有着不同的承受能力，不同种类植物的污泥适宜施用量也不同，因此应该根据情况来确定具体的施用率和施用年限。

13.2.2　污泥土地利用的施用场地

1. 选择合适的施用场地和土质

选择合适的施用场地和土质，是保证污泥安全施用、防止污泥中污染物对地下水污染的关键措施。

(1)选择施用场地。施用土地的坡度应在 0～3%，否则有可能被地表径流侵蚀，林地因为植被的保水性较好，不易形成径流，最高坡度限制可放宽至 30%；地下水位以上的土层厚度不得少于 1 m；施用污泥的地点要远离水源等敏感区域，并对施用地点进行现场勘测。

(2)选择合适的土质。不得施于砂性土壤或渗透性强的土壤。对于酸性土壤和碱性土壤，污泥中重金属离子允许施用量有很大的差别，酸性土壤上施用污泥除了必须遵循在酸性土壤污泥的控制标准外，还应该每年施用石灰以中和酸性土壤。

2. 污泥中氮、磷养分与盐分的影响

污泥中通常含有丰富的 N、P 等各种养分，在降雨量较大、土质疏松的地区，如果大量施用污泥，造成有机物分解速度大于植物对 N、P 的吸收速度，N、P 就会随水流失，进入地表水时会造成水体富营养化，进入地下时会污染地下水。污泥中氮素以有机或无机状态存在，它们与土壤胶体之间发生各种物理、化学、生物等综合作用，一部分氮素形成 N_2、NO_2；另一部分经硝化作用而形成硝态氮随水在土壤中移动而污染地下水。如果污泥中 NH_3—N 的含量较高时，宜优先考虑在春季施用，以满足植物生长对氮的需求，并避免部分转化为硝态氮对地下水产生影响。污泥中的磷酸盐在土壤中短时间内会转化为土壤中典型的磷酸盐化合物形式，与 N 一样，如大于植物对 P 的吸收速度，也会造成流失，产生相同的污染与危害。

污泥中无机盐含量较高会干扰植物的渗透过程，导致植物叶子干枯；提高土壤的电导率，破坏营养物的平衡，抑制植物对养分的吸收，甚至会对植物根系造成直接的伤害。离子间的拮抗作用也会加速有效养分 K^+、NO_3^-、NH_4^+ 等的淋失。

3. 完善污泥土地利用技术法规与标准

就我国污泥农用的现状来看，大多数施用者对污泥的施用方法存在盲目性，造成了局部土地的污染。《农用污泥污染物控制标准》列出了一些污染物的最大允许浓度。标准规定，污泥施用的负荷不能超过 30 t/hm^2。如果土地中任何一个无机化合物的含量接近标准规定的最大值，那么污泥在这块土地的施用年限不应该超过 20 年；污泥不能施用到沙土地，也不能施用

到地下水位高或饮用水源保护的地区；污泥土地利用前必须经过堆肥和消化；污泥不能在蔬菜地或做饲料的草场施用时间超过一年；酸性土壤必须采用石灰修复；如果超过一种物质浓度接近标准，污泥的负荷应该降低；如果庄稼的生长受到负面影响或者庄稼中的有害物质的含量超过任何相关标准，污泥土地利用的行为都应该被立刻停止或者采取某些措施修复土壤。

为确保农用污泥的安全使用，推进我国污泥土地利用的科学管理，实现污泥资源化循环利用的目标，迫切需要制订一套较为完善的污泥农用技术规范和相应环境管理体系。

13.3 污泥土地利用风险与控制

污泥富含氮、磷、微量元素和有机质等植物可利用成分的同时，也不可避免地含有一些有毒物质，因此，必须加强污泥土地利用的管理控制，避免对周围环境和人类健康造成负面影响，确保公众安全。

13.3.1 重金属污染风险与控制

1. 重金属污染的危害

重金属在土壤中的迁移与转化等环境化学行为的复杂性，决定了其危害的复杂性和多样性。土壤的重金属污染与许多其他污染物不同，重金属不能被土壤微生物所降解，且土壤颗粒对重金属具有较强的吸附和螯合能力，限制了重金属元素在土壤中的迁移，土壤中重金属污染具有累积放大效应，一些重金属化合物还能被微生物转化为毒性更大的有机化合物，造成更大的毒性。

(1)重金属污染抑制微生物生长繁殖。重金属污染不仅对植物生长造成不利影响，而且还会在植物各部位富集进入食物链，对生态系统造成不良影响；同时重金属还可能随雨水或自行迁移到土壤深层，或者被雨水冲刷造成地下水或地表水污染，对人畜造成潜在的威胁。

(2)重金属污染影响土壤微生物活性。微生物首先通过其细胞结构和代谢产物将积累在土壤中的重金属固定，然后运输进入细胞内，取代细胞内的蛋白质、氨基酸和核酸等生物大分子活性点位上原有的金属位点或直接结合在其他位置，形成金属络合物或螯合物，破坏生物大分子的结构，干扰氧化磷酸化和渗透压平衡，从而影响微生物的生长代谢，使微生物活性降低甚至死亡。

(3)重金属污染影响作物品质。重金属的土壤污染会改变土壤的物理化学性质，使土壤板结，肥力下降。重金属元素可能破坏植物细胞生命物质的结构和活性，造成 DNA 的损伤，影响植物中叶绿素等代谢物质的合成，改变其正常代谢功能，使植物中许多酶的合成减少，活性降低等，影响植物的生长发育，损伤细胞膜，破坏营养物质的运输，最终危害植物的生长代谢，污染严重时甚至会造成植物的死亡。

(4)重金属污染危害人类健康。土壤中的重金属元素不易在生物物质和能量循环中分解，却可被生物所富集。污泥中重金属的对人类身体健康造成危害的主要途径：直接暴露在重金属污染的环境中，通过接触和经呼吸道进入体内，产生危害；通过植物或动物吸收进入食物链而危害人类健康。

2. 重金属污染的控制

(1)对于污泥中的重金属污染最有效的措施是源头控制方法,从源头做起,加强对各工业企业污水排放的监控,实现对有害工业废水排放的监督管理,将生活污水和工业废水严格分开处理,防止含有大量重金属的工业废水进入城市排水管网中。只有将其进行单独处理,采用源头控制方法,才能真正解决重金属污染,降低污泥土地利用的环境风险。

(2)对污泥进行预处理可降低污泥中重金属含量,处理方法主要有化学法、电化学法和生物法。

① 化学法。常用的去除污泥中重金属的化学方法主要有利用酸化法提取重金属和加入改良剂使重金属稳定化两种。酸化法去除重金属是通过向污泥中投加 H_2SO_4、HCl、HNO_3 等酸性化学物质,降低污泥的 pH 值,使污泥中大部分重金属转化为离子形态溶出,然后经过浓缩、脱水后得到泥饼中的重金属,其含量可以达到相应的标准规定。但此法存在成本高、操作困难等问题,推广应用受到一定的限制。在污泥堆肥中加入改良剂(如石灰等),可使重金属钝化,降低重金属的迁移性及生物有效性。

② 电化学法。电化学法主要是利用外加电场作用于被处理对象,使其内部的矿物颗粒、重金属离子及其化合物、有机物等物质在通电的条件下发生一系列复杂的电化学反应,通过电激发、电化学溶解、电迁移作用使重金属以沉淀或金属形式析出,并加以回收。污泥中以离子态形式存在的重金属可以采用电动力修复技术去除,以化合态形式存在的重金属则可采用隔膜电解法、结合化学法或生物方法使用电化学法控制。

③ 生物法。生物法是利用微生物,将污泥中难溶解的重金属离子释放并转移到液相中,从而实现重金属的生物脱毒的方法。同化学法比,该方法具有提取率较高,投资费用低,易于操作等优点。

使用生物法时应选择对植物生长最优的污泥使用量,避免造成土壤中重金属的积累。

13.3.2 病原体污染风险与控制

1. 病原体污染的危害

城市污水污泥中病原体主要来自人畜的粪便和食品加工厂,其含量与当地人群的生活方式、健康状况、年龄结构和污水处理工艺等密切相关。这些病原体在污水处理的过程中,约有90%以上被浓缩富集在污泥里,因此污泥中病原体种类和数量繁多。当污泥土地利用时,病原体可随污泥一起进入土壤环境,增加土壤中病原体的含量。病原体对人畜健康产生危害的主要途径有体表直接接触,当体表皮肤破损,污染物可通过伤口直接进入人畜体内;通过食物链,食用生长在污染土壤中的作物而进入人畜体内;饮用水,雨水将污泥中的污染物冲刷进入水体,当人畜饮用污染水时,损伤人畜健康;空气传播,污泥中污染物进入土壤后可能吸附于空气中的微粒表面,其通过呼吸道而进入人畜体内,危害人畜健康。

2. 病原体污染的控制

(1)消化处理。污泥中温消化 25～30 d 能杀灭多数病原微生物,但对寄生虫卵杀灭效果较差,不到 40%;高温消化不仅对病原微生物杀灭效果较好,而且对寄生虫卵的杀灭率达 95%～100%,因此,高温消化后的污泥,卫生条件比较好,符合污泥土地利用的标准。

(2)堆肥化处理。堆肥处理因有高温期，且持续时间长，因此对污泥中病原微生物和寄生虫卵的灭活效果明显。堆肥化处理后的污泥，在制造复合肥的过程中，还可进一步杀灭残余的病原体。

(3)加热干化处理。加热干化处理能有效地灭活去除城市污水污泥中的致病菌及寄生虫卵，极大地提高污泥的品质，处理后的污泥完全符合污泥处理与利用的相关标准，是一种较好的病原体消毒灭菌的方法。

(4)石灰稳定法。致病微生物与寄生虫卵对酸碱度极为敏感，因此利用石灰对污泥进行稳定化处理不仅可以调理污泥以利于脱水、降低恶臭、钝化有毒重金属，还能杀灭致病微生物与寄生虫卵，改善污泥的卫生条件。

(5)辐射消毒法。辐射处理法对污泥进行消毒，通常采用足够剂量的 X 射线、γ 射线等能量射线破坏微生物或病毒细胞中的核酸或核蛋白，从而达到病原体灭活的目的。该方法具有以下优势：由于射线具有高度的穿透力，极短时间内即可达到消毒的目的；该法可改变污泥的胶体性质，提高污泥的沉降与脱水性能；可使有害的有机物的毒性降低或变成易降解的物质；与其他消毒方法比较，除需控制处理时间外，不需考虑温度、压力、真空、湿度等其他因素。因此辐射法具有良好的应用前景，但处理成本高是其推广应用受限的一个重要因素。

(6)热处理消毒。热处理灭活微生物常采用巴氏消毒法，即在消化污泥中通入蒸汽，使温度保持在 70 ℃，持续 30～60 min，对病原微生物及寄生虫卵均有很好的杀灭效果，可达到卫生无害化要求。

13.4 污泥土地利用应用实例

1. 厌氧消化污泥土地利用实例

厌氧消化污泥对退化苗圃土壤改良效果研究的供试材料土壤采自合肥市包河区某香樟苗圃基地，由于多年连续种植，加上不合理的施肥和灌溉，导致该苗圃土壤呈现轻度的盐渍化状态，土壤电导率(EC)高达 245 μS/cm；土壤 pH 值为 8.28，相较于周边土壤，该苗圃土壤容重较高，土壤板结严重，透气性较差。另外，该苗圃土壤有机质含量偏低，仅为 15.2 g/kg，土壤有效养分供给能力弱，使得该苗圃土壤退化问题较为严重，苗木生长缓慢，而且苗圃成活率较低。

厌氧消化污泥采自合肥十五里河污水处理厂内的国家水专项污泥厌氧消化研究基地。该厌氧消化污泥有机质含量为 339 g/kg，养分含量较高。另外，由于该污水处理厂 98%的进水为生活污水，其原污泥重金属含量较低，厌氧消化后的污泥中几种主要重金属含量均显著低于《城镇污水处理厂污泥处置园林绿化用泥质》标准。

试验期间的每年 12 月底，采集土柱中表层(0～20 cm)土壤，采集的土壤样品一部分自然风干，做土壤理化指标分析，一部分放置冰箱冷藏(4 ℃)，用作微生物分析。

厌氧消化污泥施用后对苗圃土壤主要理化性质的影响见表 13-4-1。与不施厌氧消化污泥相比较，施用厌氧消化污泥后可明显提高土壤黏粒比例，从而有助于改善土壤物理结构和土壤的缓冲性能；土壤 pH 值较实验前和不添加厌氧消化污泥也有明显($P<0.05$)降低，由无添加厌氧消化污泥的 8.24 降至 7.89，呈偏碱性，这种酸碱环境对于大多数植物和微生物生长

都是有利的；显著($P < 0.05$)增加了土壤有机质含量，施用1年、2年和3年以后，土壤有机质分别提高了11.8%、39.1%和76.9%。与土壤有机质变化类似，土壤总氮和总磷含量也随着厌氧消化污泥的施用年限增加而增加，这说明在该施用量下向苗圃土壤施用厌氧消化污泥有助于土壤养分含量的增加。

表13-5-1　厌氧消化污泥施用不同年限对土壤理化性质的影响

施用年限	处理	粘粒/%	砂粒/%	pH值	有机质含量/(g/kg)	TN/(g/kg)	TP/(g/kg)
第一年	施用消化污泥	17.4	18.3	8.13	18.9	1.72	2.12
	不施用消化污泥	17.1	18.9	8.24	17.1	1.58	2.01
第二年	施用消化污泥	18.9	17.3	8.04	23.5	1.89	2.78
	不施用消化污泥	16.8	19.1	8.23	16.7	1.41	1.94
第三年	施用消化污泥	22.6	17.5	7.89	29.9	2.78	4.56
	不施用消化污泥	16.9	19.2	8.25	16.3	1.27	1.92

通过对施用厌氧消化污泥后的土壤酶活性分析结果发现(见表13-5-2)，退化苗圃土壤施用厌氧消化污泥后，可明显提高土壤酶的活性，与不添加厌氧消化污泥相比较，苗圃土壤施用厌氧消化污泥3年后，土壤转化酶、脱氢酶、尿酶和碱性磷酸酶分别提高了69.0%、35.1%、117.6%和81.4%。由此说明，厌氧消化污泥土地施用可以显著增强土壤代谢功能，从而促进土壤的生物化学过程的发生。

表13-5-2　厌氧消化污泥施用对土壤酶活性的影响

施用年限	处理	转化酶/(mg/g)	脱氢酶/[mg/(g·d)]	尿酶/[mg/(g·d)]	碱性磷酸酶/[mg/(g·d)]
第一年	施用消化污泥	19.30	5.12	0.22	0.55
	不施用消化污泥	18.10	4.41	0.18	0.50
第二年	施用消化污泥	23.80	5.46	0.31	0.62
	不施用消化污泥	16.23	3.68	0.16	0.42
第三年	施用消化污泥	27.90	6.55	0.37	0.79
	不施用消化污泥	15.50	3.37	0.17	0.39

从表13-5-2还可发现，不同类型土壤酶对土壤厌氧消化污泥施用后的反应敏感性存在显著差异，相比较而言，在所调查的酶活性中，土壤尿酶对厌氧消化污泥园林土地施用后的响应更为敏感，可作为厌氧消化污泥土地利用评价的敏感性指标。

对厌氧消化污泥施用于苗圃土壤后主要重金属的主要含量进行采样和分析。由表13-5-3可看出，对照土壤和厌氧消化污泥施用后的土壤As未检出，施用厌氧消化污泥后土壤中Cd、Cr、Cu、Ni、Zn、Pb含量均有不同程度增加，但对照《土壤环境质量农用地土壤污染风险管控标准(试行)》,其含量均低于标准值,对环境及生态系统的风险较小。但是,由于本次试验仅仅是持续 3 年的实验数据,施用厌氧消化污泥后对土壤中的重金属持续累积效应过程还有待进一步持续监测,特别是厌氧消化污泥长期施用后发生的淋溶作用对地下水的影响还需进行全面评估。

表 13-5-3　厌氧消化污泥施用对土壤重金属含量的影响

施用年限	处理	重金属含量/(mg/kg)						
		As	Cd	Cr	Cu	Ni	Zn	Pb
第一年	施用消化污泥	—	0.11	2.34	4.78	0.34	16.7	1.89
	不施用消化污泥	—	0.09	1.12	2.12	—	14.2	1.34
第二年	施用消化污泥	—	0.12	4.70	6.45	0.56	19.4	2.78
	不施用消化污泥	—	0.08	1.08	1.91	—	14.1	1.33
第三年	施用消化污泥	—	0.13	5.89	8.67	0.89	26.8	3.56
	不施用消化污泥	—	0.07	1.08	1.89	—	13.1	1.33
《土壤环境质量农用地土壤污染风险管控标准(试行)》		20	0.30	150	50	60	200	70

2. 干化与炭化污泥土地利用实例

城市污泥林地利用和土壤改良污泥取自无为县污水厂二沉池,污泥经压滤工艺脱水至泥饼含水率为 60%,泥饼在 105 ℃烘干至含水率为 30%的干化污泥。干化污泥在炭化炉内以 20 ℃/min 的速率升温至 550 ℃,维持终温 550 ℃反应 30 min 后即可得到炭化污泥。

通过对污泥的基本性质分析可知,污泥中含有大量的有机质以及 N、P、K 等营养元素,向土壤中掺加干化污泥或炭化污泥,可保持土壤肥力,提高养分含量,进而促进植物增产,改善土壤性质。检测表明干化污泥和炭化污泥有机质、N、P、K、pH 值均符合《城镇污水处理厂污泥处置农用泥质》《城镇污水处理厂污泥处置园林绿化泥质》《城镇污水处理厂污泥处置土地改良用泥质》要求。其中 30% 干化污泥和炭化污泥氮磷钾含量分别为 24.24 g/kg、2.84 g/kg、23.78 g/kg 和 42.98 g/kg、19.3 g/kg、25.08 g/kg,有机质含量分别为 580.44 g/kg 和 321.65 g/kg。30%干化污泥和炭化污泥氮磷钾含量和有机质含量远超过《园林绿化泥质》和《土壤改良用泥质》标准。因此干化污泥和炭化污泥可作为肥料,提高土壤肥力,改善土壤性质。

污泥中含有重金属可能会对土壤及地下水产生环境危害。不同地区的污泥性质不同,在土地利用时对环境产生的风险也不尽相同。若重金属进入土壤,将长期存在于土壤中。当重金属元素积累超过环境容量,必将对植物和人体产生不良影响。以干化污泥和炭化污泥两种污泥为研究对象,通过对其重金属含量分析可知,两种污泥重金属含量均符合《城镇污水处理厂污泥处置农用泥质》《城镇污水处理厂污泥处置园林绿化泥质》和《城镇污水处理厂污泥处置土地改良用泥质》标准。因此本项目干化污泥和炭化污泥可用作园林绿化和土壤改良剂来使用,并不会对环境造成危害。

对比干化污泥和炭化污泥中各金属形态的含量,炭化污泥中重金属可氧化态和残渣态含量之和占总量比例明显高于对应的干化污泥，表明污泥炭化可使重金属形态从较活跃的酸可溶态和可还原态向较稳定的可氧化态和残渣态转化，能降低金属的浸出性和生物有效性，降低环境风险。

干化污泥和炭化污泥用作林地和土壤改良是切实可行的，在实现城市污泥减量化、无害化、稳定化与资源化的过程中可发挥重要作用，也可以有效地从根本上解决污泥的出路问题，具有良好的经济效益、社会效益和环境效益。

第 14 章　建材利用

污泥建材利用是指将无害化后的污泥加工成可用的建筑材料，是具有较大发展潜力的污泥资源化利用技术。污泥的建材利用，不仅可以节约污泥填埋所占用的土地，减少自然资源消耗，还可使资源得到循环利用，变废为宝。污泥建材利用主要包括污泥制造砖、水泥、陶粒、生化纤维板及其他建材利用。

14.1　污泥制砖

在污泥建材利用的各种方式中，污泥制砖由于成本较低、技术成熟度高，获得了较为广泛应用。污泥制砖充分利用污泥中有用成分，实现变废为宝，符合可持续发展的战略方针，消除污泥对环境潜在的危害，降低污水处理厂的运行成本，缓解砖瓦工业与农业争土的矛盾，因此具有很大的实际意义。

14.1.1　基本原理

经过预处理的污泥与研磨后的配料混合，通过一定压力制成泥坯，将泥坯送入砖窑内烧结，泥坯烧结完成后冷却成砖块。

生活污泥化学组成如表 14－1－1 所示、污泥灰和黏土化学成分的比较如表 14－1－2 所示，污泥灰中的 SiO_2 含量低于黏土中的含量，Fe_2O_3 与 P_2O_5 的含量高出黏土中含量 10%左右，重金属含量明显多于黏土中含量，其他成分含量基本接近，污泥灰与黏土的组成基本接近，用黏土制砖时加一定量的污泥灰理论上是可行的。

表 14－1－1　污泥化学组分

化学组成	质量分数/%	化学组成	质量分数/%	化学组成	质量分数/%
C	6.51	Ca	2.00	Mn	2.62
N	0.98	Mg	0.024	Na	0.84
NH_4^+	0.42	S	1.33	Cr	0.81
$NO_3^- + NO_2^-$	0.682	Cu	1.90	Cd	0.0138
P	0.20	Zn	11.2	Ni	1.50
K	0.01	Fe	0.632	Pb	1.50

注：污泥样品在 105℃下干燥直至质量恒定为止。

表 14-1-2 污泥灰和黏土的化学成分

质量分数/%	污泥灰				黏土			
	灰 A	灰 B	灰 C	灰 D	黏 1	黏 2	黏 3	黏 4
SiO_2	36.2	36.5	30.3	35.2	67.1	55.9	66.6	64.8
Al_2O_3	14.2	12.3	16.2	16.9	13.4	15.2	18.0	20.7
Fe_2O_3	17.9	15.1	2.8	5.6	5.6	6.1	7.6	6.7
CaO	10	13.2	20.8	16.9	9.4	12.2	1.1	0.5
P_2O_5	1.5	13.2	18.4	13.8	0.1	0.2	0.1	0.2
Na_2O	0.7	0.6	0.6	0.7	0.3	0.5	0.2	0.2
MgO	1.5	1.5	1.5	2.8	0.9	6.0	1.6	1.0

14.1.2 工艺流程

利用城市污泥制砖，首先需要对污泥进行预处理，除去其中的有害物质、臭味以及对制砖有影响的物质。经过处理的污泥可以与粉煤灰等压制成地砖或墙砖，也可与页岩混合制成轻质的节能砖。制成的地砖或节能砖经抽样检测，均可达到国家环保指标和建材质量标准。污泥制砖的方法主要有三种：一是用污泥焚烧灰制砖；二是使用干化污泥直接制砖；三是利用湿污泥与其他原料混合制砖。

1. 污泥焚烧灰制砖

污泥焚烧灰制砖有焚烧灰单独制砖和焚烧灰与黏土等掺和料混合制砖两种。

(1)污泥焚烧灰单独制砖。污泥焚烧灰单独制砖是通过与粉化砖等混合，经过压坯和烧结制成砖。

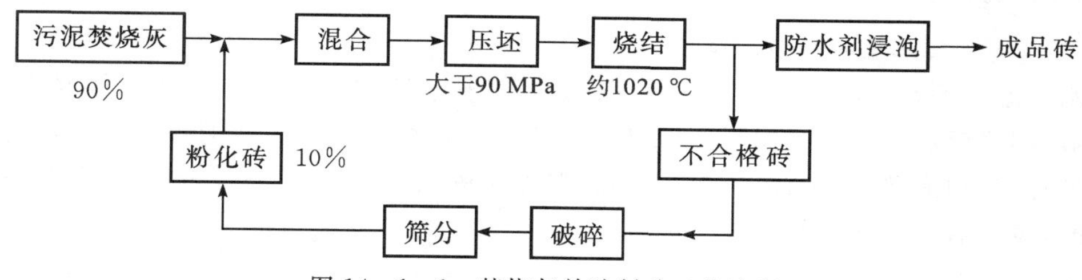

图 14-1-1 焚烧灰单独制砖工艺流程

污泥焚烧灰制砖需在高压环境进行，成型压力一般要在 90 MPa 以上，采用污泥焚烧灰作为制砖原料，在 1020 ℃左右烧成。焚烧灰制作的砖存在一些缺陷，如因为表面的湿气，会产生泛霜或长苔藓等问题。为了解决这些问题，可以对砖进行表面化学处理或提高烧结温度，但会增加制砖成本，污泥焚烧灰制砖不能有效利用污泥的热值，需额外消耗能源。

(2)污泥焚烧灰掺和黏土制砖。污泥焚烧灰掺和黏土制砖工艺流程如图 14-1-2 所示，将污泥干化处理后进行焚烧(焚烧炉高温处理或热解炉低温处理)，通过筛选、收集灰渣，与掺入的黏土等加压成型，烧结后制污泥砖。

经过焚烧处理后，污泥焚烧灰含有的有机物极少，其化学成分与制砖黏土的化学成分几乎相同，适合作为烧结砖原料。相比较制造砖的黏土成分要求，污泥焚烧灰中 SiO_2 含量较低，因此在制坯时，需添加适量黏土与硅砂，提高 SiO_2 含量。混合制砖时，焚烧灰最适配比范围为焚烧灰∶黏土∶硅砂＝1∶1∶(0.3～0.4)(质量比)，在此范围烧结的砖块性能较好。

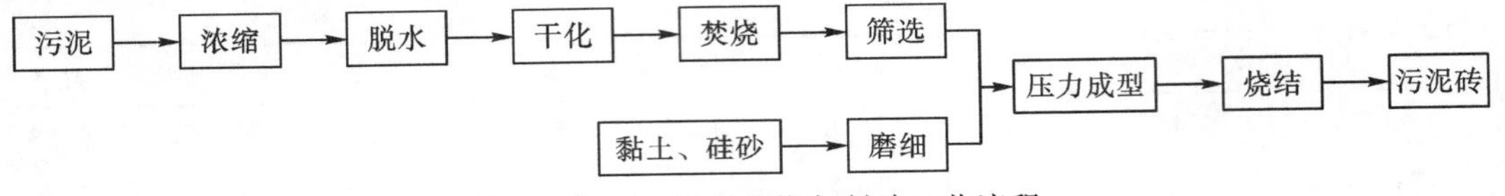

图 14-1-2　污泥焚烧灰制砖工艺流程

2. 干化污泥直接制砖

干化污泥制砖是将浓缩脱水的污泥干化后，经过磨细处理，与黏土加压成型，烧结后制成污泥砖。其工艺流程如图 14-1-3 所示。

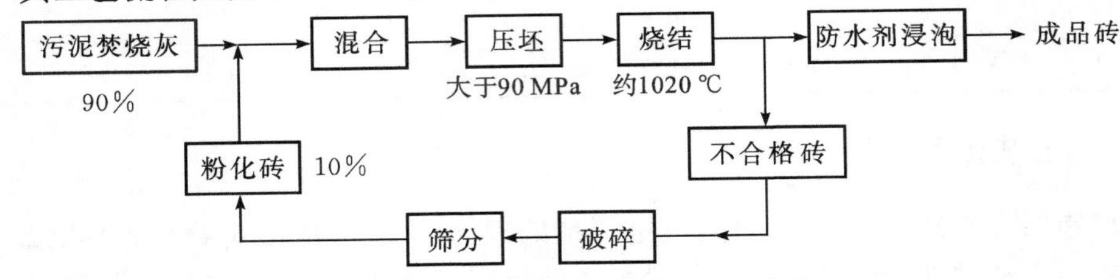

图 14-1-3　干化污泥制砖工艺流程

干化污泥制砖相对于污泥焚烧灰制砖成本要低，只需将污泥干燥粉碎即可直接混入制砖原料进行生产。制砖过程中，污泥在烧结阶段实现焚烧处理，可以将有机物彻底氧化分解，从根本上防止污泥焚烧灰造成二次污染，达到污泥处置减量化、无害化和资源化的目的。

由于污泥中含有大量的有机物，干污泥热值约 10 MJ/kg，干污泥制砖可以充分利用污泥中潜在热值，节约能源，降低制砖成本。随着污泥掺量升高，污泥砖性能下降。适宜的干污泥质量占比为 5%～10%，烧结温度为 960～1000 ℃。该方法在烧制污泥砖时，有机物会转化为气体，致使污泥砖表面不平整，达到一定限度时会导致烧结开裂，影响砖块质量。

3. 湿污泥与其他原材料混合制砖

给水厂湿污泥在已经去除体积较大固体杂质的情况下可以直接与其他原料混合，加压成型，焙烧后制成污泥砖。湿污泥制砖不仅利用了污泥中原有的水分，而且不需要对污泥进行复杂的预处理，节约能源。湿污泥含水率较高，湿污泥掺入量维持在 40%～50%，当湿污泥掺入量过高时，烘干后的砖坯容易开裂。

14.1.3　产品性能

反映污泥砖性能的主要指标有抗压强度、吸水率、磨耗、抗折强度。污泥砖质量指标如表 14-1-3 所示。

表 14-1-3　污泥砖质量指标

序号	项目	污泥砖
1	抗压强度 /(N/mm^2)	15～40
2	吸水率(质量分数)/%	14～18
3	磨耗 /g	0.05～0.1
4	抗折强度 /(N/mm^2)	80～200

14.1.4　工程应用

日本大阪府大野污水污泥处理厂以城市污水排水系统中的沙和陶管屑以及污泥焚烧炉中产生的焚烧灰为主要原料，以污泥消化池中产生的消化气为燃料，通过洗砂预处理、煅烧、分级、造粒等工序加工生产出透水性污泥砖。根据相关产品的物性实验要求，该透水性砖的弯曲性、透水性、翘度、磨耗、硬度、抗滑性、耐冻害性、压缩性及耐用性均符合标准，且具有较显著的经济效益。在日本，制成的污泥砖被用于公园、广场、城市人行道等场所的建设。

14.2　污泥制水泥

传统的水泥产业原料消耗量大、能量消耗高且污染严重，面对越来越严峻的环境污染和资源紧缺问题，水泥产业也力求向环保型产业过渡，其中利用水泥窑处置污泥和污泥制水泥有很大的优势。

14.2.1　基本原理

1. 污泥用作水泥原料的可行性

硅酸盐水泥以石灰石、黏土为主要原料，与石英砂、铁粉等少量辅料，按一定数量配合并磨细混合均匀，制成生料。生料入窑经高温煅烧，冷却后制得的颗粒状物质，称为熟料。熟料与石膏共同磨细并混合均匀，制成纯熟料水泥，即硅酸盐水泥。

由表 14-2-1 可以看出，除了 CaO 含量较低，Al_2O_3、Fe_2O_3、SO_3 含量较高外，污泥焚烧灰的其他成分均与硅酸盐水泥的组成成分相当。因此，将污泥焚烧灰与一定量的石灰石一起煅烧可制成硅酸盐水泥，制成的水泥满足相应的质量要求。

表 14-2-1　污泥焚烧灰与其水泥和硅酸盐水泥的矿物组成质量分数/%

组分	SiO_2	CaO	Al_2O_3	Fe_2O_3	K_2O	MgO	Na_2O	SO_3	热灼损失量
污泥焚烧灰	20.8	1.8	14.6	20.6	1.8	2.1	0.5	7.8	10.4
硅酸盐水泥	20.9	63.3	5.7	4.1	1.2	1.0	0.2	2.1	1.9
质量要求	18～24	60～69	4～8	1～8	<2.0	<5.0	<2.0	<3.0	<4.0

2. 污泥制水泥的基本原理

生料中的间隙水在 150 ℃以下蒸发；500 ℃左右时，黏土质原料释放出结合水，并开始分解出氧化物，如 SiO_2 和 Al_2O_3；900 ℃左右时，碳酸盐分解放出 CO_2 和新生态 CaO；900～1200 ℃时，黏土的无定形脱水产物结晶，各种氧化物间进行固相反应；1250～1280 ℃时，所产生的矿物部分熔融出现液相；1280～1450 ℃时，液相量增多，C2S(硅酸二钙)通过液相吸收 CaO 形成 C3S(硅酸三钙)，直至熟料矿物全部形成；1300～1450 ℃时，熟料矿物冷却；水泥熟料在钢球磨机中进行粉磨，加入少量石膏作为缓凝剂。

14.2.2 工艺流程

污泥制水泥主要经过三个阶段，即生料制备、熟料煅烧与水泥粉磨。

1. 生料制备

(1)污泥干化。利用脱水污泥与石灰混合时，反应释热使污泥充分干化，此过程只需较少热能，混合后的产物为干化粉体；污泥也可以通过“深度烤制”技术进行干化。该工艺由五个技术单元组成，包括调理、深度烤制、油回收、水分冷凝和脱臭。关键单元是深度烤制，烤制使污泥中的水分迅速蒸发，得到干化污泥饼；

(2)污泥造粒。以脱水污泥与石灰混合形成的干化粉体、黏土为主要原料，与石英砂、铁粉等少量辅料，粉磨后进行混合，送入造粒机造粒，制备成生料球。

2. 熟料煅烧

熟料煅烧过程为预热，预煅烧(包括预分解)，最后烧制成熟料的全过程。我国水泥厂普遍采用回转窑煅烧制水泥。以使用固体粉状燃料为主，将燃煤先经过烘干和粉磨制成粉状，用鼓风机经喷煤管由窑头喷入窑内。燃烧用的空气由两部分组成，一部分和煤粉混合并将煤粉送入窑内，这部分空气叫作“一次空气”，一般占燃烧所需空气总量的15%～30%，大部分空气是经过预热达到一定温度后再进入窑内，称为“二次空气”。煤粉在窑内燃烧后，形成高温火焰，放出大量热量，高温气体在窑尾排风机的抽引下向窑尾流动，它和煅烧熟料产生的废气一起经过收尘器净化后排入大气。高湿气体和污泥在窑内运动方向相反，在运动过程中进行热量交换。污泥接受高温气体和高温火焰传给的热量，经过一系列物理化学变化后，被煅烧成熟料，进入冷却机，遇到冷空气又进行热交换，熟料被冷却并将空气预热，预热后的空气作为二次空气又被送入窑内。

利用回转窑制备污泥水泥具有独到的优势：一是有机物分解彻底，在回转窑内温度一般在1250～1450 ℃，甚至更高，温度越高，燃烧气体停留时间越短，燃烧气体在800～1100 ℃时停留时间大于8 s，高于1100 ℃时停留时间为3 s左右。有机物燃烧率可达99.999%；二是回转窑热容量大，工作状态稳定，处理量大；三是回转窑内的耐火砖、原料、窑皮及熟料均为碱性，可吸收二氧化硫，从而减少其排放量。

3. 水泥粉磨

水泥粉磨之前先要进行冷却，水泥熟料在各种形式的冷却机内实现高温熟料向低温气体传热的热交换过程。水泥粉磨通常在钢球磨机中进行，同时要加入少量石膏作为缓凝剂。国内外使用的水泥熟料冷却机形式有单筒式、多筒式、箅式及立筒式等。以箅式为例，水泥熟料在箅式冷却机内冷却，用斗式提升机输送至熟料库。熟料经计量秤配入一定数量石膏，在钢球磨机中粉磨成一定细度的水泥，水泥经仓式空气输送泵送至水泥库储存。

14.2.3 产品性能

污泥制备的普通水泥的主要特性如下：一是早期强度高，3天以内就能达到较高的强度；二是放热量大而且较集中，由于熟料含量比例高，水泥硬化时能放出大量的热，放出的热量可使本身温度升高，也可能产生温差应力造成破坏；三是凝结硬化快，凝结后很快就产生强度；四是耐磨性好，抗冻性好，制成的混凝土较耐磨损，抵抗反复冻融的性能也好；五是化学稳定性差，制成的混凝土受到淡水、高山雪水、酸碱溶液和硫酸盐溶液的侵蚀时，容易造成破坏。

14.2.4　工程应用

华新水泥（阳新）将武汉市城区各污水处理厂的污泥进行深度脱水处理，外运至黄石市阳新县华新水泥厂进行焚烧处置。干化后的污泥（含水率 50%），按照一定比例和水泥生产原料一起进入回转窑，作为替代燃料和建材原料使用制成水泥。生产出来的水泥产品符合国家相关标准的要求。公司不仅实现正常盈利，在传统水泥生产企业向绿色环保企业转型的路上迈进了一大步，还解决了武汉主城区各污水处理厂的污泥处置问题，避免发生二次污染。

14.3　污泥制轻质陶粒

污泥制轻质陶粒的工艺有两种，一种是利用生污泥或厌氧发酵污泥的焚烧灰造粒后烧结的工艺，该工艺在 20 世纪 80 年代趋于成熟，并投入应用，但不足之处是需单独建设焚烧炉，污泥中的有机成分没有得到有效利用；另一种是近年来开发的一种直接以脱水污泥为原料制陶粒的新工艺。本节主要介绍第二种工艺。

14.3.1　基本原理

污泥制轻质陶粒的原理是利用脱水污泥为主要原料，以黏土或粉煤灰为辅料，通过干化、燃烧、造粒及烧结等工艺条件，制成轻质陶粒。

14.3.2　工艺流程

脱水污泥干化烧结工艺制陶粒主要流程有干化、部分燃烧、粉碎混炼、造粒、烧结、冷却等，污泥制轻质陶粒的工艺流程如图 14－3－1 所示。

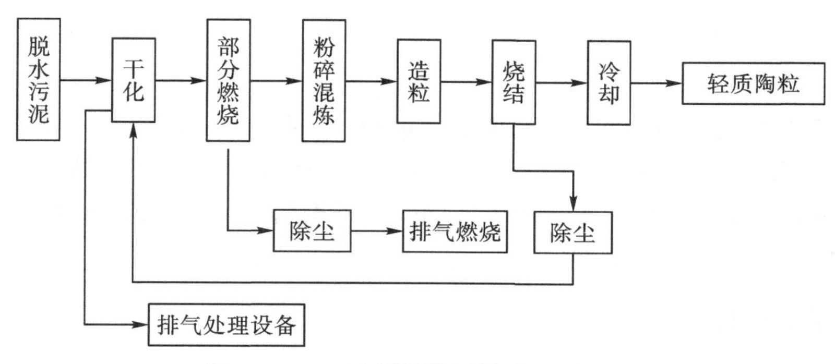

图 14－3－1　污泥制轻质陶粒工艺流程

1. 干化

污泥干化采用旋转干化器，以防止污泥在干化过程中结成大块，干化器热风进口温度为

800～850 ℃,排气温度为 200～250 ℃。经干化后污泥含水率从 80%左右下降到 5%～10%,干化污泥块大小一般为 10 mm 左右。废气排入脱臭炉,炉温控制在 650 ℃左右,使排气中恶臭成分全部分解,以防止产生二次污染。干化热源来自部分燃烧炉的排气和烧结炉的排气,不需要外界补充热源。

2. 部分燃烧

在一次空气系数约 0.25 以下使污泥部分燃烧,污泥中的有机成分分解,大部分成为气体,一部分以固定碳的形式残留。通过注水调节控制燃烧炉内温度在 700～750 ℃。燃烧的排气热值约 4731 kJ/m^3,排气含有的未燃成分输送到排气燃烧炉再燃烧,产生的热风作为污泥干化热源,部分燃烧后的污泥中含固定碳 10%～20%,热值 1256～7536 kJ/kg。

3. 粉碎混炼

设置专门的破碎装置破碎物料,适宜的物料配比为干污泥 50%、粉煤灰 30%～40%、黏土 10%～20%。

4. 造粒

物料粉磨后进行混合,送入造粒机造粒,制备成生料球。料球的粒径与级配对烧胀性影响很大。粒径过大时,可能导致烧胀不透或膨胀过大超过标准要求,料球粒径小于 3 mm 过多时,易结窑或结块。一般级配为 3～5 mm 占比小于等于 15%,5～10 mm 占 40%～60%,10～15 mm 占比小于等于 30%。造粒时间一般 10 min 左右。造粒的技术有搅拌造粒、沸腾造粒、压力造粒、喷雾干燥造粒等。造粒物料中的碳在烧结过程中产生的气体从粒子内部向外逸出,烧结成品形成许多小孔,成品质量轻。

5. 烧结

烧结条件直接影响陶粒质量,烧结时间为 15 min 左右,烧结温度宜为 1100～1150 ℃,超出此温度范围时陶粒强度会降低。在上述烧结温度范围,陶粒的相对密度随烧结温度升高而减小,一般陶粒相对密度为 1.6～1.9。在堆积密度小于 500 kg/m^3 时,残留碳的含量与陶粒的筒压强度成反比,残留碳含量愈多,强度愈低,残留碳含量应控制在 0.5%～1.0%,此时陶粒筒压强度为 1～3 MPa。

6. 冷却

陶粒的冷却速度对其结构和质量有明显的影响。一般认为,冷却初期应采用急速冷却,陶粒出炉时的液相来不及析晶,就在表面形成致密的玻璃相,内部则为多孔结构。这样的结构密度小,且具有一定的强度。等急速冷却到 550～750 ℃时宜采用慢速冷却,以避免玻璃相形态转变所产生的应力对陶粒产生影响。

14.3.3 产品性能

污泥陶粒产品的吸水率和抗压强度应满足国家标准《粉煤灰陶粒和陶砂》GB2838 的要求,堆积密度和筒压强度等技术指标应满足国家标准《轻集料及其试验方法》GB/T17431.1 的要求。污泥陶粒性能指标见表 14-3-2。

表 14-3-2　污泥陶粒性能指标

性能指标	堆积密度 /(kg/m³)	筒压强度 /MPa	1h 吸水率
国家标准	≤500	0.2～1.5	15%～30%
	600～1000	2.0～5.0	20%
污泥陶粒	≤500	≥1	20%左右
	600～1000	3.0～4.5	16%～18%

14.3.4　工程应用

惠州污泥处理厂以惠城区和仲恺区的城市污水厂污泥作为原料生产陶粒。进厂污泥先经改性和调理再进入压滤车间，脱水后的泥饼含水率一般为 55%，再通过运输带进入生物干化车间。后集中输往陶粒生产区，生产区配备 3 条双筒回转窑，选用塑性法造粒、双筒回转窑高温焙烧生产。

该项目生产的生物陶粒符合国家标准，既满足污泥处理工艺应用需求，又能用作轻集料新型建材。

14.4　污泥制生化纤维板

纤维板是由木质纤维素交织成形并利用其固有胶黏性能制成的人造板，具有材质均匀、纵横强度差小及不易开裂等优点。人造纤维板工业快速发展所面临的主要问题就是原料的供应问题。用非木材原料生产人造板成为解决原料紧缺的有效途径，污泥在碱处理后可以作为制备纤维板的原料，由于采用的是生化处理后的污泥，制成的纤维板也称生化纤维板。

14.4.1　基本原理

污泥制生化纤维板的原理主要是利用污泥中所含的粗蛋白(质量分数占 30%～40%)与球蛋白能溶解于水及稀酸、稀碱、中性盐的水溶液的性质，在碱性条件下，将其加热、干燥、加压后，使蛋白质变性及发生凝胶作用，蛋白质分子逐渐交联增大，形成网络结构；同时污泥中的一些多糖类物质也起到了一定的胶合作用，最终转变成蛋白胶的状态，称为污泥树脂(又称蛋白胶)，再与经漂白、脱脂处理的废纤维胶合起来，压制成生化纤维板。污泥的变性反应过程主要分如下两步：

1. 碱处理

在污泥碱处理过程中，污泥中加入氢氧化钠或氢氧化钙，蛋白质可在稀碱溶液中生成水溶性蛋白质钠盐或不溶性易凝胶的蛋白质钙盐。经碱处理后，可延长污泥树脂的活性期，破坏细胞壁，使胞腔内的核酸溶于水，以便去除由核酸引起的臭味，并洗脱污泥中的油脂。碱处理后的黏液不会凝胶，只有在水分蒸发后才能固化，以提高污泥树脂的耐水性、胶着力和脱水性能。

2. 脱臭处理

污泥含有大量的有机物，在堆放过程中，由于微生物的作用，常常散发出恶臭。为消除恶臭和提高污泥树脂的耐水性与固化速度,可加入少量甲醛,甲醛与蛋白质反应生成氮次甲基化合物。

14.4.2 工艺流程

生化纤维板的制造工艺可分为污泥预处理(浓缩脱水)、树脂调制(碱处理)、填料处理(纤维预处理)、搅拌、预压成形、热压和后续处理等七个工序,具体如下。

(1)污泥预处理。即浓缩脱水,污水含水率要求降至85%～90%。

(2)树脂调制。污泥装入反应器搅拌均匀,通入蒸汽加热至90 ℃,反应20 min,再加入石灰并保持温度为90 ℃的条件下反应40 min即成。同时,可在调制中投加碱液、甲醛及混凝剂(如硫酸亚铁、硫酸铝、聚合氯化铝)等,必要时还可加一些硫酸铜以提高除臭效果或加水玻璃以增加树脂的黏滞度与耐水性。

(3)填料处理。填料可采用麻纺厂、印染厂、纺织厂的废纤维(下脚料),为了提高产品质量,一般应对上述废纤维进行预处理。预处理是将废纤维加碱蒸煮去油、去色,使之柔软,蒸煮时间为4 h,然后粉碎以使纤维长短一致。

(4)搅拌。将活性污泥树脂(干重)与纤维按质量比2.2∶1混合,搅拌均匀,其含水率为75%～80%。

(5)预压成形。拌料应及时预压成形,以免停放时间过久而使脱水性能降低。1 min内压力自1.372 MPa提高至2.058 MPa,稳定4 min后即成形,湿板坯的厚度为8.5～9.0 mm,含水率为60%～65%。

(6)热压。采用电热升温,使上下板温度升至160 ℃、压力为3.43～3.92 MPa,稳定时间为3～4 min,然后压力逐渐降至0.49 MPa,让蒸汽逸出,反复热压过程2～3次。板坯经热压后,水分被蒸发,致使生化纤维板密度增加,机械强度提高,吸水率下降,颜色变浅。如果湿板坯直接自然风干,可制成软质生化纤维板。

(7)后续处理。后续处理工序是对制成的生化纤维板实施裁边整理,即可得成品。

14.4.3 产品性能

污泥制备的生化纤维板的力学性能与硬质纤维板的比较见表14-4-1,由表可见,生化纤维板可达到国家三级硬质纤维板的标准。

表14-4-1 生化纤维板与硬质纤维板比较

板名	密度 /(kg/m^3)	抗折强度 / MPa	吸水率①
三级硬质纤维板	≥800	≥19.6	≤35%
生化纤维板	1250	17.64～21.56	30%
软质纤维板	<350	>1.96	50%
软质生化纤维板	600	3.92	70%

注:①在水中浸泡24 h。

14.4.4　工程应用

上海市某研究室利用活性污泥中的大量可溶蛋白质调制树脂，使污泥产生自身胶凝作用，又以可溶蛋白质以外的泥渣为填料，掺入废纤维，经预压成型和热压固化，即成生化纤维板，用作建筑墙体、平顶、门板及家具。生化纤维板所掺和的废纤维属纺织、化纤、印染、再生橡胶等企业的短纤维絮尘，将其回收利用，有助于工厂的除尘和防止水质的污染。此外，在生化纤维板预压成型中，排出的废水经浓缩回收，得到的副产品，符合胶合板四类胶的性能，称之为“生化胶”。生化胶与水溶性酚醛树脂等量对掺形成的混合胶仍保持一类胶的性能，可节约一半酚醛树脂。因此，利用活性污泥制成生化纤维板，是一条较合理又经济的工艺路线。

14.5　其他建材利用

14.5.1　污泥制聚合物复合材料

污泥聚合物复合材料生产技术的具体工艺：以经过脱水处理、稳定处理后的污泥为填充材料，以经过清洁处理、接枝改性后的废塑料为基体材料，通过添加少量功能性添加剂（偶联剂、发泡剂、润滑剂、防老剂、交联剂等），经计量、混合、挤出、成形、冷却成为聚合物复合材料。影响复合材料性能的主要因素为污泥的形态、废塑料种类及其配比，用经过处理的污泥与废塑料复合，可以制备出具有较好物理力学性能的新型复合材料，在制备复合材料的过程中，抑制气体逸出，并采取稳泡措施，可得到轻质高强的微孔材料。

14.5.2　污泥制玻璃态骨料等产品

利用城市污水处理厂污泥、工业污泥和粉煤灰作为原料，生产玻璃态骨料、轻骨料、矿渣水泥，同时进行发电和生产蒸汽，该技术对污泥的处理主要是将污泥干化到干固体含量为 90%，然后将干污泥在专门设计的特制熔炉中以 1200～1300 ℃燃烧，使干污泥的有机质完全燃烧，其他则熔化为玻璃体，经冷却后成为玻璃态骨料，余热回收，产生蒸汽发电或再用于干化污泥。玻璃态骨料产品颗粒的密度约为 1420 kg/m^3，松散密度为 700～1000 kg/m^3。玻璃态骨料主要可用于公路沥青骨料，增加摩擦阻力；可作研磨材料、过滤材料、水泥厂粉磨熟料时的添加料；可用于生产抗磨陶瓷面砖；也可在高性能混凝土中代替普通砂。

第 15 章　污泥填埋

污泥填埋指采取一定的工程措施将污泥填埋于天然或人工开挖坑地内的安全处置方式，主要包括防渗、覆盖和渗滤液处理等，避免对地下水和周边环境造成二次污染。污泥填埋是一种工艺简单、投资较少、容量大且具有可行性的污泥处置方式，可最大限度地避免污泥对公众健康和环境安全造成影响。

15.1　污泥填埋预处理

15.1.1　污泥填埋准入条件

污泥填埋准入条件包括污泥的土力学特性和感官指标。污泥的土力学特性包括压实性能、抗剪、抗压性能和渗透性能等特性。压实性能是通过击实试验测定污泥的最大干密度和最优含水率表征；抗剪、抗压性能是通过剪切试验和抗压试验测定污泥的抗剪强度、内摩擦角和凝聚力、抗压强度等表征；渗透性能通常是通过渗透试验测定污泥的渗透系数表征。污泥的感官指标，如臭度，是通过气相色谱仪进行恶臭物质测定表征。

为提高污泥填埋过程中的安全性，保证填埋场的正常运行，污泥进入填埋场的准入条件见表 15-1-1。

表 15-1-1　污泥进行填埋的准入条件

序号	项目	准入条件
1	含水率 /%	≤ 60
2	无侧限抗压强度 /kPa	≤ 50
3	十字板抗剪强度 /kPa	≤ 25
4	渗透系数 /(cm/s)	$10^{-6}\sim10^{-5}$
5	臭度	<3(六级臭度强度法)

在这些准入条件中，含水率的规定是为了辅助达到抗压强度和抗剪强度，同时为方便现场操作；无侧限抗压强度和十字抗剪强度的规定主要是为了保证污泥的承压性能，以满足填埋机械作业要求；渗透系数的规定是为了能顺利排出雨水；臭度条件是为了保证污泥能满足填埋场的环境卫生要求。

15.1.2　污泥固化预处理

污泥固化是指应用物理或化学的方法将污泥颗粒胶结、掺和并包裹在密实的惰性基材中，形成整体性较好的固化体的过程。所使用的惰性材料为固化剂，固化的产物称为固化体。向污泥中投加固化剂，通过一系列复杂的物理化学反应，将污泥中有毒有害物质固定在固化形成的网链或晶格中，使其转化成类似土壤或胶结强度很大的固体，以满足填埋的技术标准要求。污泥的固化方法包括：水泥固化法、石灰固化法、热塑性固化法和聚合型固化法。

1. 水泥固化法

水泥是一种无机胶结剂，能与污泥中的水分发生水化反应生成凝胶，将有害的污泥颗粒包容，并逐步硬化形成水泥固化体，将有害物质封闭在固化体内，从而达到污泥无害化的目的。水泥固化法具有工艺简单、操作方便、经济有效等优点，但由于固化体孔隙率较大、有浸出风险，且固化后增容比例高达 1.5，在一定程度上限制其大规模的应用。

2. 石灰固化法

石灰固化法中固化剂的主要成分是生石灰，当石灰与污泥按一定比例混合后，经过一系列反应，生成一种类似火山岩混凝土的硬物质，即俗称的“火山灰混凝土”。石灰固化法具有固化材料廉价、反应时间短、操作方便等优点，但也具有增加固化物的质量和体积、易受强酸性环境破坏等缺点。在实际工程应用中，石灰固化法常以飞灰、炉渣、水泥窑灰等作为添加剂。

3. 热塑性固化法

热塑性固化法是利用固化剂的热塑原理将污泥颗粒包结固化，常用的固化剂有石蜡、聚乙烯、沥青和柏油等。热塑性是指加热处理物体后，使其具有可塑性。该方法具有增容少、浸出率低等优点，但投资大，尤其污泥需在干化后才能与热塑物质混合。

4. 聚合型固化法

聚合型固化法中固化剂可采用尿素甲醛树脂和聚乙烯树脂等物质，在催化剂的作用下，搅拌混合使有机单体在发生聚合作用时将污泥颗粒包结其间形成固化体。

15.2　污泥填埋方法

15.2.1　污泥单独填埋法

单独填埋指污泥在专用填埋场进行填埋处置，可分为沟填、掩埋和堤坝式填埋三种类型。污泥单独填埋需要因地制宜地采取填埋工艺，污泥填埋方法的选择取决于填埋场地的特性及污泥含水率。

1. 沟填

沟填法就是根据填埋场的水文地质条件及填埋压实机械的大小，预先挖沟，将污泥填埋。沟填要求填埋场地具有较厚的土层和较深的地下水位，以保证填埋开挖的深度，并保留足够的缓冲区。

沟填按照开挖沟槽的宽度可分为窄沟填埋和宽沟填埋两种类型。

(1)窄沟填埋。窄沟填埋的宽度一般不大于 3 m，适用于含水率低于 80% 的污泥，挖沟土可以作为最终覆盖层，厚度为 0.9～1.2 m。窄沟填埋一般适用于地势较陡的地方，填埋设备可在地面上操作。

(2)宽沟填埋。宽沟填埋的宽度一般为3～12 m,该填埋方法适用于含水率低于72%的污泥。填埋设备必须在污泥上运行,才能压实污泥,为使设备不陷入污泥中,当含水率较高时,填埋设备必须装垫板。挖沟土可以作为最终覆盖层,厚度为0.9～1.5 m。

沟填工艺注意事项:

(1)沟填法选址应注意远离人群聚居地、水源保护点等环境敏感目标,位于城市下风向。

(2)沟填法适用于土层较厚、地下水水位较深的区域,尤其是北方平原地区。

(3)窄沟填埋有效作业面积较小,单位土地面积污泥处理量较少,因而需要大量土地资源;宽沟填埋有效作业面积较大,单位土地面积污泥处理量较大。

(4)窄沟填埋时,机械设备在地面上作业,污泥含固率要求较低,为20%～28%;而宽沟填埋中机械设备既可在地面操作,也可以在沟槽内操作,为防止设备陷入填埋场,一般污泥含固率要求在28%以上。

(5)窄沟填埋时,因为沟槽窄,通常不铺设防渗和排水衬层;宽沟填埋时,需铺设防渗和排水衬层。

2. 掩埋

掩埋法也叫平面填埋法,是指将污泥直接堆置在地面上,操作时把污泥卸铺在平地上,形成厚1.0 m左右的长条再覆盖一层0.3 m厚的泥土,用作稳定污泥的处置方法。

掩埋法适用于含水率小于80%的污泥,污泥可被填埋成单个土墩,称为堆放式掩埋;也可分层填埋,叫分层式填埋。这两种填埋方法的中间覆盖层厚度0.3～0.45 m,最终覆盖层厚度为0.9～1.2 m。

污泥掩埋法适合于地下水水位较高的场地。为保证填埋设备能够在污泥上操作,必须将土和污泥进行一定程度的混合,所用土的比例取决于土的类型、污泥的含水率及污泥与土混合物的工作性能。

掩埋工艺注意事项:

(1)掩埋法选址应选择地势较为平坦的位置,考虑避开地下水补给区和水源点。

(2)由于需要大量的覆盖土层,掩埋场周边需要有稳定的覆土来源。覆土可选用自然土,也可以利用建筑开挖的废弃土石方。

(3)堆放式掩埋要求污泥含固率大于20%,污泥预先与泥土按一定比例混合后再填埋。

(4)分层式掩埋对污泥含固率要求较低,但也需要将污泥与泥土混合后分层填埋,分层式填埋要求场地必须相对平整。

3. 堤坝式填埋

堤坝式填埋是指在填埋场四周建有堤坝,或者利用天然地形(如山谷)对污泥进行填埋。堤坝式填埋作为掩埋法的改进形式,污泥通常由堤坝或者山顶向下倾卸,在堤坝上需要预留作业设备的运输通道。

堤坝式填埋工艺注意事项:

(1)堤坝式填埋选址应考虑充分利用天然地形。

(2)堤坝一般长30～60 m、宽15～30 m、深3～9 m,堆填层数不超过3层。

(3)堤坝式填埋应设置雨水分流系统、渗滤液收集系统和填埋气体导排系统。

(4)由于填埋过程需要覆盖土层以减少污泥对环境的影响，所以场址周围需要有足够的覆土来源。

(5)堤坝式填埋要求污泥含固率在 28%以上。

15.2.2　污泥和矿化垃圾混合填埋

按照《城镇污水处理厂污泥处置混合填埋用泥质》要求，污泥混合比例不高于 8%，且污泥含水率不高于 60%，因而大部分污水厂脱水污泥需进一步预处理，降低含水率，才能进生活垃圾填埋场混合填埋。

1. 工艺流程

污泥和矿化垃圾混合填埋通常先将污泥堆积在固体废弃物的上层并尽可能充分地混合，然后将混合物平展、压实。污泥和矿化垃圾混合填埋工艺流程如图 15－2－1 所示，污水厂污泥经过消化、脱水后，污泥含水率达到 80%，再运输到垃圾填埋场，开采矿化垃圾，将污泥和矿化垃圾按一定比例混合，使污泥的含水率小于 60%，然后通过挖掘机转驳、小型挖夯机夯击以及平板式振捣机振捣等措施在填埋区内均分布，然后覆盖黏土。分层堆积，直到达到设计高度，在整个填埋过程中做好渗滤液收集、沼气导排和环境监测工作。

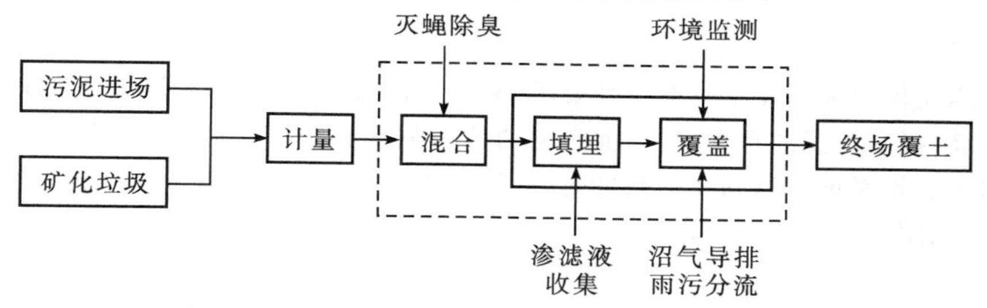

图 15－2－1　污泥和矿化垃圾混合填埋工艺流程图

2. 主要技术参数及要求

(1)污泥和矿化垃圾混合填埋时，其理化性质需满足表 15－2－1 中相关要求。

(2)污泥用于混合填埋时，其污染物浓度限值需满足表 15－2－2 中相关要求。

(3)采掘的矿化垃圾，其填埋年限在 8 年以上，采掘坑可以直接作为填埋坑。

(4)污泥和矿化垃圾混合，矿化垃圾的添加比例为 30%～50%，以确保混合后的含水率和抗剪强度达到填埋要求。

(5)污泥填埋厚度 60～80 cm，中间覆盖层厚度 15～30 cm，最终覆盖层厚度 60 cm。

(6)污泥和矿化垃圾混合后应放置 1～3 d，以提高污泥的承载能力和消除其膨润持水性。

表 15－2－1　污泥和矿化垃圾混合体理化性质

控制项目	指标
含水率	≤60%
pH	5～10

表 15－2－2　污染物浓度限值

序号	控制项目	最高允许含量/(mg/kg 干污泥)
1	总镉	＜20
2	总汞	＜25
3	总铅	＜1000
4	总铬	＜1000
5	总砷	＜75
6	总镍	＜200
7	总锌	＜4000
8	总铜	＜1500
9	石油类	＜3000
10	挥发酚	＜40
11	总氰化物	＜10

15.2.3　污泥用作覆盖土

1. 工艺流程

污泥作为垃圾填埋场覆土具有较高要求，需要对污泥进行改性，通过添加泥土、粉煤灰、石灰或矿化垃圾，提高污泥的含固率，增强污泥的抗剪强度和防渗性能，使其代替黏土作为垃圾填埋场的覆土。垃圾堆填达到要求高度时，用机械设备进行碾压，使污泥压实，以起到覆盖作用，工艺流程如图 15－2－2 所示。

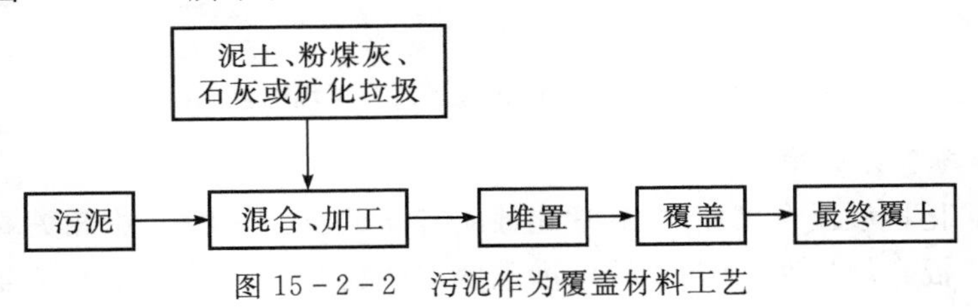

图 15－2－2　污泥作为覆盖材料工艺

2. 主要技术参数及要求

(1)污泥用于垃圾填埋覆盖土进入填埋场，需满足表 15－2－3 的相关要求。

(2)改性污泥应进行定点倾卸、摊铺、压实，覆盖层经压实后厚度不应小于 20 cm，压实密度应大于 1000 kg/m^3。

(3)在污泥中掺入泥土或者矿化垃圾时应保证混合充分，堆置时间不小于 4 d，以保证混合材料的承载能力大于 50 kPa。

(4)污泥作为中间覆盖土层时要求渗透系数小于 10^{-4} cm/s，厚度大于 15 cm；污泥作为最终覆盖层要求渗透系数小于 10^{-7} cm/s，厚度大于 60 cm。

(5)污泥作为覆盖层，要求有机质含量小于 50%。

(6)用石灰改性，所需要的石灰比例高，消化污泥与石灰比为 2∶1 的混配，污泥的含水率可降至 40%之下；用灰渣改性，污泥在混合物中所占比例小于 40%，即能够满足覆盖材料的要求。

表 15-2-3　污泥用作覆盖土的准入条件

序号	项目	条件
1	含水率	<45%
2	臭度	<2 级(六级臭度强度法)
3	施用后蝇密度	<5 只/(笼·d)

注:含水率指标不适用于封场时的防渗覆盖层。

污泥填埋优缺点见表 15-2-4。

表 15-2-4　污泥填埋优缺点

优点	缺点
①投资少、实施快、方法简单、填埋场的修建成本低、投入运行快和处理规模大 ②污泥填埋后,其中所含的有机物会在填埋的厌氧环境中发酵降解 ③污泥填埋中将污泥中的物质回放自然,有利于物质的循环利用 ④对污泥的卫生学指标和重金属要求较低	①污泥填埋池的臭味对周围的环境造成较大的影响,应选择合适的地理位置作为污泥填埋场,以免影响人们的生活 ②渗滤液可能污染地下水源等周边环境,排出渗滤液过程中,可能有细小颗粒进入收集系统,对渗出液收集造成影响 ④填埋场地需采用防渗技术处理,增加运行成本 ⑤填埋后的污泥由于膨胀导致持水能力提高,泥土抗剪强度降低,使用时会受到限制 ⑥污泥填埋选址困难、运输距离增大将增加处理费用

15.3　污泥填埋辅助系统

污泥填埋辅助系统包括填埋场防渗系统、渗滤液收排系统、渗滤液处理系统、填埋气体收集利用系统和终场覆盖系统。

15.3.1　填埋场防渗系统

防渗系统的作用是将填埋场内外隔绝,防止渗滤液进入地下水层,阻止场外地表水、地下水进入场内填埋体以减少渗滤液产生量,同时也有利于填埋气体的收集和利用。填埋场防渗系统防渗层按铺设方向不同可分为垂直防渗和水平防渗两种方式。

1. 垂直防渗

垂直防渗是对于填埋区地下有不透水层的填埋场而言的,在这种填埋场的填埋区四周建垂直防渗幕墙,幕墙深入不透水层,使得填埋区内的地下水与填埋区外的地下水隔离,防止场外地下水受到污染。垂直防渗方式主要有帷幕灌浆、防渗墙和 HDPE 垂直帷幕防渗,常用于山谷型填埋场工程。

垂直防渗系统包括打入法施工的密封墙、工程开挖法施工的密封墙和土层改性方法施工的密封墙等。打入法施工的密封墙是利用打夯或液压动力将预制好的密封墙体构件打入土体,这种方法施工的密封墙形式有板桩墙、窄壁墙和挤压密封墙;工程开挖法施工的密封墙是通过土方工程将土层挖出,在挖好的沟槽内建设密封墙,墙的净厚度一般为 0.4～1.0 m;土层改性方法施工的密封墙是用充填、压密等施工方法使原土孔隙率减小、渗透性降低而形成密封墙,常用的有原状土就地混合密封墙、注浆墙和喷射墙。

2. 水平防渗

水平防渗是当前使用最为广泛的一种防渗方式,是在填埋场底部及侧边铺设人工防渗材料或天然防渗材料,防止填埋场渗滤液污染地下水和填埋气体的无控释放,同时也阻止周围地下水进入填埋场内。

水平防渗衬层主要包括黏土衬层和人工合成衬层,其中黏土衬层又分为天然黏土衬层和人工改性黏土衬层两种,一般只适用于防渗要求低的场区;而人工合成衬层又称土工膜,是不透水的化学合成材料的总称,常用的土工膜为 2.0～2.5 mm 的高密度聚乙烯膜(HDPE),其渗透系数极低,通常为 10^{-13}～10^{-12} cm/s。目前,填埋场水平防渗方式主要就是以土工膜为核心构建的全封闭式的非透水隔离系统。在实际工程中,应根据填埋场区水文地质条件、填埋材料性质、填埋场防渗、施工水平和经济可行性等因素综合确定渗滤液导流层、过滤层、保护层和防渗层的设置数量和组合方式。

15.3.2 渗滤液收排系统

渗滤液收排系统应保证在填埋场预设寿命周期内能收集渗滤液并将其排至场外指定地点,避免在填埋场底部蓄积,影响填埋场的正常运行。渗滤液收排系统包括收集系统和输送系统。收集系统是位于填埋场底部,防渗层上部、由砂或砾石构成的排水层,排水层设有穿孔管网,为防止阻塞在排水层表面和穿孔管外铺设无纺布;输送系统包括渗滤液贮存罐(池)、泵和输送管道,有条件时可利用地形以重力流形式让渗滤液流至处理设施。填埋场渗滤液收排系统主要有以下几个部分组成。

1. 排水层

排水层通常由粗砂砾构成,也可使用人工排水网格。当采用粗砂砾时,厚度为 30～100 cm,需覆盖整个填埋场底部防渗衬层。排水层的渗透系数应大于 10^{-3} cm/s,坡度不小于 2%。排水层内设有盲沟和穿孔管网以及防止阻塞的无纺布,在排水层和填埋体之间通常设置滤层和保护层,滤层多采用土工布材料以防止小颗粒物质堵塞排水层;保护层多采用矿化垃圾或建筑垃圾,以起到保护排水层和土工膜的作用。

2. 管道系统

收集管道一般在填埋场内平行铺设,位于排水层的盲沟最低处,水平间距一般为 6～24 m,管道上开孔,以便能及时迅速收集渗滤液。管材多采用 HDPE 花管,干管管径不小于 250 mm,支管管径不小于 200 mm,收集管应具有一定纵向坡度。

3. 输送系统

接纳并贮存收集管道所排出的渗滤液,将渗滤液输送至处理设施,同时进行渗滤液流量的测量和记录。

15.3.3 渗滤液处理系统

1. 渗滤液处理方法

填埋场渗滤液主要来源于降水和污泥本身的内含水，由于液体在流动过程中有许多因素可能影响渗滤液的性质，包括物理因素、化学因素以及生物因素等，所以渗滤液的性质在一个相当大的范围内变动。填埋场渗滤液是一种成分复杂的高浓度有机废水，若不加处理直接排入环境，会造成严重的环境污染。

渗滤液处理方法包括物理化学法、生物法和土地处理法。

物理化学法包括混凝法、吸附法、化学氧化法和膜分离法等。混凝法是利用凝聚和絮凝的原理，把渗滤液中体积较大的悬浮物、不溶性有机物和重金属等污染物除去，同时改善其色度和浊度；吸附法是向渗滤液中投加吸附剂，利用吸附剂比表面积较大的特点将污染物吸附在其表面并进行离子交换，从而去除污染物；化学氧化法主要是利用羟基的高效氧化作用，与渗滤液中的有机物反应，将有机物去除从而提高处理效率和出水水质；膜分离法是利用膜过滤技术将渗滤液中的污染物截留。

生物法包括好氧生物法、厌氧生物法及好氧/厌氧耦合工艺。好氧生物法是指好氧微生物在氧气充足的条件下通过一系列硝化、反硝化过程将渗滤液中的有机污染物降解的过程；厌氧生物法在厌氧条件下将渗滤液中的有机化合物降解为 CH_4 等气体；好氧/厌氧耦合工艺是利用微生物在好氧条件下将渗滤液中的有机化合物降解为二氧化碳和水，并在厌氧条件下将有机化合物降解为沼气，从而去除渗滤液中的污染物质。

土地处理法包括土地渗滤处理系统和人工湿地处理系统。土地渗滤处理系统是通过过滤作用和土壤微生物的分解作用实现渗滤液处理，该系统又可分为慢速和快速渗滤处理系统，其中慢速渗滤处理系统可以利用土壤和植物之间的相互结合来进行渗滤液处理，因此多应用于雨水较少的地区；快速渗滤系统则是在重力的影响下通过水流动到土壤实现净化，快速渗滤系统要求土壤具备较强的渗滤性。人工湿地是具有生物转化过程的生态系统，包括硝化、氧化和反硝化等一系列反应，人工湿地处理系统操作简单、经济高效、处理效率高，这是由于人工湿地提高了 BOD_5/COD_{Cr} 和 BOD_5/N 比率，促进渗滤液分解过程。

2. 渗滤液处理工程实例

以某填埋场渗滤液处理工程为例。填埋场产生的渗滤液为老龄渗滤液，成分复杂，NH_3—N、COD_{Cr} 较高，BOD_5/COD_{Cr} 低，可生化性差，重金属浓度较低。填埋场水质检测结果见表 15－3－1。

表 15－3－1　填埋场水质检测结果

检测项目	渗滤液原液
粪大肠菌群/(MPN/L)	1×10^5
六价铬/(mg/L)	0.007
总铬/(mg/L)	0.26
总汞/(mg/L)	0.00078

续表

检测项目	渗滤液原液
总铅/(mg/L)	<0.03
总砷/(mg/L)	0.069
总镉/(mg/L)	<0.003
总氮/(mg/L)	6.02×10^3
氨氮/(mg/L)	5.97×10^3
总磷/(mg/L)	27.7
pH值	7.3
BOD_5/(mg/L)	527
COD_{Cr}/(mg/L)	2.54×10^3
SS/(mg/L)	173
色度(倍)	200

渗滤液处理采用MVR(Mechanical Vapor Recompression)处理系统，以MVR蒸发装置为整个废水处理系统的核心部分，渗滤液中的水在蒸发装置内通过加热的方式从溶液中蒸发分离出来，大部分污染物留在浓缩液中。蒸汽中的氨氮在酸洗塔与硫酸反应，挥发性有机物与氢氧化钠反应，再进行热交换后变成蒸馏水达标排放。MVR处理工艺流程如图15-3-1所示。

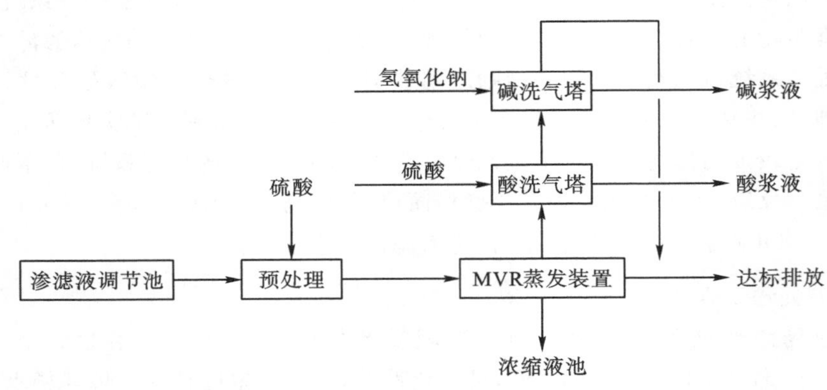

图15-3-1　MVR处理工艺流程图

渗滤液经硫酸预处理后输送至MVR蒸发装置中变成蒸汽进入洗气塔，酸洗气塔蒸气中的NH_3—N与硫酸发生反应生成酸浆液，保证出水NH_3—N达标排放。在碱洗气塔中，蒸气的挥发性有机物和NaOH反应，生成碱浆液，保证出水COD_{Cr}达到排放标准。未蒸发的浓缩液经浓缩液泵输送至浓缩液池。

填埋场渗滤液经处理后NH_3—N、SS、COD_{Cr}、BOD_5去除率分别达99.91%、97.69%、99.37%、99.53%。填埋场渗滤液处理前后水质见表15-3-2。

表 15－3－2　渗滤液处理前后水质

	NH_3-N/(mg/L)	SS/(mg/L)	COD_{Cr}/(mg/L)	BOD_5/(mg/L)
处理前	5.97×10^3	173	2.54×10^3	527
处理后	5.4	4	16	2.5
去除率	99.91%	97.69%	99.37%	99.53%

15.3.4　填埋气体收集利用系统

填埋气体收集利用系统是填埋场设计过程中需要重点考虑的问题之一，对填埋气体的处理程度是衡量填埋场是否达到卫生填埋场要求的一个重要标志。填埋气体成分复杂，主要成分为 CH_4 和 CO_2，两者所占比例高达 90%以上，同时含有微量有毒有害气体，若无控排放进入大气，会引发温室效应、产生臭味、侵害植被、危害人体健康甚至爆炸等问题，同时也造成甲烷清洁燃料资源的浪费。因此，建立完善的填埋气体收集利系统尤为必要。

填埋气体收集系统分为被动收集系统和主动收集系统两种方式。被动收集系统是靠填埋气体自身产生的压力和浓度梯度控制气体的流动，将气体导排至大气或进行控制的系统；主动收集系统是靠泵等耗能设备创造压力梯度收集气体的系统，覆盖整个填埋场的气体传输网一般由集气井、气体收集支管和总管构成。由于被动收集系统集气效率较低，不能满足对气体充分回收和利用的要求，因此，主动收集系统正逐步替代被动收集系统。

集气井是填埋气体收集系统的核心组成部分，集气井的井深一般为填埋深度的 50%～90%。集气井的间距和布置形式主要根据集气井的影响半径来确定。影响半径指填埋气体能被收集到集气井的距离，即在此距离内的填埋气体均能通过该集气井导排。集气井的间距应根据影响半径按相互重叠原则设计，使影响区相互交叠、避免死区，一般集气井的间距可取 25～30 m。集气井内导气管多为 Ø 200～250 mm 的多孔花管，为防止堵塞，其周围宜充填三层级配碎石导气层和保护层，如图 15－3－2 所示。

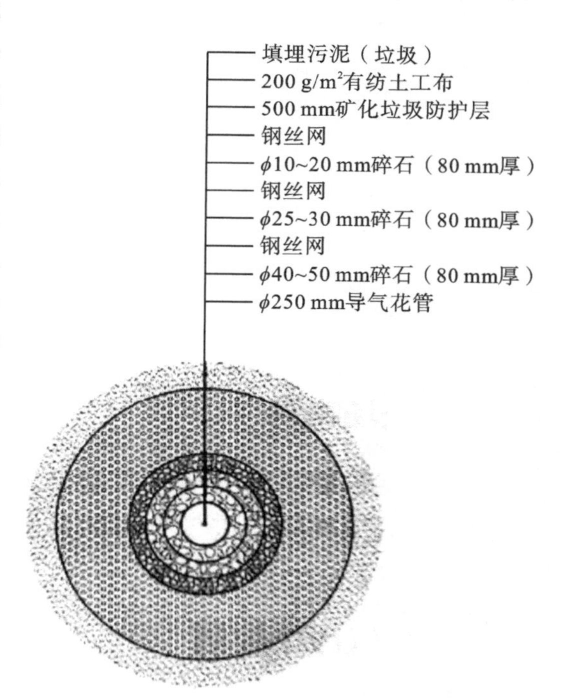

图 15－3－2　填埋气体收集管构造示意图

填埋场的产气潜能取决于填埋物质的组分，工程上可依据填埋物质的组分采用化学计量计算法、动力学模型法等方法来预测填埋气体的产生量。收集的填埋气体经净化、提纯处理后，可用作燃料、化工原料或用于发电。

15.3.5　终场覆盖系统

填埋场的终场覆盖系统是指填埋作业完成

之后，在填埋场顶部铺设的覆盖层系统。填埋场的终场覆盖系统为污泥(垃圾)提供覆盖保护，同时也是填埋场地土地利用和恢复的基础。

终场覆盖系统自上而下一般由植被层、排水层、防渗层及排气层4部分组成。

1. 植被层

植被层是填埋场最终的生态恢复层，可以美化环境、防止雨水冲刷，同时有利于地表径流的导排和收集。植被层的厚度应根据选择种植植物的根系深浅确定，一般不小于15 cm。

2. 排水层

排水层宜采用粗粒或多孔材料，厚度为20～30 cm，渗透系数一般大于10^{-5} cm/s，不仅可收集透过植被层的雨水，还可以阻止植物根系对防渗层的破坏，对防渗层起到一定的保护作用。

3. 防渗层

防渗层用于阻止雨水渗入填埋场内，同时阻止填埋气体透过覆盖层向大气的扩散。防渗层可采用黏土、膨润土、土工膜等组成的单层或多层结构，厚度不小于30 cm，渗透系数不应大于10^{-7} cm/s。

4. 排气层

排气层的主要功能为导排填埋气体，一般采用粗粒或多孔材料，如碎石、矿化垃圾或建筑垃圾等，厚度不小于30 cm。排气层并非覆盖系统中的必需结构层，填埋废物产气量较大时需设置排气层，填埋场已设置填埋气体的收集系统可不设排气层。

第 16 章　产物利用

污泥产物利用主要有营养物质回收、清洁能源的制备、电镀污泥重金属提取及材料转化等。

16.1　营养物质回收

污泥含有一定量的磷，通过对污泥中磷的回收可实现污泥资源化利用。污泥中存在大量微生物，微生物体内含有大量蛋白质，通过对污泥中的蛋白质加以有效回收利用将开辟污泥资源化新途径。

16.1.1　磷回收

在回收污泥中的磷之前，需要先进行磷的释放，磷释放方法主要有微生物消化法，臭氧氧化法，热处理法和酸、碱溶胞法。

1. 微生物消化法

微生物消化法分为厌氧消化和好氧消化。厌氧消化三个阶段中，前两个阶段特别是第二阶段所产生的挥发性脂肪酸（VFAs）能够促进厌氧条件下磷的大量释放，主要原因是乙酸等挥发性脂肪酸与聚磷菌（PAOs）细胞内糖原蓄积生成聚 β 羟基丁酸（PHB），为提供能量而将聚磷（poly-P）释放出来。实验研究表明，好氧消化过程中，普通工艺中二沉池污泥的释磷浓度为 20～80 mg/L，生物脱氮除磷（BNR）工艺中二沉池污泥的释磷浓度为 60～130 mg/L，完全好氧（DO 在 3～4 mg/L）条件下比低溶解氧及交替曝气方式下更能引起较大的释磷量。

2. 臭氧氧化法

臭氧氧化法是在传统 A/O 除磷工艺流程的污泥回流工序上增加臭氧氧化装置，通过臭氧溶解细胞（简称“溶胞”）作用强化细菌的自身氧化，破坏不易被生物降解的细胞膜等，从而使细胞内物质能较快地溶于液相中，磷得到释放，液相中磷的浓度升高，结合后续处理，达到磷回收的目的。

3. 热处理法

热处理法主要有微波加热法和恒温水浴加热法。微波加热法在加快释放污泥中的磷酸盐中具有快速、高效的特点。该法主要是利用振荡电场引起偶极子重排使得微波场中产生大量能量并用于加热污泥的一种方法，它的主要优点是加热快，以及可以精确控制加热温度。有研究表明，在 5 min 内，该法能使污泥中 76％的磷酸盐释放到消化液中，而不需要额外添加任何化学物质；恒温水浴加热法是将污泥在恒温水浴中密封加热一定的时间，经过处理后，污泥中的磷会得到大量释放，热处理温度对其具有重要影响。研究表明，50 ℃的热处理温度和 1 h 的热处理时间是最佳的条件组合，温度过高会导致释放的 TP 中的正磷酸盐比例降低；温度过低则不足以使磷大量释放。

4. 酸、碱溶胞法

酸、碱可以使细胞壁溶解从而释放磷酸盐，在相同 pH 条件下，H_2SO_4 的溶胞效果要优于 HCl，NaOH 的效果要优于 KOH；在不同 pH 条件下，碱的溶胞效果要好于酸溶胞效果，这是由于碱对细胞的磷脂双分子层的溶解效果比酸要好。

磷回收的方法有结晶法和沉淀法等。

1. 结晶法

由于污泥消化液中含有丰富的磷酸根、铵根离子及一定量的镁离子，在一定条件下能够自发形成磷酸铵镁结晶体（鸟粪石），因此人们开始使用磷酸铵镁结晶法来回收污泥中的磷。磷酸铵镁结晶反应为

$$Mg^{2+} + NH_4^+ + PO_4^{3-} + 6H_2O \longrightarrow MgNH_4PO_4 \cdot 6H_2O \qquad (16-1-1)$$

该反应在 pH 值为 8.5～9.0 时易于进行，25 ℃时的溶解度系数 pks 为 12.6。磷酸铵镁结晶的最佳 pH 值为 9.0，但该值会随着 N/P 值的增加而略微上升，消化液中的钙离子有一定的竞争干扰作用，需要消除。控制不同的反应条件可得到不同的结晶产物，如加入适量的镁源，调整 pH 值为 9.1，磷酸盐的去除率可增加至 95%，形成磷酸镁钾结晶。

2. 沉淀法

磷酸钙盐类化合物沉淀法是利用化学反应的自发条件，形成沉淀。在合适的化学环境下，不同种类的磷酸钙盐类化合物会从溶液中沉淀出来，它们主要包括以下几种：$CaHPO_4 \cdot aH_2O$、$Ca_4H(PO_4)_3 \cdot 2.5H_2O$，$Ca_3(PO_4)_2$ 和 $Ca_5(PO_4)_3 \cdot OH$，以 $Ca_5(PO_4)_3 \cdot OH$（羟磷灰石）最为稳定，其化学反应式为

$$5Ca^{2+} + 3PO_4^{3-} + OH^- \longrightarrow Ca_5(PO_4)_3 \cdot OH \qquad (16-1-2)$$

有研究表明，将强化生物除磷（EBPR）工艺中的污泥在 70 °C 时加热 1 h 后，向消化液中添加氯化钙，使得其中的 Ca/P 比等于 2∶1，结果约有 85%释放的磷酸盐能够以磷酸钙的形式回收。

16.1.2 蛋白质提取

污泥的主要有机成分是碳水化合物、蛋白质和脂类。据报道，剩余污泥由 61%的蛋白质、11%的碳水化合物、小于 1%的脂类和 27%以上的其他物质组成，其蛋白质含量较高（细菌细胞干重约 50%）。提取污泥蛋白质须进行微生物细胞分解。蛋白提取方法主要有酸＋热水解法和碱＋热水解法。

1. 酸＋热水解法

酸＋热水解法，即取消化和脱水之后的剩余污泥（含水率约 70%），加入盐酸（1 mol/L）调节 pH 值至适宜条件，以一定温度在所需时间下进行水解反应。反应结束后，离心，取上层清液即为蛋白质提取液。污泥中多数蛋白质存在于微生物细胞内，而细胞壁属于生物难降解惰性物质。所以，水解过程中从细胞中释放出更多蛋白质的关键是细胞壁破碎程度。影响细胞壁破碎的主要因素有 pH 值、反应温度和时间等。有学者通过对青岛市李村河污水处理厂剩余污泥提取蛋白质工艺进行优化，得到最优工艺条件为水解温度 121 °C，水解时间为 5 h，反应

体系 pH 值为 1.25，固液比为 1∶3，此时剩余污泥蛋白质提取率可达 62.71%。

2. 碱＋热水解法

由于酸法获得蛋白质肽链较短，限制了所获蛋白质的进一步应用，另外，酸法对设备要求较高且过滤缓慢。剩余污泥中细菌主要是革兰氏阴性菌，其细胞壁中脂肪含量较高，脂肪可以在碱性溶液中水解致使细胞壁破裂。因而，部分研究更致力于碱法水解。有学者对碱＋热水解提取污泥蛋白质进行研究，发现在水解温度 140 ℃，pH 值为 13 时，含水率 91%的污泥水解 3 h，蛋白质回收率达 61.37%。

16.2　清洁能源的制备

利用污泥制备清洁能源不仅可以解决污泥的环境污染问题，还可以缓解能源危机。污泥清洁能源制备包括污泥制氢和污泥制沼气等。

16.2.1　污泥制氢

氢能是最理想的清洁能源，具有资源丰富、燃烧热值高、清洁无污染和适用范围广等特点。氢的热值(143 MJ/kg)是碳氢燃料的 2.75 倍，氢可以从化学和生物过程中产生。污泥中含有大量的有机质，可以作为获取氢能的来源。污泥制氢包括高温气化制氢、微生物发酵制氢和超临界水制氢等。

1. 高温气化制氢

污泥高温气化制氢是指将污泥通过热化学方式转化为高品位的气体燃气或合成气，再分离出氢气。气化时需要加入活性气化剂和水蒸气，活性气化剂一般为空气或氧气。有学者采用此法制取氢气，实验装置主要有下降流气化器、填充床式洗涤器、过滤器、增压风机和试验锅炉。实验中，气化器温度维持在 366～473 ℃，压力为常压，产生气体的主要成分是氢气、氮气、一氧化碳及甲烷等。混合气体的发热量为 4 MJ/m^3，氢气的体积分数为 10%～11%。

2. 微生物发酵制氢

从生物学上讲，氢可通过光合和发酵生产，生物学制氢相较于化学方法更环保，耗能更少。近年来，利用活性污泥作为厌氧消化生产氢气和甲烷的生物原料受到了广泛关注。厌氧发酵生物制氢是指细菌在氮化酶或氢化酶的作用下将底物分解制取氢气。这些细菌包括丁酸梭状芽孢杆菌、大肠埃希氏杆菌、产气肠杆菌、拜式梭状芽孢杆菌等。底物包括甲酸、丙酮酸、CO 和各种短链脂肪酸等有机物以及淀粉纤维素等糖类。厌氧过程中污泥水解效率低，需要对污泥进行预处理，以分解细菌细胞，降低 SRT，提高产氢量。

3. 超临界水气化制氢

污泥超临界水气化制氢是在水的温度和压力均高于其临界温度(374.3 ℃)和临界压力(22.1 MPa)时，以超临界水作为反应介质与溶解于其中的有机物发生强烈的化学反应，使污泥在超临界水中发生催化裂解反应制取富氢燃气的过程。

16.2.2 污泥制沼气

污泥制沼气主要是通过厌氧消化作用，由厌氧菌和兼性菌的联合作用降解有机物，产生以甲烷为主的混合气的过程。

污泥中的有机物主要有碳水化合物、脂肪和蛋白质，这三类有机质在厌氧消化过程中发生分解。

1. 碳水化合物

碳水化合物，指的是纤维素、淀粉、葡萄糖等糖类。在消化过程第一阶段，碳水化合物（多糖）首先在胞外酶的作用下水解成单糖，然后渗入细胞，在胞内酶的作用下转化为乙醇和醋酸等物质。这些物质在第二阶段进一步被分解成甲烷和二氧化碳。1 g 可分解的碳水化合物产气量约为 790 mL，其组成为 50% CH_4 和 50% CO_2。

2. 脂肪

脂肪在其分解的第一阶段通过脂肪酶的作用，水解生成脂肪酸和甘油。脂肪酸和甘油在酸化细菌的作用下，进一步转化为醇和酸。在第二阶段两者进而分解成甲烷和二氧化碳。1 g 脂肪的产气量约为 1250 mL，其组成为 68% CH_4 和 32% CO_2。

3. 蛋白质

在第一阶段具有能分泌蛋白质水解酶的解肮菌（Proteolytic），使蛋白质的大分子分解成小分子。这时将形成各种氨基酸、二氧化碳、尿素、氨、硫化氢、硫醇等。第二阶段氨基酸进一步分解成甲烷、二氧化碳和氨；尿素则在尿素酶的作用下迅速地全部分解成二氧化碳和氨。1 g 蛋白质的产气量约为 704 mL，其组成为 71% CH_4 和 29% CO_2。

16.3 电镀污泥重金属提取

电镀污泥是指电镀废水处理后产生的含重金属的污泥，电镀重金属污泥对环境的危害比电镀废水更严重。电镀污泥中含有较多的有价金属，如加以回收，可实现污泥资源化利用。

16.3.1 电镀污泥的种类与组分

根据电镀污泥处理方式的不同，可将电镀污泥分为分质污泥和混合污泥两类。分质污泥是将不同种类电镀废水分流进行处理而形成的电镀污泥（如含铬分质污泥、含铜分质污泥、含镍分质污泥、含锌分质污泥等），混合污泥是将不同生产工艺及不同镀种产生的电镀废水混合再进行处理而形成的电镀污泥。国内外针对电镀污泥的无害化处置和资源化利用主要是以混合污泥为主。典型电镀干污泥中主要金属成分见表 16－3－1。

表 16－3－1　典型电镀干污泥中主要金属成分

金属组分	Fe	Ni	Cu	Zn	Cr
含量/%	10.1～22.0	1.2～25.0	3.7～8.4	3.2～10.8	3.6～5.0

由表16-3-1可知，电镀污泥成分十分复杂，大多数电镀污泥是以铁基为主的混合体系。干污泥中重金属含量较高，特别是镍的富集含量最高可达到20%以上，有较高的回收价值。此外，污泥中也含有较多铜、锌、铬，其回收利用同样不容忽视。

16.3.2　电镀污泥重金属的提取方法分类

电镀污泥重金属提取方法主要有火法、湿法以及火法湿法组合。

1. 火法

火法包括高温熔融、挥发提炼和还原焙烧等。对于分质污泥，当重金属污泥中金属含量较高时，可采用火法回收金属，对于成分复杂的混合污泥，直接进行冶炼回收金属还存在一定困难。火法不仅能回收金属，而且可在很短的时间内破坏所有的有机物质，迅速和最大限度减小污泥体积，经火法处理后的污泥减容能达90%以上。火法可使污泥中的剧毒成分毒性快速降低，而且污泥处置速度快，不需贮存和长距离运输。

火法的技术核心为熔炼炉，通常熔炼炉存在炉内易结瘤、炉衬腐蚀严重、使用寿命短、金属回收率低、处理成本高等问题，如何解决这些问题成为熔炼法在污泥重金属回收中应用推广的关键。在火法高温熔炼过程中，部分金属会随烟气排放，需考虑焚烧烟气处理装置回收金属，如布袋除尘和湿法除尘相结合，还需考虑炉渣的处理问题。火法应用的重点在于熔炼过程的工艺控制条件、熔炼炉的设计等，同时可考虑与其他处理方法如湿法相结合，采取组合工艺回收重金属，处理重金属污泥，以提高金属回收率和纯度。

(1)高温熔融法。高温熔融是将重金属污泥及其他物料置入高温炉内，这些物料发生物理、化学变化，产出金属或金属化合物以及炉渣，以回收金属，由于该过程没有溶液加入，故又称为干法回收。为使重金属污泥易于熔融，有时还需添加助熔剂和还原剂。高温熔融提炼首先是电镀污泥中的金属化合物分解为金属单质，熔融的金属单质和熔融的炉渣与助熔剂滴落至炉床，密度较小的炉渣浮在密度较大的熔融金属单质上面，再由不同出口分别提取，从而可以获得粗金属产物。

为了提高熔炼效率，电镀污泥在熔炼前要经过除杂、富集、烘干等前处理。有时需添加目标金属以增加污泥中的金属含量，提高熔炼效率。在熔炼过程中产生的烟气夹带有重金属和二氧化硫，需进行尾气处理。熔炼以铜为主的污泥时，需控制炉温在1300 ℃以上，熔出金属含有硫化物称为“冰铜”；熔炼以镍为主的污泥时控制炉温在1455 ℃以上，熔出金属称为“粗镍”，当含有硫化物时则会形成“冰镍”。有的火法还以煤炭、焦炭为燃料和还原物，辅料有铁矿石、铜矿石、石灰石等。

可利用电弧炉(Electric arc furnace)对电镀污泥进行高温熔融处理。电弧炉是利用电极电弧产生的高温熔炼金属的电炉。气体放电形成电弧时能量很集中，弧区温度甚至能达到3000 ℃以上。对于熔炼金属，电弧炉比其他炼钢炉工艺灵活性大，能有效除去硫、磷等杂质，炉温容易控制，设备占地面积小。对电镀污泥进行高温熔融处理时，电弧炉的操作温度约为1400 ℃，并且添加Al_2O_3、SiO_2及CaO作为造渣剂，当反应结束后会产生铁合金与炉渣。

(2)挥发提炼。挥发提炼则是利用金属或金属化合物在一定温度下具有一定的蒸气压，针对部分蒸气压较大的金属(如镉、锌、镁等)在高温下熔融挥发的特性使之产生金属蒸气，将此金属蒸气捕集凝缩得到目标金属，若其中的金属单质或化合物蒸气压相差越大，则所得目标金属的纯度越高。

挥发提炼技术处理某含锌电镀污泥，污泥先经后段热排气预热将污泥含水率降至10%，再将干燥污泥与石墨粉末混合形成原料，电炉的反应温度约为1600 ℃，加入助熔剂（钙和硅的氧化物）帮助造渣，污泥中的锌会因高温而挥发，经由冷凝器凝缩捕集，其锌的回收率约为67%，而污泥中的铁成分及部分重金属则形成铁渣相；另外，钙硅氧化物会因高温作用生成玻璃相。上述两种炉渣经过浸出试验均无重金属溶出的问题。其中铁渣炉石成分符合钢铁工业的要求可以送至钢铁厂做进一步的处理，而玻璃相属于一种惰性物质，可以直接掩埋或作为覆土材料。

（3）焙烧法。焙烧法是将电镀污泥在低于其熔点温度下进行加热，发生氧化、还原或其他化学变化的预处理过程，焙烧法有还原焙烧和氧化焙烧。

还原焙烧是在低于电镀污泥熔点温度和还原性气氛条件下，使污泥中的金属氧化物转变为相应低价金属氧化物或金属的过程。还原焙烧法用于电镀污泥的前处理中，对于污泥减量和金属富集效果显著，可提高后续湿法回收效率，实现对金属的选择性还原，便于金属的回收。

金属氧化物的还原可用下式表示：

$$MO + R \longrightarrow M + RO \tag{16-3-1}$$

式中，MO为金属氧化物；R、RO为还原剂和还原剂氧化物。

凡是对氧的化学亲和力比被还原的金属对氧的亲和力大的物质均可作为该金属氧化物的还原剂。在较高的温度下，通常可以用固体炭（如煤粉）作为金属氧化物的还原剂。因煤粉燃烧后，可产生还原性气体（如CO），电镀污泥可在还原性混合气氛下进行还原燃烧。

普通的直接焙烧是氧化焙烧，容易导致金属从易浸出的非残渣态向难浸出的残渣态转化，而还原焙烧则能抑制这种转化过程。因为金属形态是决定其浸出性的重要因素，经氧化焙烧后得到的残渣态难以回收金属。电镀污泥经还原焙烧后，焙烧渣再通过酸浸，金属的浸出率明显提高。还原焙烧污泥中金属的浸出效果明显优于直接焙烧。研究表明：在电镀污泥中投加30%的煤粉在600 ℃下焙烧1 h后，再进行酸浸，发现Cu的浸出率达到97.78%；当投加50%的稻秆焙烧并酸浸，浸出率为89.47%，但氧化焙烧后浸出率仅为37.71%，说明还原焙烧后的焙烧渣中目标金属铜的浸出率高，从而可以实现Cu与杂质金属的初步分离。

含镍、铬的酸洗污泥可用还原焙烧法回收金属。镍、铬酸洗污泥含NiO、FeO、MnO、Cr_2O_3等金属氧化物，可采用还原焙烧回收金属。即在高温条件下，以碳作为还原剂，对镍、铬酸洗污泥还原焙烧成炉渣，各金属氧化物还原反应为

$$NiO + C \longrightarrow Ni + CO\uparrow \tag{16-3-2}$$

$$FeO + C \longrightarrow Fe + CO\uparrow \tag{16-3-3}$$

$$MnO + C \longrightarrow Mn + CO\uparrow \tag{16-3-4}$$

$$Cr_2O_3 + 3C \longrightarrow 2Cr + 3CO\uparrow \tag{16-3-5}$$

综合上述反应为

$$(NiO, MnO, Cr_2O_3)FeO + C \longrightarrow (Ni, Mn, Cr)Fe + CO\uparrow \tag{16-3-6}$$

处理过程中非金属氧化物SiO_2的反应为

$$CaO + SiO_2 \longrightarrow CaSiO_3 \uparrow \qquad (16-3-7)$$

通过还原焙烧法处理后，镍铬酸洗污泥得到镍铬锰合金，返回炼钢厂使用，生成的硅酸钙炉渣供水泥厂作为水泥骨料使用。

2. 湿法回收技术

湿法回收是利用某些溶剂，借助一系列化学反应对污泥中的金属进行提取和分离的过程。一般包括两个主要步骤：① 浸出，即用溶剂将原料中的有效成分转入溶液；② 分离富集各种金属或其化合物，常见的分离方法有溶剂萃取、化学沉淀、电解、氢还原、吸附与解析等。目前，重金属污泥中的金属回收主要是在采矿领域的湿法冶金工艺的基础上进行研究、开发和应用的。

(1)浸出。重金属污泥的有效浸出是有价金属回收工艺的核心步骤。重金属污泥的浸出主要分为酸浸出、氨浸出、生物浸出、水浸出等方法。酸浸出和氨浸出技术成熟，已大规模工业化应用，在电镀污泥回收重金属方面，是通常采用的两种工艺。

① 酸浸出。酸浸法是指利用酸作为浸提剂，将可溶性的目标组分从电镀污泥中提取出来的方法。酸浸效率高，是湿法冶金中应用最广泛的浸出方法之一。电镀污泥中的金属大多以其氢氧化物或含氧酸盐形态存在，通过酸浸，大部分金属物质能以离子态或配离子态溶出。通过酸浸后的原料液酸度比较高，pH 值一般选择在 1.0～2.0。酸度太低会导致某些金属水解而与有价金属形成共沉淀，影响浸出率，也不利于后续工艺进行处理；酸度太高则浸出的选择性差，一些杂质金属会一同浸出，给后续除杂处理带来难度。通常在酸浸的同时加入氧化剂将某些金属的低价离子氧化成高价态以便于后续工艺进行分离。

常用的浸提剂有盐酸、硫酸、硝酸、王水等。其中硫酸是最为常用的浸提剂，在浸出过程中硫酸不会挥发，而且在浸出过程中会产生大量的热量，使各种金属离子的浸出率在原有的基础上有所升高；盐酸挥发性高，操作时要特别注意。

酸浸出的影响因素有酸与电镀污泥的液固比、酸浓度、浸出时间、反应温度。其中，液固比是最主要影响因素，反应温度是最次要影响因素。由于电镀污泥成分不同，最佳工艺条件应通过试验得到。浸出前，需将电镀污泥干化并研磨成 100～200 目的颗粒。硫酸浸出电镀污泥工艺流程如图 16-3-1 所示。

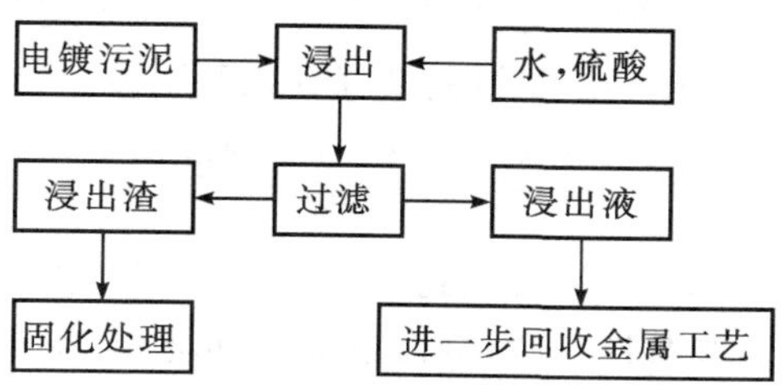

图 16-3-1　硫酸浸出电镀污泥工艺流程

在常温下控制硫酸与电镀污泥的液固比为 2∶1，浸出终点 pH 值为 1.5，浸出时间为 45 min，污泥中的金属浸出率可达到 95% 以上。对于金属铬的浸出，采用硫酸浸出的效果好于盐酸浸出。为使铬与浸出液中的其他金属元素分离，在浸出时加入 30% 的 H_2O_2，使 Cr^{3+} 氧化成 Cr^{6+}，用 NaOH 或 KOH 调节 pH 值到 7～11，使溶液中残余的金属杂质 Mn、Zn、Fe、Ca 和 Mg 等充分沉淀，再将溶液过滤便得到较纯的铬酸盐溶液，溶液中铬以铬酸盐阴离子的形式存在。这种方法针对的是铬含量比较高而其他金属含量比较低的污泥。污泥产量大，污泥中含有大量的其他金属，只采用单一的沉淀法无法满足回收各种有价金属的要求，需要结合其他的处理方法进行回收。

酸浸出工艺简单，反应速率快，成本低，对金属的浸出效率高，但对金属选择性差，一些杂质金属也被浸出到溶液中，导致后续的目标金属回收工艺复杂。酸具有腐蚀性，因此反应容器必须有很好的防腐性，运行操作过程要注意防腐。

② 氨浸出。氨浸法是一种传统的处理电镀污泥或电镀废水的方法，氨水对铜、镍、锌的浸出选择性好，浸出效率随氨水浓度的提高而提高，但氨水浓度太高（如大于18%）时，挥发快，可采用氨水-碳酸氢铵体系和氨水-硫酸铵体系的浸出工艺，使电镀污泥中有价金属元素在此体系下生成不同的产物达到其分离的目的。利用氨水对电镀污泥进行浸出，使其中的氧化物或沉淀物以离子的形式进入溶液中，整个过程属于金属电化学腐蚀过程。

氨水-碳酸氢铵体系的浸出反应式如下：

$$Cu(OH)_2 + NH_3 \cdot H_2O + (NH_4)HCO_3 \longrightarrow [Cu(NH_3)_6]^{2+}(HCO_3^-)_2 + H_2O \quad (16-3-8)$$

$$Ni(OH)_2 + NH_3 \cdot H_2O + (NH_4)HCO_3 \longrightarrow [Ni(NH_3)_6]^{2+}(HCO_3^-)_2 + H_2O \quad (16-3-9)$$

氨水-硫酸铵体系的浸出反应式如下：

$$Cu(OH)_2 + NH_3 \cdot H_2O + (NH_4)_2SO_4 \longrightarrow [Cu(NH_3)_6]SO_4 + H_2O \quad (16-3-10)$$

$$Ni(OH)_2 + NH_3 \cdot H_2O + (NH_4)_2SO_4 \longrightarrow [Ni(NH_3)_6]SO_4 + H_2O \quad (16-3-11)$$

氨水具有碱度适中、可回收使用等优点。氨浸法具有良好的选择性，对于成分复杂的电镀污泥，根据氨水的性质，可有选择性且高效地与某些金属离子结合形成配合物到溶液中，如Ag^+、Cd^{3+}、Co^{2+}、Cu^{2+}、Hg^{2+}、Ni^{2+}和Zn^{2+}，而其他金属离子不与氨水配合，如Cr^{3+}、Fe^{3+}、Pb^{2+}、Ca^{2+}和Mg^{2+}，则被残留在滤渣中，从而达到分离的目的。氨浸法选择性高，是后续从浸出液中以高回收率回收金属的关键。

以浸出铜镍污泥为例，在浸出过程中铜和镍易与氨形成配离子被浸出，而铁和铬等杂质金属则被抑制在浸出渣中。铜、镍等氨配离子浸出后进行分离，作为资源进行回收。而铁、铬渣可进行固化处理，也可以作为资源进行再次回收。

研究发现采用氨浸出工艺后铜、镍、锌在干基中的比重分别为12%、14%、10%左右；而铁、铬浸出率分别小于0.5%和1.0%，氨浸的选择性效果明显。也可采用$NH_3—NH_4^+—H_2O$体系浸出电镀废渣中的镍和铜，通过正交试验得出镍的浸出率可达到82%，铜的浸出率可达到95%。

氨浸过程中铜、镍的浸出率一般均可达到90%以上。但是由于氨浓度大于18%时容易挥发，导致氨的损失。氨本身有刺激性气味，会污染操作环境，对浸出装置的密封性和耐腐蚀性要求较高。因此氨浸首先要解决的就是氨挥发的问题。

酸浸法相比氨浸法来说选择性差，酸浸法的浸出液中的金属种类较多，一些不必要的金属也会随之浸出，回收有价值金属时要进行必要的除杂处理。氨浸法有较高的选择性，能有效地将铬、铁抑制在浸出渣中，但对铜、锌、镍的浸出率较酸浸法低。

(2)分离富集。经过浸出工艺后，重金属污泥中的重金属由固相进入液相中，需要进一步分离提取。在生产中，往往是将浸出工艺与其他工艺相组合，以达到对污泥中的有价金属回收的目的。单一浸出往往达不到理想效果或者回收得到的金属纯度差等。例如采用浸出法进行金属回收时溶液中还残留少量的杂质金属离子，或者有时尽管能够将金属杂质处理到较低的程度，但加入试剂量要相对提高，由此可能引入新的杂质或者造成回收金属的损失。

为达到回收目标金属，并且将产品中的杂质降低到一个理想水平的目标，目前应用较多的是将浸出与化学沉淀、溶剂萃取、电解、加压氢还原等工艺相结合。

与火法回收技术相比，湿法回收技术具有① 较强的选择性，即在溶液中控制适当条件，可使不同元素有效地进行选择性分离；② 有利于综合回收各类有价元素；③ 在水溶液中，各种参数较易控制，因而适宜按不同要求控制产品的物理性能；④ 与金属或其化合物的生产过程直接结合，成本低，设备简单。

3. 火法湿法(焙烧浸出)组合

由于重金属污泥的成分复杂，尤其是混合污泥，其中含有的重金属种类多，重金属形态和性质不同，仅应用单独的火法工艺不能完全回收金属或回收率较低，这时需采用以焙烧为预处理的组合工艺。焙烧浸出组合工艺就是先利用高温焙烧预处理污泥中的杂质，然后用酸、氨等介质提取焙烧产物中的有价金属，即将焙烧、浸出等处理工艺串联，达到回收重金属的目的，是火法与湿法组合的工艺。

在焙烧浸出工艺中，焙烧的工艺条件对后续的浸出工艺有显著影响，包括焙烧温度、电镀污泥与添加剂(如碳酸钠、黄铁矿等)的质量比、焙烧时间等。其中，焙烧温度是影响铬浸出率的最重要因素，电镀污泥与添加剂的质量比、焙烧时间、浸出时间等对金属浸出率影响程度较接近。目前，国内外有关焙烧浸取法的研究也主要集中在焙烧工艺参数的优化上。

将电镀污泥烘干，按 1∶1 比例将其与碳酸钠混合后在 650 ℃下焙烧氧化 2 h，使 Cr^{3+} 氧化成 Cr^{6+} 生成铬酸钠熔体，而铝、锌等金属生成相应的氧化物；将焙烧物水浸 1.0 h 使铬、铝、锌溶解生成相应的盐，浸出液过滤去除其他金属固体后进行水解酸化；进一步过滤去除氢氧化铝、氢氧化锌，实现铬与铝、锌的分离，得到的滤液进一步酸化成重铬酸钠，经浓缩至一定体积后冷却，过滤分离去除硫酸钠后得到重铬酸钠溶液；经浓缩结晶、离心、干燥后得到重铬酸钠成品，铬回收率可大于 90%。

16.3.3　电镀污泥提取重金属的经济分析

电镀污泥提取重金属的成本可以归结为以下几个方面。

(1)从电镀生产企业以及众多消费者手中将污泥集中到污泥集中处置场所所需费用。我国的电镀企业量多面广，以小规模居多，将电镀废弃物集中起来需进一步引导、规范。

(2)电镀污泥集中到处置场所后进行处置所需要的生产性支出，包括所需的各种生产材料、人工、水电以及维持企业正常运作所必须支出的运行及管理费用。这一部分的支出在很大程度上取决于回收工艺的优劣和回收水平的高低。因此，积极开展有关电镀污泥回收技术的研究，不仅对减轻环境污染有利，而且对增加回收企业的经济效益有很大的促进作用。

(3)电镀污泥回收所得产物的销售成本和财务管理成本。一般而言，回收技术越高，回收所得产物的利用价值和创造的利润越大，销售成本也就越低。

(4)回收电镀污泥过程中的环保费用。按照无害化处置要求，防治二次污染部分的支出是比较高的，降低环保费用的有效途径是集中后规模化回收。如果不能做到规模化处置电镀污泥，而以小规模作坊式处置，要想做到无害化或对环境危害最小化处置是不现实的。

从电镀污泥中提取重金属的收益主要表现在以下几个方面。

(1)回收利用过程中所得材料的销售收入。例如，污泥中的各类金属物质(包括铜、铁、镍、铬、锌、铝等金属和金、银、钯等贵金属)是电镀废弃物回收利用的主要产品，其价值的高低相当程度上决定于各种金属的回收率和相互分离的程度。

(2)资源化回收电镀废弃物带来的环境效益。这一部分收益往往是回收企业不能直接得到的经济回报，但对于电镀行业甚至全世界、全人类而言收益是巨大的。如果电镀污泥等废弃物不能及时得到处置、利用，电镀产品的生产和销售必然受到影响。

16.4 材料化利用

污泥的材料化利用是指通过技术手段将无害化处理后的污泥加工成可利用的材料，污泥制备成各种材料无疑是较好的资源化方式之一。不仅可以减少污泥填埋所占用的土地，而且可以把污泥作为资源加以利用，变废为宝。

16.4.1 污泥制活性炭吸附材料原理

污泥制活性炭吸附材料，首先是将污泥在隔绝空气条件下加热，碳化污泥，污泥会产生一些气体并重新形成稳定结构，接着碳化污泥通过活化方法变成具有多孔结构的碳化物。

碳化是在隔绝空气条件下对原料加热，其作用为① 将原料分解析出 H_2O、CO、CO_2 及 H_2 等挥发性气体；② 使原材料分解成微晶体组成的碎片，并重新集合成稳定的结构。

活化是将碳化物变成所需要的多孔结构物。活化过程是活性炭吸附材料制备的关键步骤，重点在于① 如何形成孔隙结构；② 在碳化过程中，生成的焦油状物质及非晶质炭可能造成孔隙堵塞、封闭，如何通过活化物质的活化反应将它们去除。碳化物经活化后制得比表面积高的污泥基活性炭。

16.4.2 污泥制活性炭吸附材料方法

污泥制备活性炭的方法有热解法、物理活化法、化学活化法及化学物理活化法等。

1. 热解法

热解法是在惰性气体保护下，对原料直接加热制备活性炭吸附材料。常用的保护气体为 N_2。

污泥中大部分物质由微生物及其死亡后的残留物组成，微生物细胞壁的基本组成为肽聚糖，细胞壁外附有薄薄一层微生物所分泌的多聚糖。多聚糖的键能量比肽聚糖的肽键能量低，多聚糖的气化温度较低。在热解的初始阶段，水和一些相对分子质量低的物质首先气化，形成部分孔隙。300 ℃以上时，蛋白质气化，主要的结构键(肽键)开始发生反应，伴随缩聚、基团游离等系列反应，大量氮元素以小分子胺或氨的形式向气相转移，导致大量孔隙形成。390 ℃以上时，随着多聚糖的气化，中孔和大孔加速形成。550～650 ℃时，原料(含细胞壁)部分熔化，形成大孔。伴随着熔化原料的进一步软化，气体气泡逸出，可形成很大的孔隙。

2. 物理活化法

物理活化法通常采用氧化性气体，如水蒸气、二氧化碳、氧气或空气等，逐步燃烧掉原料中的一部分碳，在内部形成新孔并扩大原有的孔，从而形成发达的孔原结构。由于污泥中的无机组分为非多孔物质，采用物理活化法燃烧掉部分碳后，所形成的活性炭吸附材料比表面积通常相对较低。

国内外的研究表明，水蒸气是物理活化法中最有效率的活化剂之一。当活化温度高于 800 ℃时，二氧化碳则更具优势，但影响二氧化碳活化因素较多，其应用较少。

(1)水蒸气活化。水蒸气活化反应的过程可分为四步：第一步，气相中的水蒸气向原料表面扩散；第二步，活化剂由颗粒表面通过孔隙向内部扩散；第三步，水蒸气与原料发生反应，并生成气体；第四步，反应生成的气体由内部向颗粒表面扩散。水蒸气与碳的基本反应为吸热反应，反应在 750 ℃以上进行。反应式如下所示：

$$C+H_2O \longrightarrow H_2+CO \tag{16-4-1}$$

$$C+2H_2O \longrightarrow 2H_2+CO_2 \tag{16-4-2}$$

炭与水蒸气反应的主要影响因素为氢气，不受一氧化碳的影响，这可能是因为生成的氢气被炭吸附，堵塞了其中的活性点。一般认为，炭表面吸附水蒸气后，吸附的水蒸气分解放出氢气，吸附的氧以一氧化碳的形态从炭表面脱离。吸附的氢堵塞活性点，抑制反应的进行，生成的一氧化碳与炭表面上的氧发生反应而变成二氧化碳，炭的表面与水蒸气又进一步发生反应。反应式如下：

$$C+H_2O \rightleftharpoons C(H_2O) \tag{16-4-3}$$

$$C(H_2O) \longrightarrow H_2+C(O) \tag{16-4-4}$$

$$C(O) \longrightarrow CO \tag{16-4-5}$$

$$C+H_2 \rightleftharpoons C(H_2) \tag{16-4-6}$$

$$CO+C(O) \longrightarrow 2C+O_2 \tag{16-4-7}$$

$$CO+(H_2O) \longrightarrow CO_2+H_2 \tag{16-4-8}$$

炭材料中金属或金属氧化物对碳与水蒸气的反应有催化作用，可以促进气化反应进行。当活化温度在 900 ℃以上时，受水蒸气在碳化物颗粒内扩散速度影响，活化反应速度很快，水蒸气侵蚀到孔隙入口附近即被消耗完毕，难以扩散到孔隙内部，不能均匀地进行活化。相反，活化温度越低，活化反应速度越小，水蒸气越能充分地扩散到孔隙中，可以对整个炭颗粒进行均匀活化。

(2)二氧化碳活化。相比水蒸气活化，工业上较少采用二氧化碳作为活化剂，原因有两点：① 二氧化碳分子较大，在孔隙中的扩散速度较慢；② 二氧化碳与碳的吸热反应反应热较高，使用二氧化碳作为活化剂需要较高的温度。上述因素导致碳与二氧化碳的活化反应速度比碳与水蒸气的活化反应速度缓慢，需要 850～1100 ℃的高温。同时，在碳与二氧化碳的反应中，反应不仅受一氧化碳的影响，还受混合物中氢气的影响。

二氧化碳如何与碳反应生成氧化碳的部分，目前存在两种观点。

第一种观点：

$$C+CO_2 \longrightarrow C(O)+CO \quad (16-4-9)$$

$$C(O) \longrightarrow CO \quad (16-4-10)$$

$$CO+C \rightleftharpoons C(CO) \quad (16-4-11)$$

第二种观点：

$$C+CO_2 \rightleftharpoons C(O)+CO \quad (16-4-12)$$

$$C(O) \longrightarrow CO \quad (16-4-13)$$

在第一种观点中，二氧化碳与碳的反应不可逆，生成的一氧化碳吸附在炭的活性点上，当活性点完全被一氧化碳占据时，便会阻碍反应的进行。在第二种观点中，二氧化碳与碳的反应可逆，一氧化碳的浓度增加，当可逆反应达到平衡状态时，反应便不能继续进行。

物理活化法生产工艺简单，不存在设备腐蚀和环境污染等问题，制得的活性炭可不用清洗直接使用，但制备的活性炭比表面积较低。如何加快反应速度，缩短反应时间，降低反应能耗，也是物理活化法需要解决的问题。

3. 化学活化

化学活化是指选择合适的化学活化剂，加入污泥中，在惰性气体的保护下加热，同时进行碳化活化的方法。按照活化剂种类，化学活化法可分为 KOH 法、$ZnCl_2$ 法、H_2SO_4 法、H_3PO_4 法等。

(1)KOH 活化法。制备高比表面积的活性炭，大多以 KOH 为活化剂，通过 KOH 与原料中的碳反应，刻蚀其中部分碳，洗涤去掉生成的盐及剩余的 KOH，在刻蚀部位出现孔隙。

关于 KOH 的活化机理，目前有多种观点。

① 在惰性气体中热处理 KOH 与含碳材料时，反应分两步进行：在低温时生成表面物种(—OK，—OOK)，在高温时通过这些物种进行活化反应。

低温时：

$$4KOH^{+}—CH_2 \longrightarrow K_2CO_3+K_2O+3H_2 \quad (16-4-14)$$

高温时：

$$K_2CO_3+2—C \longrightarrow 2K+3CO \quad (16-4-15)$$

$$K_2O^{+}—C \longrightarrow 2K+CO \quad (16-4-16)$$

在活化过程中，一方面，通过生成 K_2CO_3 消耗碳使孔隙发展；另一方面，当活化温度超过金属钾的沸点(762 ℃)时，钾蒸气扩散进入不同的碳层，形成新的多孔结构。气态金属钾在微晶的层片间穿行，使其发生扭曲或变形，创造出新的微孔。

② 两段活化反应机理，即中温径向活化和高温横向活化。K_2O、$—O—K^+$、$—CO_2—K^+$ 是以径向活化为主的中温活化段的活化剂及活性组分，而处于熔融状的 K^+O^-、K^+ 则是以横向活化为主的高温活化段的催化活性组分。

在 300 ℃以下的低温区，活化属于原料表面含氧基团与碱性活化剂的相互作用，生成表面物种—COK，—COOK。与此同时，更大量的反应为活化剂本身羧基脱水形成活化中心。在此基础上，继续升高温度进入中温活化阶段，主要发生活化中间体与反应物料表面的含碳物种作用，引发纵向生孔过程，形成大量微孔。进一步升温，进入后段活化的高温区，发生微孔内的金属钾离子活化反应，导致大孔的生成。

③ 日本有研究者认为，把定量的炭材料与 KOH 混合，在 300～500 ℃脱水后，在 600～800 ℃范围内活化，活化的混合物经冷却、洗涤后得到活性炭。该过程主要反应为

$$2KOH \longrightarrow K_2O + H_2O \tag{16-4-17}$$

$$C + H_2O \longrightarrow H_2 + CO \tag{16-4-18}$$

$$CO + H_2O \longrightarrow H_2 + CO_2 \tag{16-4-19}$$

$$K_2O + CO_2 \longrightarrow K_2CO_3 \tag{16-4-20}$$

$$K_2O + H_2 \longrightarrow 2K + H_2O \tag{16-4-21}$$

$$K_2O + C \longrightarrow 2K + CO \tag{16-4-22}$$

反应过程显示，500 ℃以下发生脱水反应，在 K_2O 存在条件下，发生水煤气反应和水煤气转移反应，K_2O 为催化剂。产生的 CO_2 与 K_2O 反应，几乎完全转变成碳酸盐，产生的气体主要为 H_2，仅有极少量的 CO、CO_2、CH_4 及焦油状物质。800 ℃左右，K_2O 被氢气或碳还原，以金属钾形式析出，金属钾蒸气不断进入碳层进行活化。活化过程中消耗的碳主要生成 K_2CO_3，洗涤后 K_2CO_3 完全溶解于水中，因此，活化后的产物具有很大的比表面积。

(2) $ZnCl_2$ 活化法。国内外研究者已使用 $ZnCl_2$ 对污泥进行活化制备出优质活性炭，但其活化机理仍在不断探索之中。一般认为 $ZnCl_2$ 是一种脱氢剂，在一定温度下使原料中易挥发物气化脱氢，脱氢作用限制了焦油的生成，导致原料中有机物芳烃化。在 450～600 ℃时，$ZnCl_2$ 气化，$ZnCl_2$ 分子浸渍到碳的内部起骨架作用，碳的高聚物碳化后沉积到骨架上，用酸和热水洗涤去除 $ZnCl_2$，炭成为具有巨大比表面积的多孔结构活性炭。

(3) H_2SO_4 活化法。$ZnCl_2$ 活化过程中易挥发出氯化氢和氯化锌气体，造成严重的环境污染，并影响操作人员身体健康，同时，氯化锌回收困难，回收率低，造成原材料与能耗增加，导致产品成本升高。由于对环境的影响较小，H_2SO_4 活化法正逐渐引起人们的注意。

活化剂 H_2SO_4 起降低活化温度和抑制焦油产生的作用。用 H_2SO_4 活化污泥时，处于微晶边缘的某些分子含有不饱和键，该键与 H_2SO_4 中的 H、O 结合，形成各种含氧官能团，即表面非离子酸和表面质子酸，使制备的活性炭既能吸附极性物质，又可吸附非极性物质。

4. 化学物理活化法

化学物理活化法是在物理活化前对污泥进行化学浸渍改性处理，提高原料活性，并在炭材料内部形成传输通道，有利于气体活化剂进入孔隙内进行刻蚀。化学物理活化法通过控制浸渍比和浸渍时间制得孔径分配合理的活性炭材料，所制得的活性炭既有较高的比表面积，又含有大量中孔，可显著提高活性炭对液相中大分子物质的吸附能力。此外，利用该方法可在活性炭材料表面添加特殊官能团，利用官能团的特殊化学性质，使活性炭吸附材料具有化学吸附作用，提高对特定污染物的吸附能力。无论采用哪种活化方法，污泥基活性炭多孔性结构的产生主要通过以下原理：

(1) 母体的部分去除。通过选择性地溶解或蒸发，去除具有复合结构的母体的部分成分，

产生活性固体。对于污泥，被去除的是水分和部分有机物。该反应在污泥内部沿孔道发生，随着反应进行，孔道直径逐渐增大，长度也随之增加。

(2)伴随着气体产生的固体热分解。该过程可示意为

$$固体A \longrightarrow 固体B + 气体$$

在形成新固相B时，从固体A形成数个微细的结晶体B，比表面积相应增加。生成物的密度比母体密度大，发生收缩并使固体B的微晶体边缘变得容易形成裂缝。同时，气体析出的过程会使孔结构增加。活化剂的添加可以促进污泥中的H和O结合，形成水蒸气。

添加的活化剂存在于污泥中，经碳化活化后，大部分活化剂仍残留于产品内部，通过清洗去除，活化剂所占据空间余出变成孔隙，使得产品孔隙结构更为发达。

参考文献

[1]吴帆，程晓如．城市污水处理厂污泥量计算方法[J]．武汉大学学报(工学版)，2009，42(02)：244－247.

[2]孙峰．污泥理化性质与污泥处置的环境风险[D]．浙江大学，2007.

[3]袁春博，高俊发．污泥重金属含量对污泥处置方法的选择研究[J]．内蒙古科技与经济，2014(17)：42－44.

[4]郭瑛．城市污水污泥的处理技术及处置工艺研究[J]．工程技术研究，2020，5(09)：259－260.

[5]杨军，郭广慧，陈同斌，等．中国城市污泥的重金属含量及其变化趋势[J]．环境科学学报，2013，23(5)：561－569.

[6]ZHANG Q，HU J，LEE D J，et al. Sludge treatment：Current research trends [J]. Bioresource Technology，2017，243：1159－1172.

[7]MINOCHA A K，JAIN N，VERMA C L. Effect of inorganic materials on the solidification of heavy metal sludge[J]. Cement & Concrete Research，2013，33(10)：1695－1701.

[8]IGNATOWICZ K . The impact of sewage sludge treatment on the content of selected heavy metals and their fractions[J]. Environmental Research，2017，156：19－25.

[9]Current status of urban wastewater treatment plants in China[J]. Environment International，2016，92－93：11－22.

[10]LI G，HAO C H，JING Y M，et al. Research progress on resource utilization of urban sludge[J]. Applied Mechanics and Materials，2013，361－363：934－937.

[11]陆在宏．给水厂排泥水处理及污泥处置利用技术[M]．北京：中国建筑工业出版社，2015.

[12]YANG G，ZHANG G，WANG H. Current state of sludge production，management，treatment and disposal in China [J]. Water Research，2015，78：60－73.

[13]TYAGI V K，LO S L. Microwave irradiation：A sustainable way for sludge treatment and resource recovery [J]. Renewable & Sustainable Energy Reviews，2013，18(3)：288－305.

[14]曹伟华，孙晓杰，赵由才．污泥处理与资源化应用实例[M]．北京：冶金工业出版社，2010.

[15]朱伟．城镇污水处理厂污水污泥固化处理试验研究[D]．长安大学，2009.

[16]车承丹，朱南文，李艳林，等．城市污水处理厂污泥固化处理技术研究[J]．安全与环境学报，2008，8(3)：56－59.

[17]AN D，XI B，REN J，et al. Multi－criteria sustainability assessment of urban sludge treatment technologies：Method and case study[J]. Resources，Conservation and Recycling，2018，128：546－554..

[18]管晓涛，胡锋平，徐烈猛，等．调理剂对CAF污泥浓缩工艺影响的试验研究[J]．环境污染治理技术与设备，2006(11)：89－91.

[19]胡锋平，黄晓东，汪琳媛，等．低浓度剩余活性污泥涡凹气浮浓缩工艺研究[J]．给水排

水，2006，(06)：31－34.
[20]胡锋平，汪琳媛，马双群，等．氧化沟剩余污泥涡凹气浮(CAF)浓缩设备改进[J]. 重庆建筑大学学报，2008，(05)：105－107.
[21]胡锋平，汪琳媛，李伟民，等．改进型涡凹气浮工艺浓缩剩余活性污泥试验研究[J]. 重庆建筑大学学报，2007(02)：95－98.
[22]胡锋平．低浓度剩余活性污泥涡凹气浮浓缩工艺研究[D]. 重庆大学，2004.
[23]徐振华．气浮工艺中金属微孔管制造微气泡的研究[D]. 四川大学，2006.
[24]朱学峰，周明远，王志伟，等．4段式平板膜处理污泥的中试研究[J]. 环境工程学报，2015，9(01)：436－440.
[25]马军军，梅春阳，张蕾，等．膜生物反应器中膜污染防治技术研究[J]. 交通节能与环保，2015，11(06)：55－57.
[26]肖世全．反渗透膜污染机理及防控措施[J]. 广东化工，2016，43(21)：119－120＋123.
[27]王新华，吴志超，华娟，等．平板膜污泥浓缩工艺操作条件的优化研究[J]. 环境污染与防治，2008，No.187(06)：54－57.
[28]王盼．平板膜污泥浓缩工艺中污染膜的膜清洗方式[J]. 净水技术，2015，34(01)：82－87.
[29]车继芳．膜污染防治措施的探讨[J]. 黑龙江科技信息，2009(32)：52.
[30]钟鑫莲，曹楚琦，王俊东，等．浅析反渗透膜技术中防治膜污染的主要方法[J]. 中小企业管理与科技(下旬刊)，2019，No.588(09)：156－157.
[31]张娟，丁雷，徐鑫，等．生物淋滤技术对城市污泥中高浓度重金属的去除[J]. 环境工程学报，2016，(12)：7283－7288.
[32]张莹，张超杰，周琪．冷冻法废水处理技术的研究与应用[J]. 水处理技术，2013，39(07)：6－10＋26.
[33]马睿．水热处理对污泥脱水性能的影响及机理研究[D]. 太原理工大学，2020.
[34]卢宁，魏婧娟．污泥脱水的电渗透技术研究[J]. 环境与发展，2018，30(10)：103－104.
[35]李欢，金宜英，张光明，等．污泥超声预处理的影响因素分析[J]. 中国给水排水，2006(03)：96－100.
[36]HU YUYING, WU JING, LI HUAIZHI, et al. Study of an enhanced dry anaerobic digestion of swine manure: Performance and microbial community property[J]. Bioresource Technology, 2019, 282: 353－360
[37]HU YUYING, WU JING, LI HUAIZHI, et al. Novel insight into high solid anaerobic digestion of swine manure after thermal treatment: Kinetics and microbial community properties[J]. Journal of Environmental Management, 2019, 235: 169－177
[38]HU YUYING, WU JING, PONCIN SOUHILA, et al. Flow field investigation of high solid anaerobic digestion by Particle Image Velocimetry (PIV) [J]. Science of the Total Environment, 2018, 626: 592－602
[39]WU JING, HU YUYING, WANG SHIFENG, et al. Effects of thermal treatment on high solid anaerobic digestion of swine manure: Enhancement assessment and kinetic analysis[J]. Waste Management, 2017, 62: 69－75.

[40]LI ZHONGHUA, HU YUYING, LIU CHUANYANG, et al. Performance and microbial community of an expanded granular sludge bed reactor in the treatment of cephalosporin wastewater[J]. Bioresource Technology. 2019, 275: 94 - 100.

[41]胡玉瑛，吴静，王士峰，等．热处理对猪粪高固厌氧消化产甲烷能力的影响[J]. 环境科学,2015,(08): 3094 - 3098

[42]胡玉瑛,张世豪,郑晓环,等．生物炭对厌氧消化效率及微生物群落的影响研究进展[J]. 水处理技术．2022, 48(3): 19 - 24.

[43]HU YUYING, ZHANG SHIHAO, WANG XIN, et al. Visualization of mass transfer in mixing processes in high solid anaerobic digestion using Laser Induced Fluorescence (LIF) technique[J]. Waste Management. 2021, 127(7): 121 - 129.

[44]HU YUYING, ZHENG XIAOHUAN, ZHANG SHIHAO, et al. Investigation of hydrodynamics in high solid anaerobic digestion by particle image velocimetry and computational fluid dynamics: Role of mixing on flow field and dead zone reduction[J]. Bioresource Technology. 2021, 319: 124130.

[45]HU YUYING, LIU SUSU, WANG XIAOFAN, et al. Enhanced anaerobic digestion of kitchen waste at different solids contentby alkali pretreatment and bentonite addition: Methane productionenhancement and microbial mechanism. Bioresource Technology, 2023, 369: 128369.

[46]胡玉瑛，王鑫，张世豪，等．基于 CFD 的卧式高固厌氧消化混合策略优化[J]. 环境工程学报,2022, 16(06): 1933 - 1943.

[47]裴立影,朱红霞,袁思腾,等．铁磷比对厌氧消化系统中蓝铁矿生成的影响[J]. 陕西科技大学学报,2023,41(01):29 - 37.

[48]李群一．厌氧消化结合双氧水溶胞处理剩余污泥试验研究[D]. 湖南大学,2016.

[49]赵纯广．城市污水厂剩余污泥中温两相厌氧消化中试研究[D]. 吉林建筑工程学院,2008.

[50]HU FENGPING, ZHANG SHIHAO, WANG XIN, et al. Quantitative Hydrodynamic Characterization of High Solid Anaerobic Digestion: Correlation of "Mixing - Fluidity - Energy" and Scale - Up Effect[J]. Bioresource Technology. 2021, 344: 126237.

[51]WU JING, CAO ZHIPING, HU YUYING, et al. Microbial Insight into a Pilot - Scale Enhanced Two - Stage High - Solid Anaerobic Digestion System Treating Waste Activated Sludge[J]. International Journal of Environmental Research and Public Health, 2017, 14(12) : 1483.

[52]吴阳．园林绿化废弃物与城市污泥共堆肥的效果和应用性研究[D]. 苏州科技大学, 2016.

[53]康军，张增强，孙西宁，等．污泥堆肥合理施用量确定方法[J]. 农业机械学报，2010, 41(6):98 - 102.

[54]姬爱民．污泥热处理[M]. 北京:冶金工业出版社，2014.

[55]王艺鹏．污泥焚烧灰热化学除磷效果及其机理研究[D]. 上海交通大学,2020.

[56]周玲，廖传华．污泥焚烧烟气的污染物控制[J]．中国化工装备，2018，20(06)：6－10.
[57]姚璐，等．污泥热干化焚烧技术及我国典型应用案例[J]．山东化工，2022，51(22)：210－212.
[58]却家俊．污泥与生物质协同热解气化的实验研究[D]．华中师范大学，2020.
[59]杨嫱，张宇，贺雪红，等．含油污泥热解工艺优化及资源化利用[J]．油气田环境保护，2022，32(04)：32－36.
[60]高豪杰，熊永莲，金丽珠，等．污泥热解气化技术的研究进展[J]．化工环保，2017，37(03)：264－269.
[61]SYED SHATIR A. SYED-HASSAN，YI WANG，et al. Thermochemical processing of sewage sludge to energy and fuel：Fundamentals，challenges and considerations [J]. Renewable and Sustainable Energy Reviews，2017，80：888－913.
[62]HUANG H J，YUAN X Z. The migration and transformation behaviors of heavy metals during the hydrothermal treatment of sewage sludge[J]. Bioresource Technology，2016，200：991－998.
[63]WANG X，LI C，ZHANG B，et al. Migration and risk assessment of heavy metals in sewage sludge during hydrothermal treatment combined with pyrolysis[J]. Bioresoure Technology，2016，221：560－567.
[64]IGNATOWICZ K. The impact of sewage sludge treatment on the content of selected heavy metals and their fractions[J]. Environmental Research，2017，156：19－27.
[65]苟剑锋，李国梁，曾正中，等．城镇污泥土地利用与环境影响分析[J]．兰州大学学报(自然科学版)，2016，52(4)：564－570.
[66]CRITES R W. Land use of wastewater and sludge[J]. Environmenta science. & technology，1984，18(18)：140－147.
[67]TESFAMARIAM E H ，ANNANDALE J G ，STEYN M J ，et al. Yield，resource use efficiency，and trace metal uptake of weeping lovegrass grown on municipal sludge－amended soil[J]. Journal of the Science of Food & Agriculture，2018，98(2)：216－223.
[68]余杰，陈同斌，高定，等．中国城市污泥土地利用关注的典型有机污染物[J]．生态学杂志，2011，30(10)：2365－2369.
[69]POGRZEBA M，GALIMSKASTYPA R，KRŻYZAK J，et al. Sewage sludge and fly ash mixture as an alternative for decontaminating lead and zinc ore regions[J]. Environmental Monitoring & Assessment，2015，187(1)：4120－4126.
[70]NANEKAR S ，DHOTE M ，KASHYAP S ，et al. Microbe assisted phytoremediation of oil sludge and role of amendments：a mesocosm study[J]. International Journal of Environmental Science & Technology，2015，12(1)：193－202.
[71]张伟，汪爱河，蒋海燕．硫酸活化市政污泥对亚甲基蓝的吸附[J]．环境工程学报，2015，9(8)：3790－3794.
[72]崔晓倩．污泥基水处理功能材料的制备及其对四环素去除的研究[D]，山东农业大学．2018.
[73]陈伊豪，李非里，徐信阳，等．污泥园林绿化资源化利用及其重金属控制研究进展[J]．

环境工程，2018，36(6)：150－154.

[74]杨长明，范博博，荆亚超．厌氧消化污泥对退化苗圃土壤的改良效果研究[J]．同济大学学报:自然科学版，2018,46(1)：74－80.

[75]程寒,荆肇乾,张锺一,等．厌氧消化过程中氨抑制及其调控策略[J]．应用化工,2020,49(05):1308－1312.

[76]汪靓，朱南文，张善发,等．污泥建材利用现状及前景探讨[J]．给水排水，2005，31(3)：40－44.

[77]刘莲香,张涛．污水处理厂污泥在建材生产中的综合应用[J]．砖瓦,2004(05):12－13.

[78]孙向远．建材工业利用废弃物技术标准体系[M]．北京:中国建材工业出版社，2010.

[79]赵乐军，戴树桂，辜显华．污泥填埋技术应用进展[J]．中国给水排水，2004，20(4)：27－30.

[80]崔彤,李金香,杨妍妍,等．北京市生活垃圾填埋场氨排放特征研究[J]．环境科学,2016,37(11):4110－4116.

[81]曹永华．市政污泥的固化填埋处理研究[D]．天津大学，2005.

[82]KOENIG A，KAY J N，WAN I M. Physical properties of dewatered wastewater sludge for landfilling[J]. Water Science & Technology，1996，34(3 － 4)：533－540.

[83]MALLIOU，KATSIOTI，GEORGIADIS，et al. Properties of stabilized/solidified admixtures of cement and sewage sludge[J]. Cement & Concrete Composites，2007，29(1)：55－61.

[84]MULCHANDANI A，WESTERHOFF P. Recovery opportunities for metals and energy from sewage sludges [J]. Bioresource Technology，2016，215:215－226.

[85]TYAGI V K，LO S L. Sludge：A waste or renewable source for energy and resources recovery? [J]. Renewable & Sustainable Energy Reviews，2013，25(5):708－728.

[86]李鸿江，顾莹莹，赵由才．污泥资源化利用技术[M]．北京:冶金工业出版社，2010.

[87]占达东．污泥资源化利用[M]．中国海洋大学出版社，2009.

[88]苏艳．洛阳市城市污泥的资源化利用研究[D]．郑州大学,2012.

[89]GUO W Q，WU Q L，YANG S S，et al. The promising resource utilization methods of excess sludge：A review[J]. Applied Mechanics and Materials，2014，507:777－781.

[90]HEI L，WANG H，WU Q T，et al. Safe utilization of municipal sewage sludge in agriculture and forestry[J]. Applied Mechanics and Materials，2015，768:542－552.

[91]鲍国臣，李芬，艾恒雨．剩余污泥制活性炭及其应用研究进展[J]．材料导报，2012，26(13)：150－154.

[92]孙瑾，羊依金，廖姣姣,等．钛铁矿-污泥复合吸附剂制备及应用[J]．非金属矿，2015，(5)：67－70.

[93]余兰兰，钟秦．活性炭污泥吸附剂的制备研究[J]．环境化学，2005，24(6)：401－404.

[94]RAHEEM A，SIKARWAR V S，HE J，et al. Opportunities and Challenges in Sustainable Treatment and Resource Reuse of Sewage Sludge：A Review [J]. Chemical Engineering Journal，2017，337：616－641.

[95]张冠东，张登君，李报厚．从氨浸电镀污泥产物中氢还原分离铜、镍、锌的研究[J]．过程

工程学报，2016，(3)：214－219.
[96]JHA M K，KUMAR V，SINGH R J. Review of hydrometallurgical recovery of zinc from industrial wastes[J]. Resources Conservation & Recycling，2017，33(1)：1－22.
[97]SILVA J E，PAIVA A P，SOARES D，et al. Solvent extraction applied to the recovery of heavy metals from galvanic sludge[J]. Journal of Hazardous Materials，2015，120(1－3)：113－118.
[98]VEGLIÓ F，QUARESIMA R，FORNARI P. Recovery of valuable metals from electronic and galvanic industrial wastes by leaching and electrowinning[J]. Waste Management，2013，23(3)：245－252.
[99]梅翔，陈林，王照，王磊．城市污泥中磷的释放与回收[J]．环境科学与技术，2010，33(01)：80－84.
[100]邱敬贤，刘君，黄安涛．市政污泥资源化利用研究[J]．中国环保产业，2019(01)：56－61.
[101]张丽霞．污泥资源利用研究新进展[J]．中国非金属矿工业导刊，2019(04)：59－61.